양자 도약

QUANTUM LEAPS

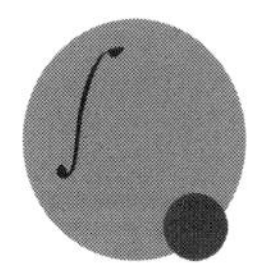

양자 도약

휴 바커 지음 | 장영재 옮김

수학은 어떻게
세상을 변화시켰는가

알레

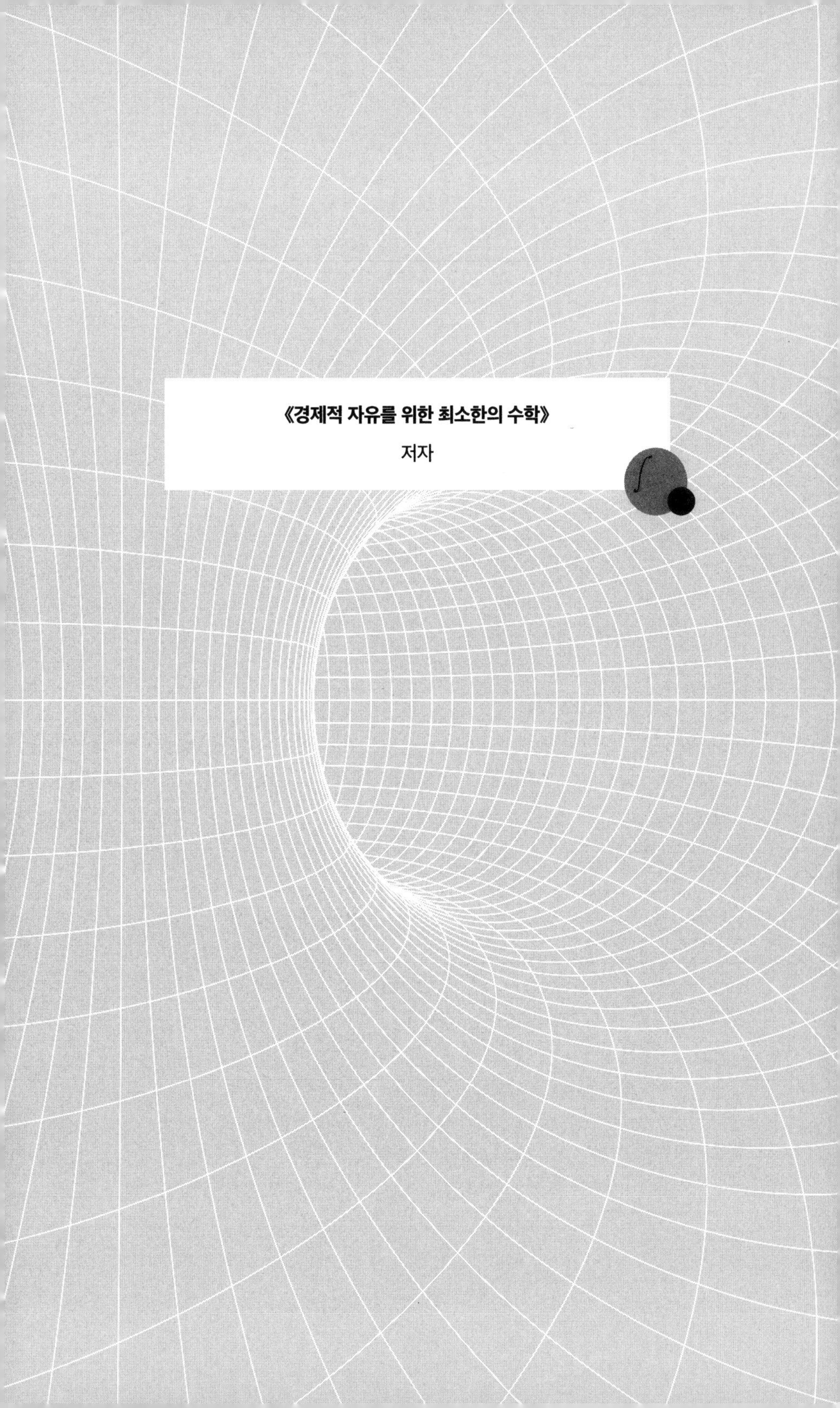

《경제적 자유를 위한 최소한의 수학》
저자

일러두기

1. 외래어는 국립국어원 외래어표기법에 따라 표기했습니다.

2. 용어, 외국어 인명, 단체명 등은 이해를 돕기 위해 필요한 경우 원어를 병기했습니다.

3. 본문 하단의 각주는 독자의 이해를 돕기 위한 옮긴이 주입니다.

4. 본문에서 언급한 단행본 중 국내에서 번역 출간된 경우 국역본의 제목을 따랐으며, 원서 제목은 병기하지 않았습니다.

수학, 기술 그리고 상상력

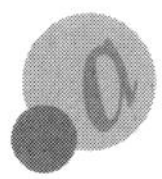

인류 역사가 시작된 이래로 우리는 우주를 이해하려 노력해왔다. 과학은 우주를 지배하는 규칙을 해독하고, 우주가 무엇으로 '만들어졌는지' 알아내려는 시도다. 반면에 수학은 물리적 규칙으로부터의 추상화다. 수학은 수를 세는 기본적 행위로 시작한 다음에 숫자와 연산을 사용하여 거리, 부피, 면적, 무게 같은 속성에 관한 계산을 수행할 수 있도록 해준다. 이러한 계산을 통해서 우리는 과학적 관찰 결과를 더 쉽게 기록하고 평가할 수 있다.

따라서 과학은 종종 수학에 의존한다. 그러나 수학은 항상 실제로 관찰할 수 있는 세계에만 얽매이지 않는다. 이론적 학문으로서의 수학은 허수imaginary number, 무한의 수준, 무리수irrational number와 초월수transcendental number, 다차원 물체 같은 미지의 영역으로까지 확장될 수 있다. 세계를 어떻게 가정하느냐에 따라 가능한 '기하학'은 다양하게 존재한다. 그러나 대부분의 경우는 3차원 공간의 표준적 이해인 유클리드 기하학Euclidean geometry이 우리를 둘러싼 주변 환경을 가장 정확하게 설명한다.

기술은 우리가 과학과 수학 지식을 사용하여 일상생활에서 유용한 성과를 달성하는 수단이다. 기술의 초기 사례는 지렛대를 사용하여 무거운 물체를 들어 올리고, 가열된 암석을 물통에 떨어뜨려 물을 데우고, 두 가지 금속을 결합하여 더 강한 합금을 만드는 것이었다. 인류는 시간이 지나면서 점점 더 복잡한 기술을 개발함으로써 상품을 운반하고, 대형 구조물을 짓고, 화학 반응을 일으키고, 새로운 작물을 재배하고, 증기 터빈을 사용하는 등 많은 일을 할 수 있었다.

우리는 종종 새로운 장치와 기술을 발명한 사람들을 창조적인 천재로 칭송한다. 토머스 에디슨Thomas Edison, 갈릴레오 갈릴레이Galileo Galilei, 라이트 형제, 조지 스티븐슨George Stephenson, 알레산드로 볼타Alessandro Volta, 루이 브라유*Louis Braille, 마리 퀴리Marie Curie의 이름은 과학과 기술에서 그들이 이룩한 진보와 즉시 연결된다. 이러한 발전을 이루기 위해서는 이들 발명가와 과학자의 창의적인 비전이 필요했다. 그들은 과학의 응용을 가능한 수준까지 상상한 다음에 비전을 현실로 만드는 방법을 알아낼 때까지 실험해야 했다.

하지만 수학 또한 매우 창의적인 분야이지만 수학적 상상력이 수천 년 동안 기술의 발전을 주도했다는 사실을 잊기 쉽다. 도르래와 나침반

• 점자를 창안한 프랑스의 발명가다.

에서 시작해 우주여행, 컴퓨터와 미래의 발명품에 이르기까지 수학은 항상 새롭게 떠오르는 기술의 핵심이었다. 라이트 형제는 비행기가 지상을 떠날 수 있게 하는 동력, 무게, 양력의 비율을 계산하기 위한 수학 방정식이 필요했다. 그리고 오늘날 로봇, 자율 주행 자동차, 인공 지능 프로그램 개발자들은 로봇 손의 모든 움직임이나 자동차 혹은 프로그램이 다음 행동을 결정하는 데 기초가 되는 수천 가지의 다양한 계산과 방정식 그리고 알고리즘algorithm에 의존한다.

수학자들이 끊임없이 만들어내는 새로운 아이디어와 신선한 이론 중에 어떤 것이 기술적 응용 분야가 될지는 항상 명확하지 않았다. 50년 전에는 네트워크 이론이 상당히 모호한 분야였지만, 지금은 인터넷이 기능하는 방식의 핵심 요소가 되었다. 한편으로 오늘날의 암호화 기술은 종종 이전의 정수론number theory에서 주목받지 못한 분야인 큰 준소수**semiprime number의 인수분해에 기반을 두고 있으며, 미래에는 타원 곡선elliptic curve이라는 더욱 모호한 수학에 더 크게 의존할 수도 있다. 추측에 근거한 개념을 다루는 수학의 기이한 영역조차 결국에는 기술적 응용 분야가 될 수 있다. 우주의 구성 요소를 설명하려는 순수한 이론적 시도인 끈 이론string theory은 현실의 더 높은 차원을 가정할 때만 작동한다. 초끈 이론superstring theory에서는 우주가 10차원으로 보이고, M 이론M-theory에서는 11차원이며, 보손 끈 이론bosonic string theory은 26차원을 필요로 한다. 수학자들은 물리학자들과 상호 작용하여 이러한 다차원 우주에 관한 몇몇 놀라운 해석을 만들어냈다.

**　두 소수의 곱인 자연수를 말한다.

그리고 앞으로 살펴볼 것처럼 블랙홀에 관한 일부 끈 이론 학자들의 수학적 설명은 양자비트quantum bit 또는 큐비트qubit라는 특별한 종류의 양자 시스템을 설명하는 데도 사용할 수 있다. 정보 이론이 큐비트에 적용되면 미래의 초고속 컴퓨터나 완벽한 통신 보안 개발에 도움이 될 수 있다는 추측도 있어왔다. 따라서 끈 이론이 우주에 관한 타당한 설명으로 판명되든 아니든, 그 수학적 구성 요소에는 이미 새로운 기술을 만들어내는 유용성이 잠재되어 있다. 그리고 미래에는 오늘날의 우리가 추측조차 할 수 없는 응용이 이루어질 수도 있다.

물론 가장 심오하고 어려운 수학적 아이디어에 대해서는 일반 독자에게 쉬운 예를 들어서 설명하는 것이 어려울 수 있다. 하지만 이 책은 전문 수학자보다는 일반 독자를 겨냥하고 있는 만큼 때로는 책 속 수학 개념이 일반적 용어로 설명된다는 것을 양해해주기 바란다. 또한 학교에서 수학을 공부한 사람이라면 누구나 이해할 수 있는 내용을 상당 부분 포함하고 있다. 이 책에서 수학은 단지 흥미로운 방식으로 적용되고 있을 뿐이다. 그래서 나는 명확한 예를 들어 특정한 문제를 설명할 수 있을 때는 이 방법을 따르려고 노력했다.

책의 구성 측면에서 나는 수학적 모델링, 로봇과 인공 지능, 패턴 인식pattern recognition에 관한 몇 가지 일반적인 주제부터 시작했다. 뒤이어 수학과 기술의 상호 작용이 변화시킨 우리의 행동 방식과 앞으로 변화될 삶의 다양한 영역에도 초점을 맞춘다.

우리는 일상생활에서 자동차, 휴대 전화, GPS 기기, 컴퓨터 등 여러 장치를 사용할 때마다 과거의 기술적 혁신을 당연하게 여긴다. 이 책에서는 어떻게 수학이 이러한 진보를 가능하게 했는지와 함께 수학이 오늘날 떠오르는 기술을 주도하는 방식을 살펴보고, 미래에 우리가 수학의 도움을 받아 창조하게 될 놀라운 장치와 프로세스까지 전망해보고자 한다.

2026년 3월

휴 바커

차례

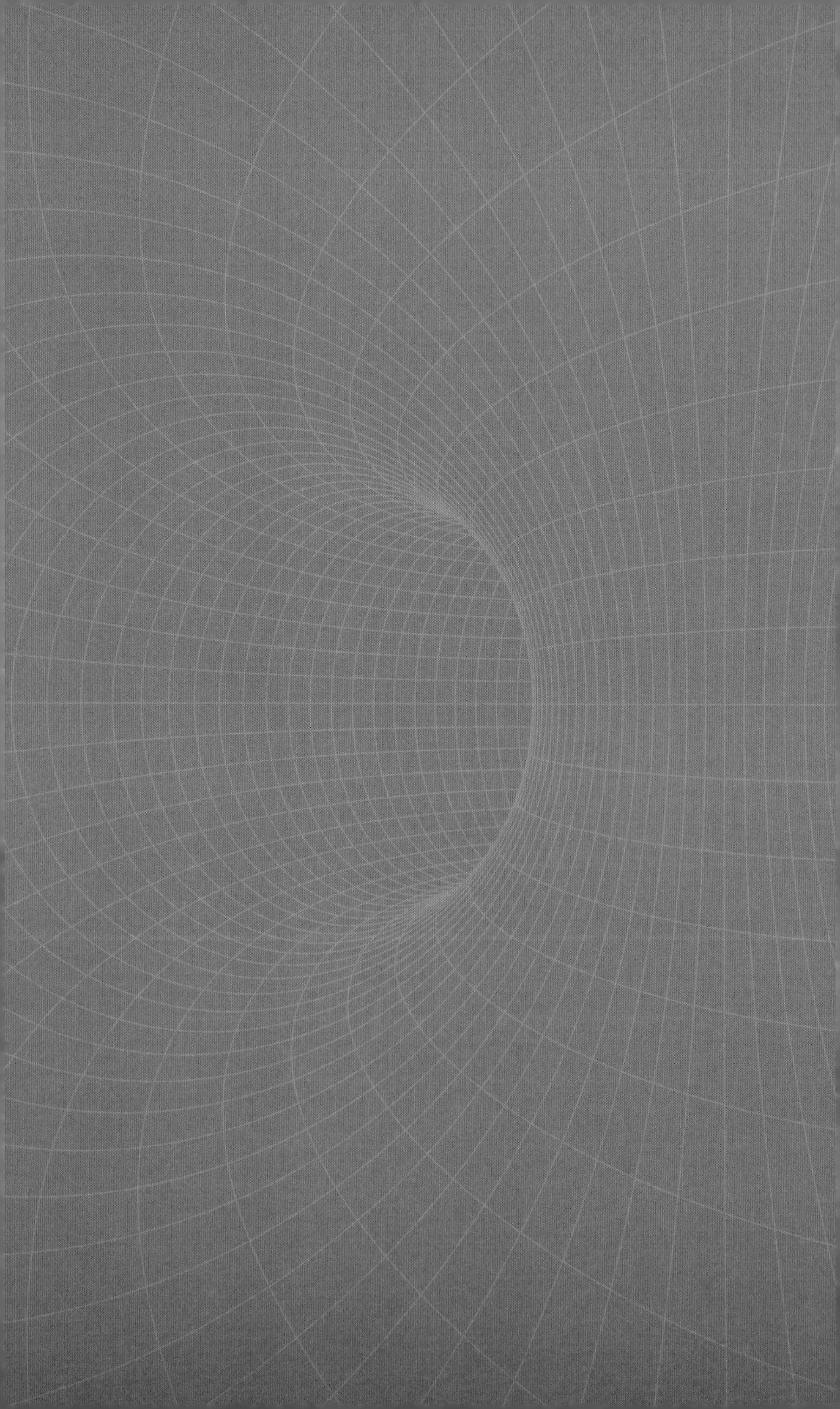

제1장

여기가 어디야

위치와
경로 탐색의
수학

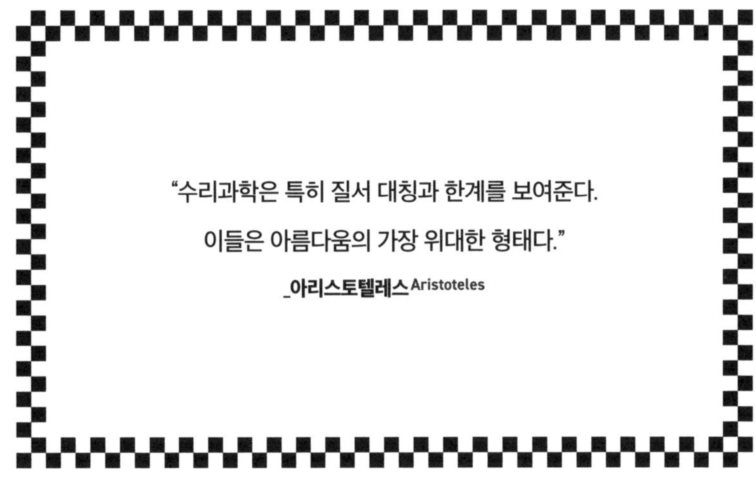

수학적 모델은 기본적으로 실세계의 근사이며, 우리가 수학적 도구를 사용하여 실세계의 사건을 분석할 수 있도록 해준다. 고대로부터 수학자들은 실세계를 더욱 잘 추정하고 표현하는 방법을 개발해왔다. 현대 수학이 우리에게 무리수의 개념을 제시하고, 미적분을 통해 곡면 물체를 더욱 정확하게 다룰 수 있기 훨씬 전에 고대 그리스인이 어떻게 원의 면적, 구의 부피 또는 2의 제곱근을 추정하는 방법을 찾아냈는지 생각해보자. 오늘날의 수학적 모델은 날씨를 예측하려는 시도에서 우주여행에 이르기까지 모든 것을 뒷받침한다. 세계에서 우리의 위치를 파악하는 데 사용되는 수학은 수학적 모델링*의 개념에 관한 탐구를 시작하는 좋은 출발점이다.

환경의 탐색

우리는 이 드넓은 세계에서 각자의 위치를 어떻게 알 수 있을까? 인지 지도[**]cognitive map는 수십 년 동안 다양한 방식으로 연구되었고, 2005년에는 노르웨이의 신경과학자 마이브리트 모세르May-Britt Moser와 그의 남편 에드바르 모세르Edvard Moser가 미국의 뇌과학자이자 노벨생리의학상 수상자인 존 오키프John O'Keefe의 이전 연구를 바탕으로 뇌에 GPS와 유사한 시스템이 있다는 것을 밝혔다. 쥐를 대상으로 연구한 그들은 쥐들이 특정한 위치에 있을 때 발화되는 '격자 세포grid cell'를 식별했다. 이는 뇌에 실세계와 일치하는 사실상의 격자가 있다는 것을 시사한다. 물론 세포가 실제로 격자 형태로 배치되는 것은 아니지만 특정한 신경 세포가 환경의 특정한 장소에 반응한다.

기억과 위치 사이에 연관성이 있다는 것은 1,000년 전부터 알려진 사실이다. 가장 초기의 기억술 장치 중 하나이자 기억의 궁전이라고도 부르는 장소법method of loci은 기억술사가 잘 아는 건물의 방이나 공간과 정보를 연관시키는 방법으로, 사용자가 대량의 정보를 보관할 수 있도록 했다. 그러나 지도가 만들어지고 거리, 방향, 고도가 측정된 후에는 위치를 다루는 수학적 방법의 발전이 사실상 중단되었다. 우리가 공간에서 차지하는 위치에 대해 더욱 명확한 수학적 정의를 찾아내는 데는 프랑스의 수학자이자 철학자인 르네 데카르트René Descartes의 천재성이

- 복잡한 상황을 간단하게 변형하고 그에 맞는 수학적 모델을 만들어 이론의 전개가 가능하도록 하는 과정이다.
- [**] 환경의 여러 특성과 위치에 관한 정보를 담은 머릿속 지도를 말한다.

필요했다.

전해지는 이야기에 따르면 파리 한 마리가 천장에서 돌아다니는 것을 가만히 지켜보던 데카르트는 주어진 시간 안에 파리의 위치를 어떻게 기술하는 것이 가장 좋을지 생각하기 시작했다고 한다. 그는 천장의 한 모서리를 기준점으로 삼고 인접한 두 벽을 따라가는 거리를 활용함으로써 위치의 정확한 기준을 만들 수 있다는 것을 깨달았다.

이러한 깨달음은 그래프의 기본 원리인 데카르트 좌표계의 창조로 이어져 방의 모서리가 원점이 되고 인접한 두 벽이 (어느 방향이든 두 방향으로 무한정 계속될 수 있는) 좌표축이 되었다. 앞서 설명한 실험에서는 쥐의 위치가 기본적이면서도 간단한 xy 좌표계를 사용하여 기술되었다. 두 축에 수직인 z축을 추가하면 3차원 공간에서의 위치를 정확하게 기술할 수 있다. 또한 방정식을 그래프로 표현하면 공간을 차지하는 경로와 모양도 만들어낼 수 있다. 예를 들어 2차원 그래프에서 $x^2+y^2=r^2$은 중심이 원점에 있고 반경이 r인 원을 그리게 된다. 아래 그림은 $x^2+y^2=5^2$을 나타내는 그래프다. 원 위의 모든 점은 방정식의 해가 되는 x, y 값을 제공한다.

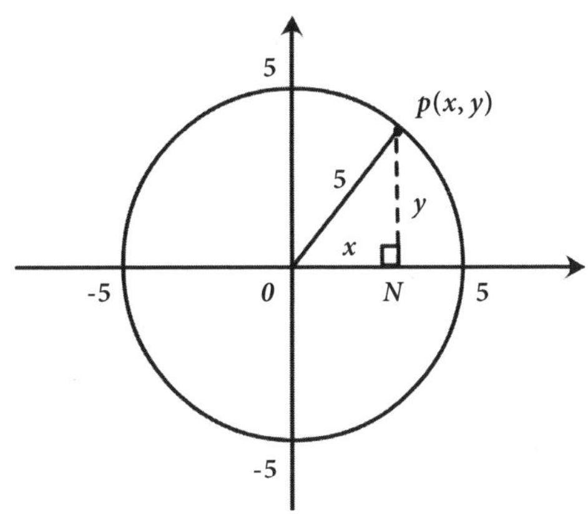

x와 y가 모두 양의 정수인 해는 $x=3$, $y=4$, $r=5$의 피타고라스 삼조 pythag-orean triple (직각삼각형의 변 길이를 형성할 수 있는 세 자연수의 집합)가 유일하다.

위성 항법 장치의 세계

데카르트 좌표는 GPS를 이용하여 사람이나 차량의 위치를 정의하는 데 기본이 되는 개념이다. 자동차 내비게이션 장치의 역사는 몇몇 기이한 장치를 통해 우리를 기괴하고 경이로운 여행으로 안내한다. 최초의 장치는 1909년에 특허를 받고 존스 실시간 지도 Jones Live-Map 라 불린 포인터가 있는 턴테이블로, 방향을 측정하고 바퀴에 연결된 케이블을 통해서 거리를 측정했다. 턴테이블에는 단일 경로 방향이 표시된 종이 디스크를 올려놓을 수 있었다. 자동차가 나아가면서 화살표가 현재의 방향과 정렬되도록 디스크가 회전한다는 아이디어였으나 당시의 울퉁불퉁한 도로에서는 별로 효과가 없었다. 기본적 아이디어에 수정을 가한 여러 이상한 장치가 뒤따랐지만 제대로 작동한 장치는 없었다.

1981년 혼다 Honda 가 세단인 어코드 모델 차량에서 선택할 수 있는 추가 기능으로 전자 자이로케이터 electro gyrocator 를 도입했을 때 약간의 도약이 있었다. 컴퓨터화된 이 장치는 불균일한 도로에서도 제 위치에서 쉽게 벗어나지 않았다. 그러나 전자 자이로케이터는 존스 실시간 지도와 마찬가지로 거리와 방향에 반응하는 단일 경로 장치였으며, 어떤 식으로든 경로가 변경되면 빠르게 잘못된 지시를 내리기 시작했다. 1987년에는 도요타 Toyota 가 비슷한 시디롬 CD-ROM 내비게이션 시스템으로 뒤따랐다.

그동안에 현대적 위성 항법 장치의 구성 요소가 조립되기 시작했다. 미군은 1960년대부터 GPS를 개발해왔지만, 일반 대중과 기업이 GPS를 이용할 수 있도록 한 사람은 1980년대의 로널드 레이건 대통령이었다. GPS의 핵심은 여러 위성이 신호를 교환하면서 자신의 위치 정보를 내보낸다는 것이다. 이 데이터를 연속적으로 해석하고 다른 위성의 정보와 비교하면 지구상에서 여러분의 위치를 매우 정확하게 정의할 수 있다.

초기 가정용 PC 애호가들이 설립한 영국의 작은 기업 넥스트베이스Nextbase는 1988년 디지털화된 영국의 도로 지도인 자동 경로 여행 계획기autoroute journey planner를 만들었다. 이것은 도로를 따라가면서 실제 경로를 지도화하고 (직선거리가 아닌) 경로의 거리를 측정하는 데 필요한 기술이었다.

마침내 1990년에 마쓰다Mazda에서 출시한 유노스 코스모Eunos Cosmo가 GPS를 내장한 최초의 자동차가 되었다. 그로부터 오늘날까지 발전을 거듭한 위성 항법과 내비게이션 시스템으로 인해 휴대 전화와 함께 자라나다 보니 주위를 둘러보며 자신의 위치를 파악하는 대신 스마트폰 화면을 응시해야만 길을 찾을 수 있는 십 대 청소년과 마주하는 일이 드물지 않아졌다.

데카르트 좌표계의 기반에 수학이 있는 것은 당연하다. xyz 격자를 사용하면 세계의 모든 장소를 정의할 수 있지만, 몇 가지 복잡성 때문에 대체 지리 좌표 시스템alternative geographic coordinate system을 사용하게 된다. 흔히 볼 수 있는 좌표 선택 중 하나는 위도latitude, 경도longitude, 고도elevation다.

위도와 경도를 지정하려면 곡면을 평면(평평한 표면)으로 정확하게 표현하는 방법인 지도 투영map projection이 필요하다. 지도 투영에서 발생할 수 있는 왜곡 때문에 대부분의 위성 항법 시스템은 (일부는 계속해서 위도와 경도를 사용하지만) 위도와 경도에만 의존하기보다 '보편적 횡메르카토르Universal Transverse Mercator, UTM'라는 시스템을 사용한다.

보편적 횡메르카토르는 지구를 일반적으로 6도씩 60개 위도 구역으로 분할한다. 그리고 각각의 위도 구역은 평면에 투사된다. 오렌지를 깔끔하게 60개 조각으로 잘랐다고 상상해보자. 실제로 각 조각의 껍질을 평평하게 하면 보편적 횡메르카토르에 가까운 것을 얻을 수 있다. 따라서 위치는 구역 번호와 해당 구역 내의 x 및 y 좌표로 정의된다. 위치 지정은 해당 구역과 그 구역의 (x, y) 좌표를 지정하는 것을 의미한다.

위도선이 모두 극지방으로 수렴(더 가까워짐)하며 만나기 때문에 모든 보편적 횡메르카토르 구역은 중앙이 위아래보다 넓다. 위도 중심선이 적도와 교차하는 점에서 구역의 폭은 약 66만 6,000미터다. 그리고 남위 80도에서 약 11만 5,000미터, 북위 84도에서 약 7만 미터로 좁아진다(그 지점을 넘어서면 대체 극지방 항법 시스템alternative polar navigation system이 사용되지만, 일반 차량에 사용되는 GPS 시스템이 극지방 여행에서 길을 찾는 데 사용될 가능성은 낮다).

가우스 방식으로 피자를 먹는 방법

공 모양 행성의 지도를 평평한 평면에 투사하는 문제는 수많은 불완전한 해결책이 존재한 오래된 문제다. 어떤 방법을 시도하든 일부 영역이 늘어나면 다른 영역이 줄어들게 된다. 다음의 세계 지도를 살펴보자.

이 지도를 보고는 그린란드가 남아메리카의 8분의 1에 불과하다는 사실, 아프리카가 남극 대륙의 두 배 이상이라는 사실을 알 수 없을 것이다. 2차원에서 의미가 있는 지도를 완성하기 위해 극지방이 가장 크게 확대되고 적도에 가까운 지역이 축소되었다.

우리는 이 문제에 완벽한 해결책이 없다는 사실을 알고 있다. 위대한 수학자 카를 프리드리히 가우스Carl Friedrich Gauss가 '놀라운 정리theorema egregium'로 증명했기 때문이다. 놀라운 정리가 어떻게 작동하는지 대략적으로 설명해보자면 이렇다. 직사각형 종이 조각을 원통형으로 말았다고 상상해보자. 곡면으로 보이지 않는가? 가우스가 자신에게 직접 설정한 과제는 표면을 구부려도 실제로는 곡률curvature이 바뀌지 않는 방식으로 표면의 곡률을 정의하는 것이었다.

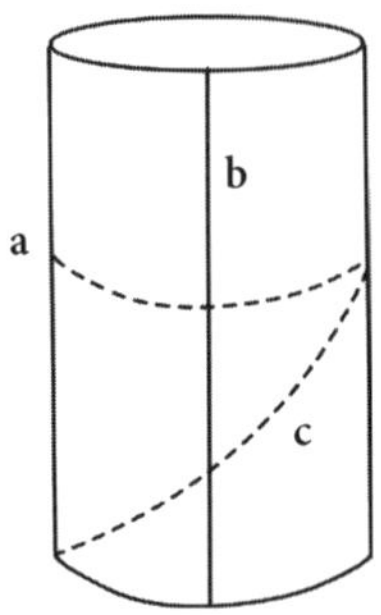

직선 b는 '평평하고', c는 b보다 '굽었고', a가 가장 '구부러졌다.'

앞선 어딘가 이상한 진술을 이해하기 위해 데카르트가 지켜본 천장에 붙어 있던 파리가 날아와 원통의 외부 표면에 앉았다고 상상해보자. 파리는 서로 다른 수준의 곡률을 가진 다양한 경로를 선택할 수 있다. 수평 방향으로 원통을 돌아가는 원형 경로를 선택할 수도 있고(원통의 한쪽 끝이 바닥에 있다고 가정한다), 위에서 아래로 내려가는 직선 경로를 선택하거나 다른 방향으로 더 완만하게 구부러지는 나선 경로를 선택할 수도 있다. 가우스는 이러한 범위의 옵션을 고려하여 표면의 곡률을 정의하기로 하고 가장 오목한concave 경로에 양수 값을, 평평한 경로에 0을, 가장 볼록한convex 경로에 음수 값을 할당했다. 그리고 가장 볼록한 경로의 값에 가장 덜 볼록한 경로의 값을 곱해서 곡률을 계산했다.

원통의 경우에는 외부 표면에 오목한 경로가 없고 가장 덜 볼록한 경로가 평평한 경로이므로 곡률이 0이 된다. 따라서 종이를 구부리더라도 1차원에서는 여전히 그리고 항상 평평할 것이다. 이 말은 일리가 있다. 도형을 어떻게 구부리든 표면의 한 점에서 다른 점까지의 거리가 항상 같을 것이기 때문이다. 따라서 우리는 가우스 곡률Gaussian curvature

도 동일하게 유지된다고 말한다.

이것이 바로 지구를 평평하게 표현하면 항상 서로 다른 장소 사이의 거리나 각도를 왜곡하게 되는 근본적인 이유다. 종이 한 장을 원통 모양으로 구부릴 수는 있지만, 주름이 많이 생기지 않게 공 모양으로 구부릴 수는 없다(동그란 모양의 초콜릿을 감싼 호일 포장지를 생각해보라!). 이는 공교롭게도 아래 그림처럼 여러분이 피자 한 조각을 먹기 위해 사용하는 '뉴욕 접기new york fold' 방법이 그렇게 인기 있는 이유도 설명한다. 평평한 피자 조각을 그냥 집어 올리면 늘어지기 쉽다. 피자 가장자리인 크러스트와 뾰족한 끝 사이에 구부러짐이 생겨서 피자 조각이 불안정해질 것이다. 그러나 피자를 집어 들면서 크러스트의 양쪽 끝이 위로 올라가도록 도우를 구부리면, 크러스트의 가운데 부분부터 뾰족한 끝까지 원의 반경을 따라 평평하게 유지되도록 강제함으로써 피자 조각은 안정감을 얻고 문제 없이 먹을 수 있도록 한다.

우리는 이처럼 피자 한 조각을 완벽하게 먹는 방법을 가르쳐주는 '놀라운 정리'까지 필요로 하지 않겠지만, 이제는 적어도 뉴욕 접기 방법이 효과가 있는 이유를 알게 되었다.

최단 거리

여러분은 구글이나 다른 여러 포털의 지도 서비스와 애플리케이션이 우리의 목적지까지 최단 거리를 찾아내는 방법을 궁금해한 적이 있는가? 기본 원리는 1956년 알고리즘을 개발한 네덜란드 컴퓨터과학자 엣츠허르 데이크스트라Edsger Dijkstra의 이름을 딴 데이크스트라 알고리즘에서 나온다.

여러분은 도로망의 지도나 항공 사진을 볼 때 구글과 같은 방식으로 보지 않는다. 모든 곡선, 건물, 녹지 등을 보게 된다. 그러나 구글은 노드node와 에지edge가 있는 그래프만 보이는 그래프 이론graph theory 문제를 보게 된다. 문제는 다음과 같은 그래프로 시작한다. 그래프의 모든 동그라미는 노드고, 노드 사이의 직선은 에지다. 노드는 고정된 지점을 표시하고, 에지에 표시된 숫자는 에지가 연결하는 노드 사이를 이동하는 데 걸리는 시간의 적절한 근사치다.

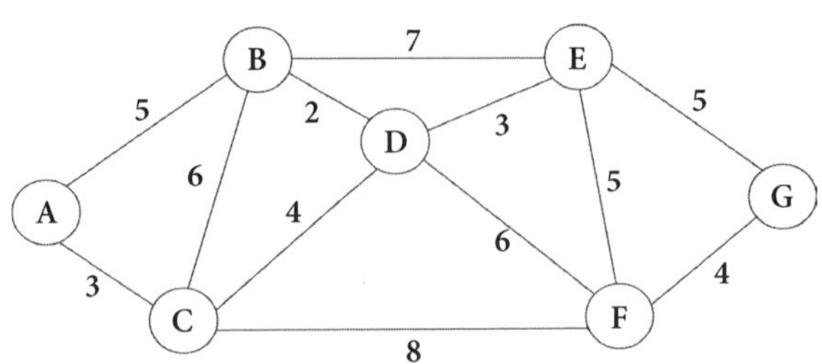

따라서 A에서 G까지 가는 데 걸리는 시간을 추정하려면 각 노드에 초깃값을 지정하는 것부터 시작해야 한다. A까지 가는 데 걸리는 시간

이 0임을 알고 있으므로, A에 0을 지정하고 다른 노드에는 무한대의 값을 지정한다(반직관적으로 보일 수 있지만 곧 이해될 것이다).

A	B	C	D	E	F	G
0	∞	∞	∞	∞	∞	∞

다음에 A의 이웃 노드를 조사한다. 현재 노드까지의 거리와 현재 노드에서 이웃까지의 거리를 더한 실제 값이 현재 값보다 낮으면 새 값을 할당한다(값이 알려지지 않은 노드의 값을 무한대로 시작한 이유다). 따라서 B에는 5의 값을, C에는 3의 값을 부여한다.

A	B	C	D	E	F	G
0	5	3	∞	∞	∞	∞

다음으로 노드 B와 C를 '방문됨 visited'으로 표시한다(컴퓨터 용어로는 방문하지 않은 집합에서 방문한 집합으로 이동시킨다고 표현한다). 이제 방문한 노드 중에 잠정적으로 최단 거리에 있는 C를 다음번 현재 노드로 표시하고 동일한 작업을 수행한다. C에는 A 외에도 B, D, F라는 3개의 이웃이 있다. A에서 C를 경유하여 B까지 가는 거리는 9다. 이는 현재의 임시값인 5보다 크니 무시한다. A에서 D까지의 거리는 7이고 A에서 F까지의 거리는 11이므로 값을 채워 넣는다.

A	B	C	D	E	F	G
0	5	3	7	∞	11	∞

다음으로 방문한 노드의 집합에서 두 번째로 낮은 값을 갖는 노드 B를 방문하여 동일한 작업을 수행한다. A에서 B를 경유하여 D까지 가는 여정의 거리는 C를 경유할 때와 같은 7이므로 바꿀 필요가 없고, A에서 B를 경유하여 C까지 가는 여정도 마찬가지다. 그러나 노드 E에는 임시값 12를 부여할 수 있다.

A	B	C	D	E	F	G
0	5	3	7	12	11	∞

이제 방문한 노드 중 세 번째로 낮은 거리에 있는 D의 모든 이웃을 조사한다. 조정해야 할 유일한 값은 A에서 E까지의 거리인데, 이제는 12가 아니라 C와 D를 경유하는 여정인 10이다.

A	B	C	D	E	F	G
0	5	3	7	10	11	∞

다음으로 노드 E의 이웃을 조사하여 전체 여정에 대한 임시값 17을 얻는다.

A	B	C	D	E	F	G
0	5	3	7	10	11	17

그러나 17이 최종 거리라는 결론을 내리기 전에 아직 방문하지 않은 노드 F도 테스트해야 한다. 그러면 A에서 G까지의 거리를 15로 수정할 수 있다.

A	B	C	D	E	F	G
0	5	3	7	10	11	15

물론 실제로는 폐쇄될 수 있는 도로, 교통 상황, 어떤 유형의 교통수단을 사용하는지 등의 추가적인 복잡성이 있을 것이 분명하다. 그리고 매우 복잡한 네트워크의 경우에는 처음에 가장 효율적인 경로를 추측하고 개선 가능한 경로를 계산하는 방법 같은 지름길이 있다. 그러나 여기에서 설명한 기본적 수학 모델은 최단 경로를 식별하는 모든 내비게이션 시스템의 기반이 된다.

확률적 최적화

지도에서 가장 짧은 경로를 찾아내는 일은 최소한의 해결책을 찾는 최적화 문제의 한 예로(자세한 내용은 제4장의 '자율 주행 자동차' 부분을 참조하기 바란다) 정답도 명확하다. 입력이 정확하기 때문에 동일한 초기 조건이 주어지면 항상 동일한 답이 생성되는 결정론적deterministic 과정으로 해결된다. 그에 반해서 수많은 최적화 문제는 실제로 무작위이거나 결정론적 결과를 가정하여 모델화하기가 매우 어렵거나 불가능할 정도로 복잡하기 때문에 무작위하게 변동하는 입력값이 포함된다. 이런 경우에는 확률적 최적화stochastic optimization 방법을 사용해야 한다. 확률적 최적화는 기본적으로 최상의 해답에 도달할 때까지 반복되는 무작위 추정치를 사용하여 통계적 또는 수학적 함수에 관한 최대 또는 최소값을 찾는 과정이다. 내비게이션 시스템이 특정 경로에 거리가 아닌 걸리는 시간을 계산하는 방법이기도 하다.

다양한 과학, 비즈니스, 엔지니어링 및 금융 시나리오에서 사용되는 확률적 과정은 대규모 프로젝트에서 비용이 초과될 가능성, 자산 가격이 미래에 변동할 방향, 공급망에서 예상되는 정체logjam 또는 통신망이 최대 및 최소 용량에 도달할 가능성이 있는 지점을 예측하는 데 사용할 수 있다.

이런 상황에서 몬테카를로 시뮬레이션Monte Carlo simulation은 시스템을 모델링하는 데 사용될 수 있으며, 대부분의 미래 시나리오가 도달 범위를 예측하거나(예를 들면 중앙은행이 종종 범위로 제시하는 미래 GDP 전망) 네트워크를 복원력 있도록 설정하는 최적의 방법의 찾을 때 활용될 수 있다.

모나코의 유명한 도박 도시의 이름을 딴 몬테카를로 시뮬레이션은 1940년대에 맨해튼 프로젝트*에 참여한 것으로도 알려진 폴란드계 미

---

* 제2차 세계대전 당시 실시된 미국의 원자 폭탄 개발 프로젝트를 말한다.

국인 수학자 스타니스와프 울람Stanisław Ulam이 개발했다. 당시 뇌 수술에서 회복 중이었던 그는 솔리테어solitaire라는 카드 게임을 되풀이하면서 시간을 보냈다. 특정 결과를 시각화하기 위해 플로팅하는plotting 아이디어에 매료된 울람은 헝가리계 미국인 수학자이자 박식가인 요한 폰노이만Johann von Neumann과 함께 초기 아이디어를 개발하게 된다.

확률적 모델stochastic model은 데이터를 분석하는 다양한 방법이 포함되는 복잡한 분야다. 미래의 자산 가격을 예측하기 위해 확률적 모델을 사용하는 방식의 개요는 다음과 같다. 특정 자산의 가격을 일정 기간 동안 정의할 수 있는 두 가지 요소는 이동 방향의 전체적 평균을 나타내는 편의(추세)drift와 무작위적 입력으로 표현될 수 있는 변동성volatility이다. 편의와 변동성은 주어진 기간에 대한 표준편차, 분산 및 평균 가격을 찾는 표준적 통계 기법을 사용하여 분석할 수 있다.

분석한 데이터는 (무작위로 생성된 입력과 함께) 가격의 가능한 미래 경로를 반복적으로 그리는 데 사용된다. 결과는 가능한 범위에서 정규 분포의 형태로 출력될 것이다. 간단히 말해서 종형 곡선bell-shaped curve의 그래프를 그릴 수 있다는 뜻이다. 이 시점에서 기간이 끝났을 때 예상되는 예측치는 최고 및 최저 가격, 가장 가능성이 큰 결과(종형 곡선의 중앙)와 상위 10퍼센트 또는 하위 10퍼센트의 결과를 제외할 수 있는 범위 등 다양하다. 어떤 결과를 사용할지는 최악의 시나리오를 피하려는 계획이거나 신뢰할 수 있는 추정치를 얻으려는 것처럼 목적에 따라 달라질 것이다.

연중 특정한 시기의 저수지 수위나 템스강처럼 100년에 한 번 발생할 것으로 예상되는 만조를 효과적으로 대비하고자 방벽의 높이를 예

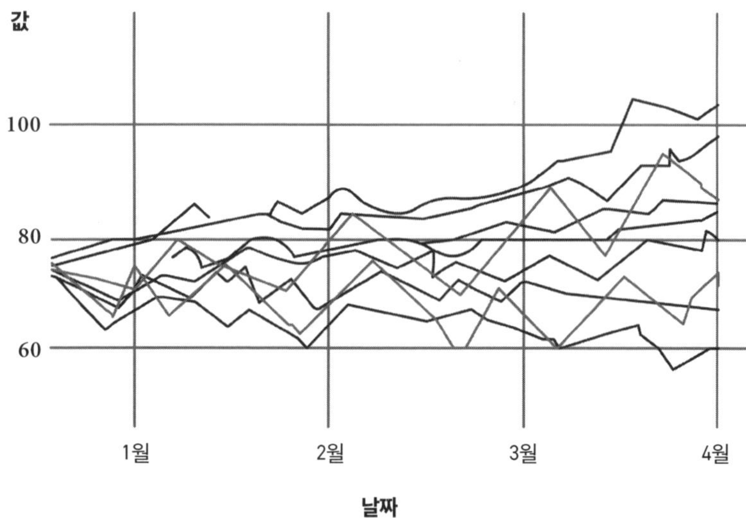

측하는 엔지니어, 불필요한 재고를 비축하지 않으면서도 적정 재고를 확보하려는 전자 제품 기업, 성탄절 기간에 필요한 만큼만 칠면조를 매입해 박싱 데이·boxing day에 폐기하는 양이 최대한 적도록 조절하려는 슈퍼마켓 등이 이와 비슷한 프로세스를 사용한다.

물론 우리는 코로나 이후 세계와 브렉시트 이후 영국을 통해 확률적 모델에 지나치게 의존할 때 겪게 되는 위험성을 목격했다. 산업의 실시간 또는 최근의 공급 알고리즘을 지나치게 신뢰하면, 기본 요소에 상당한 변화가 일어나는 경우 공급망에 재앙처럼 치명적인 문제가 발생할 수 있다. 대형 트럭 운전자 부족, 슈퍼마켓의 빈 선반, 텅 빈 연료 펌프는 초래될 결과들 중 일부에 불과하다.

•   크리스마스 다음 날을 가리킨다.

제2장

로봇과 인공 지능

수학이
실리콘 밸리의 지평과
한계를 뒷받침하는
방식

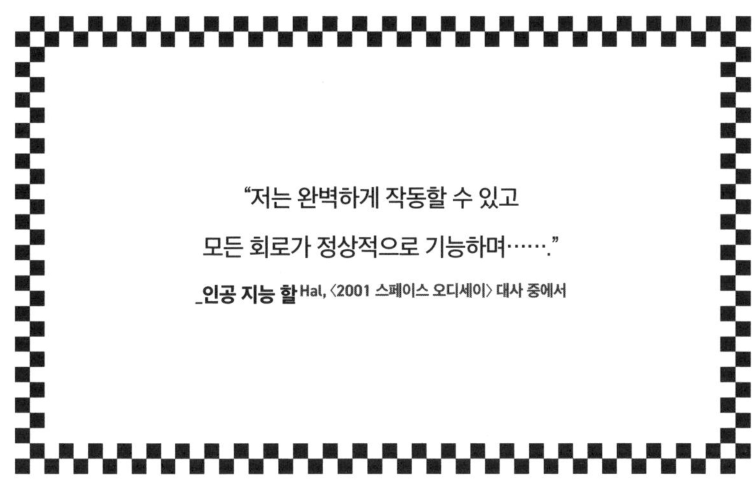

현실을 직시하자. 우리는 이미 미래에 살고 있다. 우리에게 아직 제트
팩*jetpack과 비행 자동차는 없을지 몰라도 로봇, 전기 충격기인 테이저,
휴대 전화, 자율 주행 자동차 같은 특별한 것들이 있다. 이러한 발명품
으로 향하는 과정은 종종 공상 과학물 작가의 환상적인 상상력에서 시
작된다. 드라마 〈스타트렉〉이 처음으로 방영된 후 수년에 걸쳐 스턴건**
과 휴대용 통신기가 사실상 현실이 된 상황을 떠올려 보자. 기본적으로
발명의 첫 번째 요소는 순수한 아이디어이고, 작가와 예술가는 누구보

---

* 　등에 메는 개인용 분사 추진기다.

** 　테이저와 스턴건 모두 전기 충격기이지만 차이가 있다. 테이저는 근거리에서 방아쇠를 당겨 전극침을
　발사해 전류로 신경계를 일시적으로 교란시키기 때문에 작은 전류에도 효과가 뛰어나다. 반면 스턴건
　은 직접 상대의 신체에 갖다 대서 전기 충격을 가하는 원리다.

다도 아이디어가 풍부한 사람들이다. 하지만 그들의 환상적인 비전을 현실화하려면 여러 세대에 걸친 수학자와 엔지니어의 고된 수고가 반드시 필요하다.

우리는 로봇이다

우리가 경험하고 있는 가장 중요한 역사적 변화 중 하나는 직장에서 인공 지능과 로봇 공학(좁은 의미의 걷고 말하는 인간형 로봇 개념보다 더 넓은 의미를 말한다)의 사용이 늘어나고 있다는 사실이다. 현재 단계에서는 인간의 노동력이 실제 로봇으로 대체되는 미래로 향하고 있는지(이 경우라면 새로운 경제 모델이 필요할 수 있다) 아니면 '다중성multiplicity'이라는 개념에 함축된 대로 로봇이 인간의 노동력을 보완하는 미래, 즉 인터넷을 통해 크게 도움되지 않는 방식으로 고객 불만을 처리하는 일상적 업무를 이미 인공 지능이 대체하고 있는 것처럼 로봇과 우리가 함께 일하게 되는 미래로 향하고 있는지가 불확실하다.

'로봇'이라는 단어는 체코의 극작가 카렐 차페크Karel Čapek가 유기 물질로 만들어진 안드로이드˙android가 등장하는 희곡 〈로섬의 만능 로봇Rossumovi Univerzální Roboti, R.U.R.〉에서 처음 사용했다. 흥미로운 점은 차페크가 처음부터 실제 로봇과 상상 속 로봇 개발에 수반되는 두 가지 두려움을 도입했다는 사실이다. 첫째, 그의 로봇은 인간보다 더 효율적

˙   인간의 모습을 하고 닮은 행동을 하는 로봇을 말한다.

이라는 것이 밝혀지고 둘째, 그들이 결국 살인 행각에 나서게 된다. 영화 〈매트릭스〉와 〈터미네이터〉가 나오기 훨씬 전에 우리는 이미 로봇이라는 것이 애당초 그렇게 좋은 아이디어였는지 궁금해하기 시작했다.

로봇을 인간과 비슷한 형태로 제작할 만한 이유가 있을 수도 있지만 반드시 그럴 필요는 없다는 점을 유념하자. 로봇은 주변 환경과 일련의 복잡한 상호 작용을 자동으로 수행할 수 있는 기계일 뿐이다. 원격 조종 장난감 자동차와 자율적으로 결정을 내리고 행동해야 하는 화성 탐사 로봇mars rover의 차이점을 생각해보자. 후자는 로봇이라 할 수 있지만 전자는 아니다.

진정한 로봇이라 할 수 있는 최초의 장치로는 1960년대 캘리포니아에서 SRI 인터내셔널** SRI International이 제작한 셰이키Shakey가 거론된다. 셰이키는 느리고 서투르게 움직이는 바퀴 달린 이동식 탑tower 형태의 로봇으로 충돌 방지에 도움이 되는 카메라와 센서가 장착되어 상당히 단순한 환경에서 스스로 길을 찾을 수 있었다. 같은 시기에 오늘날 자동차 공장에서 흔히 볼 수 있는 기계의 기원인 최초의 로봇팔이 공장에서 사용되기 시작했다.

1980년대에 혼다Honda가 걷고, 손을 흔들고, 악수할 수 있는 P3를 개발함으로써 최초의 휴머노이드*** humanoid 로봇이 등장했다. 최근의 휴머노이드 로봇으로는 오바마 대통령과 축구 경기를 해서 유명해진 혼다의 아시모ASIMO, Advanced Step in Innovative Mobility와 탁구 치는 로봇 토

** 캘리포니아주 멘로파크에 있는 미국의 비영리 과학 연구소다.
*** 인간과 비슷하고 유사한 형태를 띤 기계다.

피오TOPIO, TOSY Ping Pong Playing Robot가 있다. 그리고 로봇은 점점 더 똑똑해진다. 주변에 있는 물건에 대한 작업을 수행할 수 있는 소형 로봇인 '지루한 작업을 제거하는 버클리 로봇Berkeley Robot for the Elimination of Tedious Tasks'을 떠올려 보자. 줄여서 브렛BRETT이라고도 부르는 이 로봇은 단순한 작업을 스스로 학습해 문제를 해결하는 능력을 갖추고 있다. 브렛이 정사각형 구멍에 정사각형 마개를 끼우는 방법을 스스로 알아내는 영상도 찾아 볼 수 있는데, 이는 작업을 올바르게 수행한 로봇이 '보상을 받는' 강화 학습reinforcement learning 덕분이다. 어떤 흥미로운 실험에서는 가능한 한 빠르게 전진하라는 지시를 받은 로봇이 행동이 구체적으로 프로그램되지 않았음에도 걷기에서 달리기로 창의적인 도약을 하기도 했다.

이제 우리는 소형 지하 탐지 로봇인 스머프SMURF, Soft Miniaturized Underground Robotic Finder 같은 특수한 로봇을 보유하고 있다. 스머프는 재난 현장을 수색하고 잔해 속에서 생존자를 찾도록 설계된 유연한 바퀴가 달린 아주 작은 로봇이다.

물론 이른바 특이점singularity, 즉 기계가 발전한 나머지 기계를 만든 인간을 능가하게 될 시점을 우려하는 사람들도 있다.

그래서 여러분은 다음처럼 물을 것이다. 이 모든 발전의 기초가 되는 수학은 과연 무엇인가요?

로봇이 할 수 있어야 하는 첫 번째 일은 주변 환경을 감지하는 것이다. 이러한 이유로 로봇에는 센서가 장착된다. 셰이키의 충돌 센서 같은 기본적인 센서나 훨씬 진보된 센서일 수도 있다. 자외선, 기압, 심지어 냄새까지 감지해 수학적 데이터로 변환할 수 있는 센서가 존재한다.

대부분 현대 로봇의 시각적 무기 체계에서 가장 기본이 되는 요소는 레이저 펄스[*]laser pulse를 보내서 센서와 물체 사이의 거리를 감지하는 라이더LiDIR, Light Detection and Ranging다. 레이저 펄스의 속도를 아는 로봇은 레이저 펄스가 장애물에서 반사되어 돌아오는 시간에 속도를 곱해서 거리를 계산할 수 있다. 펄스를 통해 얻은 데이터는 주변 장애물에 관한 상세한 정보를 제공하는 숫자 스트림으로 변환된다. 이들을 통해서 로봇은 더욱 상세한 이미지를 생성하는 카메라와 결합해 주변 환경의 3차원 모델을 구축할 수 있다. 로봇에 사용되는 다른 종류의 센서에서도 비슷한 과정이 진행된다. 정보가 데이터 스트림으로 바뀌고, 데이터 스트림이 다시 주변 환경의 특정한 측면에 관한 모델로 변환된다.

다음으로 로봇은 주변 환경과 상호 작용할 수 있어야 한다. 이를 위해서는 인간형 로봇팔의 관절처럼 움직이는 부분에서 볼 수 있는 모터와 기어 박스가 결합된 형태의 '구동기actuator'가 필요하다. 구동기의 강도와 기동성maneuverability이 로봇의 강도와 민첩성을 결정한다.

여기에서 기초 수학이 정말 유용하게 사용된다. 로봇이 도구를 집어 들기 위해 손을 뻗도록 하려면 주변 환경의 3차원 지도를 행동으로 변환하는 방법을 찾아야 한다. 팔을 뻗는 로봇은 무엇보다도 팔 관절의 각도를 알려주는 지속적인 피드백을 받는다. 동일한 정보는 (어깨 관절이 있다면) 어깨 관절이나 손의 관절 또는 장착된 쥐는 장치gripping device에서도 전달된다.

각 신체 부위의 길이와 모든 각도를 고려하면 간단한 삼각법을 사용

• 　짧고 강하게 에너지를 방출하는 빛의 흐름이다.

하여 손과 손가락의 위치를 확인할 수 있다. 로봇이 복잡해질수록 (그리고 관절이 많아질수록) 이러한 계산이 더욱 복잡해질 것은 분명하지만, 이는 우리가 학교에서 피타고라스 정리를 이해하는 데 도움을 준 것과 동일한 수학을 사용하여 해결할 수 있는 문제다.

최신 세대 로봇에서 최종적인 핵심 특성은 학습 능력이다. 이는 강화 학습, 시연 또는 성취할 목표를 로봇에게 제시하는 방법으로 이루어질 수 있다. 인간은 자연스러운 학습자다. 모든 새로운 경험을 통해서 새로운 연결이 생성되는 신경가소성*neuroplasticity을 보이는 인간의 뇌 덕분에 우리는 점진적으로 기량을 향상시킬 수 있다. 컴퓨터 프로그램은 유연성이 없기 때문에 낮은 수준의 유연하지 않은 프로그램이 더 높은 수준의 '학습'을 지원할 수 있는 창발적 시스템을 만들어내는 일이 도전 과제가 된다(과학 이론에서 '창발' 현상은 어떤 개체가 자신에게 속하지 않았던 새로운 속성을 갖게 될 때 발생한다).

기계 학습machine learning의 핵심은 로봇이 패턴을 인식하고 학습할 수 있는 방식이다. 예를 들어 로봇에게 사과 사진을 여러 장 보여주고 이전에 본 적이 없는 사과 사진을 인식하도록 가르친다고 가정해보자. 로봇에게 훈련 데이터를 제공하고 이전에 보지 못한 사진을 보여준 후에 사과를 정확히 식별한 경우에 대한 피드백 정보를 제공한다. 로봇은 항상 미래에는 사과가 아닌 사진을 더 잘 폐기할 수 있도록 이미지 모델을 추상화하고 개선한다. 이를 위해서는 최적화 기법을 자신의 성능에 적용할 수 있는 알고리즘을 필요로 하며, 이는 올바른 선택을 하는

---

* 경험이 신경계의 기능적, 구조적 변화를 일으키는 현상을 말한다.

데 사용되는 매개 변수parameter를 조정하는 경험을 통해 스스로 개선이 이루어져야 한다.

이러한 작업에 관련된 수학 분야는 광범위하고 다양하다. 최적화 이론과 프로그래밍 언어 외에도 선형대수, 미적분, 행렬과 확률 같은 핵심 분야가 있다. 기본적으로 컴퓨터는 데이터를 받아들여 사용 및 검색이 가능한 방식으로 저장하는 장치다. 대수와 미적분은 모두 기계가 세계를 모델링하거나 확률을 사용하여 예측하는 능력의 일부다. 일단 알고리즘이 예측을 생성할 수 있게 되면, 그 기계는 스스로 매개 변수를 조정하기 위해 예측이 맞았는지 틀렸는지 여부를 피드백으로 제공할 방법을 필요로 한다.

컴퓨팅 선사 시대

모든 로봇은 컴퓨팅 기술에 의존한다. 우리는 주머니에 들어 있는 컴퓨터에 익숙해졌다(현대의 휴대 전화는 불과 수십 년 전만 하더라도 믿기 힘들 정도로 정교한 소형 컴퓨터로 여겨졌을 게 분명하다). 인공 지능이 어떻게 작동하는지 이해하려면 빠른 계산을 가능하게 하는 다양한 장치의 개발을 잠깐 되돌아보는 것이 유용하다.

가장 초기의 계산 장치 중 하나는 주판이었다. 주판의 유래가 어디인지 정확히 알 수는 없지만 고대 지중해 지역에서 널리 사용되었다. 우리가 주판에 대해 알게 된 첫 번째 사실은 메소포타미아 시대(기원전 3000년)에서 찾아볼 수 있는데, 주판은 자릿수를 나타내는 일련의 기둥column

과 단위 숫자를 나타내는 막대 위의 구슬로 구성되었다. 그러나 메소포타미아인은 60진법 숫자 체계를 사용했기 때문에 곱셈이나 나눗셈 같은 계산을 다루기 어려운 주판은 수학적 능력에 한계가 있었을 것이다.

그러나 첫 번째 천년기가 끝날 무렵에는 훨씬 더 효율적인 주판이 사용되었다. 우리는 로마의 사례와 아울러 2세기 중국 수학자 쉬웨徐月가 저술한 《숫자 기술의 보충 설명數術紀遺》에 처음으로 설명된 '수안판算盤, suanpan'이라는 주판에서 이런 사실을 알 수 있다. 이 주판은 수를 세는 데 대단히 효율적인 장치였고, 곱셈과 나눗셈, 심지어 매우 효율적인 방법을 이용한 제곱근과 세제곱근의 연산에도 사용 가능했다.

기원전 2세기(또는 그보다 몇 세기 전일 수도 있다)의 흥미로운 유물 중 하나는 발견 장소인 로마 시대의 난파선 인근의 그리스섬 이름을 따 명명된 안티키티라 기계antikythera mechanism다. 손상된 작은 나무상자 안에 30개의 기어와 레버가 서로 연결된 상태로 들어 있었던 이 기계는 오늘날 태엽을 감는 알람 시계와 비슷하게 보였다.

영국의 물리학자이자 과학사학자인 데릭 드솔라 프라이스Derek de Sol-la Price가 1950년대에 시작해 20년에 걸쳐 진행한 작업과 그의 연구에 흥미를 느낀 학자들의 추가 조사를 통해서 안티키티라 기계의 비밀이 밝혀지기 시작했다. 그들은 장치에 있는 고대 그리스 기호가 황도대'黃道帶, zodiac 표식 및 달력과 관련된다는 것에 주목했다. 이를 바탕으로 그들은 마르쿠스 툴리우스 키케로Marcus Tullius Cicero의 글에 언급된 '아

• 황도는 태양의 둘레를 도는 지구의 궤도가 천구에 나타난 경로를 말하며, 황도대는 황도를 중심으로 남북으로 각 약 8~9도 범위 폭을 가진 천구의 영역을 말한다. 이것을 12개로 나누면 바로 우리가 아는 동물 이름의 별자리가 된다.

르키메데스 구sphere of Archimedes'라는 기계식 천문관planetarium과 연결하는 과감한 도약을 시도했다. 태양계 행성들이 지구를 기준으로 어떻게 움직이는지 보여주는 이 신비한 장치를 곧 안티키티라 기계라고 추측했다.

이제 우리는 안티키티라 기계가 실제로 음력뿐만 아니라 달의 월식과 위상phase도 (심지어 타원 궤도까지) 추적할 수 있었다는 것을 안다. 이 장치는 또한 계절과 축제의 시기도 알려주었다. 계산자slide rule나 조석 예보기 같은 기계적 보조 장치도 아날로그 컴퓨터˙˙analog computer로 설명될 수 있다는 것을 생각하면, 안티키티라 기계가 '세계 최초의 아날로그 컴퓨터'라는 말은 정확한 묘사로 보인다.

수 세기 동안 주판에서 크게 발전하지 않았던 계산기를 더욱 발전시키는 데는 두 명의 위대한 수학자가 필요했다. 블레즈 파스칼Blaise Pascal은 1640년대에 발명한 파스칼린pascaline이라는 기계를 50대 만들었다. 다이얼을 움직여 숫자를 입력하면 자동으로 두 숫자를 더하거나 빼고, 같은 연산을 반복하여 곱셈과 나눗셈까지 할 수 있는 장치였다. 파스칼린은 최초의 진정한 기계식 계산기였다. 위대한 수학자 고트프리트 빌헬름 폰 라이프니츠Gottfried Wilhelm von Leibniz도 1694년 처음 제작한 계단식(단계별) 계산기stepped reckoner와 함께 계산기 개발에 참여했다. 라이프니츠 계산기에는 몇 가지 메커니즘의 문제가 있었지만, 기본 계산 요소인 돌릴 수 있는 바퀴 장치(라이프니츠 바퀴라고 불리기도 했다)는

˙˙ 전압, 시간, 길이, 온도 등 연속적이면서 계량적인 자료를 기반으로 계산해 곡선이나 그래프로 출력하는 컴퓨터다.

이후 계산 장치의 설계에 계속 사용되었다. (프랑스의 발명가이자 기업가였던 샤를 그자비에 토마 드콜마르Charles Xavier Thomas de Colmar가 비슷한 기술을 사용해 개발한 산술 계산기arithmomètre는 19세기 후반에 최초로 대량 생산되어 상업적 성공을 거둔 기계식 계산기였다.)

라이프니츠의 더욱 중요한 공헌은 1680년대에 창안한 이진 코드binary code 형태로 나타났다. 그는 자신의 아이디어가 과거 중국과 인도의 위대한 수학자들로부터 이어졌다고 생각했다. 특히 음양의 아이디어, 구체적으로는 끊어지거나 끊어지지 않은 여섯 개의 선을 사용한 6선도형hexagram 64가지인 64괘가 여섯 줄로 표현되는 《역경易經》에서 영감을 받았다. 끊어진 선을 0이라 하고 끊어지지 않은 선을 1이라 하면, 0부터 63까지의 모든 숫자를 효과적으로 표시할 수 있다. 이는 64가지의 구별되는 배열이 있음을 의미한다(《역경》의 암호문은 1부터 64까지 번호가 매겨진다. 따라서 우리는 사실상 한 단위 아래의 숫자를 세게 된다). 다음은 끊어진 선 여섯 개로 이루어진 도형, 즉 괘☷다.

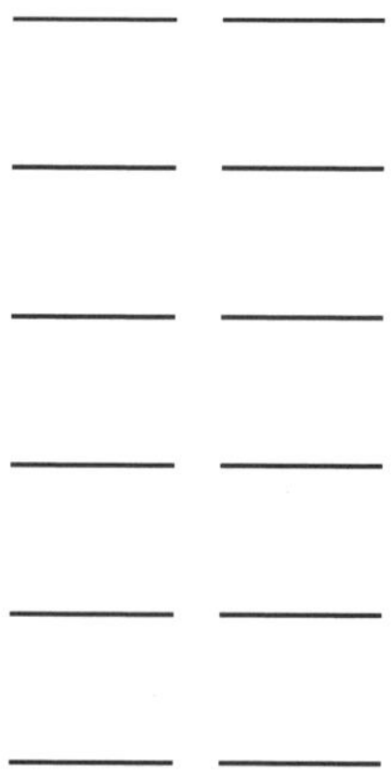

이 도형은 0 = 0 + 0 + 0 + 0 + 0 + 0 = 000000의 이진 코드를 나타내는 것으로 해석할 수 있다.

다음은 끊어지지 않은 선 여섯 개로 이루어진 괘다.

이 도형은 63 = 32 + 16 + 8 + 4 + 2 + 1 = 111111의 이진 코드를 나타내는 것으로 해석할 수 있다(각 이진수는 2의 거듭제곱을 나타내므로, 가장 오른쪽 숫자는 $2^0 = 1$, 그 왼쪽의 숫자는 $2^1 = 2$와 같은 식으로 계속된다). 따라서 41 = 32 + 8 + 1 = 101001의 경우에는 맨 위에 끊어지지 않은 선이 있고, 그 밑으로 끊어진 선 하나, 끊어지지 않은 선 하나, 끊어진 선 둘이 이어지며, 맨 밑에 끊어지지 않은 선이 자리하게 된다.

부동 소수점 숫자

라이프니츠가 개발한 이진 코드는 모든 자연수(양의 정수)를 나타내는 데 사용할 수 있다. 모든 '스위치switch'가 두 가지 출력만 가능한 칩chip을 만드는 것이 비교적 쉬운 특성이기 때문에 컴퓨팅에도 유용하게 사용된다. 그러나 컴퓨터는 자연수 기반의 간단한 계산 시스템은 물론이고 '자연수 계산'보다 더 복잡한 개념, 즉 음의 정수, 유리수와 무리수를 처리할 수 있어야 한다. 따라서 몇 가지 영리한 지름길이 필요했다. 과학적 표기법에서는 아주 크거나 작은 숫자를 1에서 10 사이의 숫자에 10의 거듭제곱을 곱한 형태로 표현한다. 예를 들어 16,000,000은 1.6×10^7로 표현된다. 숫자를 이진수로 표현하는 방법 역시 이런 방식으로 나타낼 수 있다.

부동 소수점* 숫자floating-point number도 비슷하지만, 정수와 정수의 분수(소수)를 구분하는 기수基數, radix(또는 10진법의 소수점)가 다르게 처리된다. 저장되는 데이터는 유효 숫자significand(기수가 없는 숫자열)와 지수exponent(기수의 거듭제곱을 나타내는 숫자)다. 항상 동일한 밑수를 사용하게 되는 시스템은 기수에 이 지수를 적용하고 그 값에 유효 숫자를 곱한다. 지수가 4이고 시스템의 밑수가 10인 유효 숫자 17364는 1.7364에 10^4을 곱한 숫자와 같다. 또 다른 방법은 기수가 중앙에 위치하는 숫자열을 저장하는 것으로, 127.93845는 0012793845로 저장된다. 이진수도 동일한 방법을 사용하여 저장할 수 있다. 이러한 숫자 표현을 코딩하는 방법은 실제로 다양하다. 1990년대에 부동 소수점 연산을 위한 IEEE 754 표준**이 확립된 이후로 부동 소수점 숫자

---

* 실수를 가수와 지수로 나누어 구분해 표시하는 방법으로, 여기에서 부동은 소수점이 떠다니며 움직인다는 뜻이다.

** 컴퓨터에서 부동 소수점을 표현하기 위해 미국전기전자학회가 개발한 일반적 표준을 말한다.

가 널리 채택되었다.

이진 코드에 대해서는 곧 다시 살펴볼 것이다.

디지털이 아닌 아날로그 계산 장치인 계산자slide rule는 17세기에 발명되어 꽤 복잡한 계산에 사용되었다. 계산자는 숫자의 지수를 더하거나 빼는 방식으로 작동하며, 곱셈이나 나눗셈의 단축법으로도 사용할 수 있다. 간단한 예로 2^3과 2^7을 곱할 때 지수의 3과 7을 더해서 2^{10}이라는 답을 얻는 방식이다. 19세기 후반에는 비슷한 수학적 전략을 사용하는 아날로그 장치가 더 많이 나왔다. 지금은 켈빈 경Lord Kelvin으로 기억되는 영국의 물리학자 윌리엄 톰슨William Thomson은 1873년 조석 예보기를 만들었다. 톰슨은 그보다 10년 전에 조석 패턴의 조화 분석harmonic analysis이라는 아이디어를 창안했고, 조화 분석에 기초한 조수 예측기는 마치 윌리엄 로빈슨***William Robinson의 작품 같았다. 바닷물이 일련의 다이얼을 움직여서 향후 몇 주나 몇 달 동안의 조석 패턴을 정확하게 예측하도록 했고, 이는 수작업으로 패턴을 계산하는 것보다 훨씬 효율적이었다. 톰슨의 방법을 채택하여 더욱 발전시킨 미국의 물리학자 앨버트 마이컬슨Albert Michelson과 새뮤얼 스트래튼Samuel Stratton은 1898년 조화 분석기harmonic analyzer를 만들었다. 그들의 조화 분석기는 75개 이상의 움직이는 부품으로 이루어져 있었고, 주어진 파동 입력

••• 간단한 목표를 달성하기 위한 기발하고 정교한 기계의 그림을 많이 그린 영국 만화가다.

으로부터 푸리에 급수*Fourier series를 출력하기 위해 레버와 스프링의 조합을 사용했다.

또 하나의 놀라운 아날로그 컴퓨터는 1930년대 미국의 전기공학자 버니바 부시Vannevar Bush가 이끈 연구팀이 만들어낸 물 적분기water integrator라는 차분 분석기differential analyser였다. 물 적분기는 '기계식 적분기(기어 모음)'와 파이프 및 펌프를 통해 격실 사이로 흐르는 물을 이용하여 미분 방정식을 풀었으며, 아마도 이런 위업을 달성한 최초의 실용적인 기계 장치였을 것이다. 같은 시기에 10년 동안 케임브리지대학교에서는 영국의 롤린 말록Rawlyn Mallock이 전기 변압기를 사용하여 연립 미분 방정식을 풀 수 있는 말록 기계Mallock machine를 만들었다.

가장 흥미로운 아날로그 컴퓨터 중 하나는 런던정치경제대학교에서 수학한 뉴질랜드 출신의 경제학자 빌 필립스Bill Phillips가 1949년 제작한 MONIACMonetary National Income Analogue Computer으로도 알려진 필립스수력컴퓨터Phillips Hydraulic Computer였다. 높이가 2미터인 필립스수력컴퓨터는 나무판에 투명한 플라스틱 탱크와 파이프를 부착한 형태였다. 각 탱크는 영국 경제의 한 가지 측면을 나타냈고, 파이프와 탱크 주변을 흐르는 (위쪽의 '재무부' 탱크에서 나오는) 색깔 있는 물은 경제에서 돈이 어떻게 움직이는지 그 흐름을 나타냈다.

디지털 분야로 돌아가서, 제1차 산업 혁명에서 엄청나게 중요한 도약은 18세기의 기계식 직기의 등장과 함께였다. 기계식 직기는 기계가 패턴을 따라가도록 하는 방법으로, 이전에는 많은 시간의 고된 수작업이

---

* 주어진 함수를 단순한 삼각 함수 파동의 합으로 변환하는 수열이다.

 양자 도약

필요했던 고급 비단인 양단과 능직 같은 복잡한 직물을 생산할 수 있었다. 이 기술의 핵심 요소는 구멍이 뚫린 빳빳한 천공 카드였다. 카드가 기계 장치를 통과하는 동안 막대가 구멍의 유무에 따라 갈고리의 위치를 조정했다. 이러한 켜짐(ON)과 꺼짐(OFF)의 교대가 패턴을 결정했다.

이 방법을 사용한 최초의 직기는 1725년 프랑스의 발명가 바실 부숑Basile Bouchon이 만들었고, 구멍 뚫린 종이테이프를 사용했다. 그러나 19세기 직물 제조업의 중요한 장치로 자카드식 직조기jacquard loom라는 이름이 붙게 된 것은 1804년 조제프 마리 자카드Joseph Marie Jacquard가 개량한 버전이었다.

천공 카드가 다른 분야에서도 유용할 수 있다는 것을 누군가가 알아채는 데는 오랜 시간이 걸리지 않았다. 1842년 프랑스에서 발명가 클로드 세트르Claude Seytre가 구멍 뚫린 종이 롤roll로 작동하는 피아노 연주 장치의 특허를 받았다. 그의 디자인은 실용적이지 못한 것으로 밝혀졌지만, 곧 비슷한 시스템을 사용하는 다른 유형의 자동 피아노가 뒤를 따랐고, 1881년 프랑스의 엔지니어이자 발명가인 쥘 카팡티에Jules Carpentier가 개발한 멜로그라프 레페퇴르Mélographe Répétiteur 같은 경이로운 발명품으로 이어졌다. 이 장치는 '평범한 음악이 자카드의 언어로 건반에서 연주되는' 풍금이었다.

그러나 천공 카드의 장기적 유산은 컴퓨팅의 발전과 함께 찾아왔다. 1832년 러시아의 발명가 세묜 코르사코프Semyon Korsakov는 (아마도) 태동하던 '정보학' 분야에서 천공 카드의 사용을 처음으로 제안한 사람일 것이다. 그리고 영국의 수학자 찰스 배비지Charles Babbage는 놀라운 기계인 해석 기관analytical engine(그가 생전에 완성하지는 못했지만 현재 런던과학

박물관에서 볼 수 있는 차분 기관differential engine의 후속 장치다)을 개발하기 시작했을 때 '숫자 카드number card'를 사용하려고 계획했다. 숫자 카드는 '특정한 구멍이 뚫려 있고, 숫자 바퀴figure wheel 세트에 연결된 레버 맞은편에 위치해 있도록 설계되었다. 카드에서 구멍이 없는 부분이 마주한 레버를 밀어내며 부호와 함께 숫자를 전달하는 방식이었다.'

19세기 말, 독일 태생인 미국의 통계학자이자 발명가인 허먼 홀러리스Herman Hollerith는 천공 카드에 데이터를 기록할 수 있는 전기 기계식 장치를 만드는 데 성공했다. 그의 집계 장치tabulating machine는 1890년 미국 인구 조사 데이터를 처리하는 데 사용되었다. 홀러리스는 1896년에 터뷸레이팅머신컴퍼니Tabulating Machine Company라는 집계 장치 회사를 설립했다. 이 회사는 1911년에 다른 회사와 합병되어 컴퓨팅-터뷸레이팅-레코딩컴퍼니Computing-Tabulating-Recording Company라는 회사가 되고, 다시 1924년에 IBMInternational Business Machines Corporation이 되었으며, 같은 시기에 집계 장치는 단순히 데이터를 기록하는 기계에서 기본적인 계산까지 가능한 기계로 발전했다.

이 기술은 최초의 전자식 디지털 컴퓨터로 이어졌다. 1937년 미국 벨연구소Bell Labs의 조지 스티비츠George Stibitz가 만든 모델 K는 세계 최초의 전기식 디지털 컴퓨터로 불렸으며, 기본적인 이진 덧셈을 수행할 수 있었다. 그로부터 꾸준한 발전이 이어졌다. 독일의 전자공학자 콘라트 추제Konrad Zuse가 제작한 세계 최초로 프로그래밍이 가능한 (이전의 원형 모델을 따른) 전기 기계식 컴퓨터 Z3는 '계산적 보편성computationally universal'으로 1941년 5월부터 다양한 버전으로 사용되었다. 에니악ENI-AC, Electronic Numerical Integrator and Computer(190쪽 참조)은 제2차 세계대전

이후 미국 연구팀에 의해 공개되었다. 'Baby'라고도 부르는 '맨체스터 소규모 실험 기계Manchester Small-Scale Experimental Machine, SSEM'는 1946년 맨체스터대학교에서 개발된 후 세계 최초의 저장 프로그램 컴퓨터가 되었다. 흔히 맨체스터일렉트로닉컴퓨터Manchester Electronic Computer로 불린 개량된 버전인 페란티 마크1 Ferranti Mark 1은 1951년 최초로 상업적으로 출시된 범용 전자 컴퓨터가 되었다.

그 밖에도 몇 가지 흥미로운 개발이 있었는데, 그중에는 1949년 호주에서 제작된 CSIRAC Commonwealth Scientific and Industrial Research Automatic Computer도 포함된다. CSIRAC는 순음을 사용하여 디지털 음악을 연주할 수 있는 최초의 컴퓨터였다. 그러나 현대로 진입하는 첫 단계는 1953년 IBM이 집계 장치의 후속 기종으로 UNIVAC Universal Automatic Computer을 발표하면서다. 자기 테이프의 사용을 도입한 UNIVAC의 뒤를 이어 최초의 대량 생산 컴퓨터(1953년에서 1969년까지 생산했다)인 IBM 650이 나왔다. 나머지는 말 그대로 역사다.

이런 기계를 만든 사람 중 누구라도 오늘의 우리가 당연하게 여기는 장치들을 보면 깜짝 놀랄 것이다. 하지만 그들과 같은 많은 사람의 노고가 없었다면 오늘날의 인공 지능은 고사하고 애당초 우리가 이런 장치를 소유할 수 없었을 것이 자명하다.

신경망의 간략한 역사

계산 모델computational model을 사용하여 뇌의 기능을 모델링할 수 있다는 아이디어 또한 신경망의 선사 시대가 보여주듯 그 역사가 오래되었다. 19세기 후반에 영국의 철학자이자 전기학자인 알렉산더 베인Alexander Bain과 철학자 윌리엄 제임스William James 같은 사상가들이 이미 뇌 속 신경 세포(뉴런)의 연결에서 생각이 발생할 수 있는 방식을 추측했고, 머지않아 그러한 추측이 적어도 부분적으로 정확하다는 사실이 실험 연구를 통해서 확인되었다.

1940년대에 미국의 신경생리학자이자 인공두뇌학자인 워런 매컬러Warren McCulloch는 미국의 논리학자 월터 피츠Walter Pitts와 함께 수학과 알고리즘을 기반으로 인공 신경망artificial neural network을 만드는 데 사용할 수 있는 계산 모델을 만들었다. 신경망은 기본적으로 서로 연결된 실제 또는 인공 뉴런의 모음이다. 각 뉴런은 입력을 받아들이고 알고리즘을 사용하여 출력으로 변환할 수 있는 회로다. 신경망의 목표는 컴퓨터 프로그램의 기본 수준인 데이터의 기계적 조작을 통해 일종의 '사고thinking'가 이루어지는 창발적 시스템을 만드는 것이다.

그로부터 얼마 지나지 않아서 캐나다의 심리학자 도널드 헤브Donald Hebb는 학습 과정에서 뇌 뉴런의 적응에 관한 일종의 '시냅스 가소성synaptic plasticity' 모델을 제안하여, 학습이 이루어지는 방식에 가설을 세웠다. 이와 비슷한 아이디어들은 결국 처음에는 헤비안 학습Hebbian learning이라 불린 '비지도 학습unsupervised learning'이 가능한 기계를 만드는 데 사용되었다.

문제를 해결하기 위한 브렛 학습(40쪽 참조)은 초반에는 조이스틱을 사용하여 로봇의 움직임을 제어함으로써 로봇에게 문제를 해결하는 방법을 보여주는 방식의 지도 학습의 예인 반면, 비지도 학습에서는 로봇에게 단순한 목표만이 주어진다.

매사추세츠공과대학교에서는 일찍이 1950년대에 헤비안 네트워크 Hebbian network의 한 가지 형태에 관한 시뮬레이션이 계산기(주머니 계산기가 아닌 초기 계산 기계를 의미한다)를 사용하여 수행되었다.

1950년대에 미국의 심리학자 프랭크 로젠블랫Frank Rosenblatt이 '퍼셉트론perceptron'을 설계하고 개발했을 때 첨단 기술의 아름다운 순간이 찾아왔다(물론 지금은 그저 시대에 뒤떨어진 공상 과학 이야기에나 나오는 것처럼 들린다). 이 별나게 들리는 장치는 생물학적 원리에 기반한 모델이었으며, '뉴런'에 연결된 400개의 광전지 배열을 사용하여 기초적 이미지basic image를 인식할 수 있었다. 퍼셉트론의 입력값은 전위차계potenti-ometer에 등록되었고, 입력값을 업데이트할 수 있는 전기 모터가 있어서 일종의 학습이 이루어졌다.

〈뉴욕타임스〉는 퍼셉트론을 '(해군이) 걷고, 말하고, 보고, 쓰고, 스스로 복제하고, 자신의 존재를 의식할 것으로 기대하는 전자 컴퓨터의 배아'라고 불렀다. 그러나 로젠블랫은 장치의 한계를 인식했다. 그는 퍼셉트론에 배타적 논리합exclusive-or(XOR 논리 게이트, 64쪽 참조) 회로를 포함하여 몇 가지 중요한 회로와 기능이 부족하다는 사실을 설명했다. 이는 퍼셉트론이 특정 유형의 논리 추론을 할 수 없음을 의미했다.

이 점을 설명하려면 불 대수Boole algebra의 간략한 설명이 필요하다. 19세기 영국의 수학자, 철학자이자 논리학자인 (대부분 독학한) 조지 불George Boole은 이진 코드를 창안한 라이프니츠가 그랬던 것처럼 논리학과 수학이라는 별개의 학문을 통합하는 일종의 대수학을 창조하려는 시도로 불 대수를 개발했다. 주어진 진술이 취할 수 있는 값이 참과

거짓뿐이라고 가정한 그는 간단한 연산자 'AND', 'OR' 그리고 'NOT'을 사용하여 논리학과 수학을 결합할 수 있음을 보여주었다.

1930년대에 수학자 클로드 섀넌Claude Shannon은 불 논리를 이용하여 작동하는 회로를 만들 수 있다는 것을 깨닫고 이 모든 아이디어를 통합했다. 모든 현대 컴퓨터의 수학을 뒷받침하는 섀넌의 이 아이디어는 자카드 직기의 카드와 마찬가지로 참 또는 거짓, 1 또는 0, 켜짐 또는 꺼짐 같은 불 입력에 반응하는 복잡한 '스위치' 시스템으로 구성된다. 논리 게이트logic gate는 단지 주어진 불 연산Boolean operation을 수행할 수 있는 기계 내의 회로일 뿐이다. 퍼셉트론은 일부 연산에 불 연산을 수행할 수 있었지만 모든 연산을 수행할 수는 없었다.

이러한 수학적 문제에 관한 인식이 확산함에 따라 대부분의 신경망 연구는 1980년대까지 주목받지 못했다. 그러나 그 시점에 등장한 더욱 강력한 병렬 분산 컴퓨터 처리 조합parallel distributed computer processing 이 신경망이라는 주제를 향한 관심의 부활을 이끌었다. 반복적 또는 재귀적 프로세스를 수행하는 신경망을 더 간단한 방법으로 만들 수 있게 됨에 따라 나중에 수집된 정보를 프로세스의 이전 단계로 피드백할 수 있었다.

신경망과 수학

ChatGPT의 획기적인 성공을 이끈 신경망은 이해하기 어려운 복잡한 시스템처럼 들린다(그리고 실제 그럴 수도 있다). 그러나 유념해야 할 것은 신경망의 핵심은 신경망이 어떤 마법의 '블랙박스'가 아니라, 데이터 집합을 분석하고 출력(단순한 값이든 값의 행렬이든)을 생성하기 위해 산술과 대수 같은 수학적 도구를 이용하는 방법일 뿐이라는 점이다. 다음은 기본 사항을 대폭적으로 단순화한 설명이다.

먼저 파운드를 킬로그램으로 변환하는 비율(소수점 세 자리까지 표기한다고 했을 때 2.205)에 관한 예측값을 찾으려 한다고 가정해보자. 양자의 비율이 비례한다는 사실을 사전에 알고 있다고 가정하면, 파운드 수가 세 배로 늘어나면 킬로그램 수도 세 배로 늘어나게 된다. 알려진 몇 가지 변환 사례가 있으면 이를 통해 최초의 표를 만들 수 있다.

예시	파운드	킬로그램
1	0	0
2	10	22.05

물론 우리는 이 계산에 필요한 모든 것을 알고 있지만, 예시는 이해하기 쉽도록 의도적으로 단순화한 것이다. 따라서 변환 비율 n을 추정하려면, 신경망의 다음 단계는 실제 관측값을 입력하고 추정해야 한다.

관찰	파운드	n의 추정치	킬로그램 (출력)	킬로그램 (실제)	오차 (실제-출력)
1	10	1.5	15	22.05	7.05
2	10	2	20	22.05	2.05
3	10	2.5	25	22.05	-2.95
4	10	2.25	22.5	22.05	-0.45

n의 첫 번째 추정치 1.5에는 큰 오차가 따르므로 추정치를 늘릴 필

요가 있다. 추정치 2를 시험해보면 오차가 감소하므로 이는 같은 방향으로 계속 움직이도록 유도한다. 그러나 다음번 추정치 2.5에는 음의 오차가 생기므로 목표치를 지나쳤다는 것을 알 수 있다. 이처럼 차이를 분할하다 보면 오차가 줄어든다. 이전 시도의 피드백을 사용하여 추정 과정을 반복할수록 n의 참값에 더 가까워질 것이다.

이것은 매우 간단한 선형 방정식linear equation을 추정하는 방법이 될 것이다. 이제 조금 더 복잡한 문제를 상상해보자. 정원이 찍힌 사진에서 측정한 치수를 근거로 사진 속 막대기(길고 가는 모양)와 바위(둥근 모양)를 어떻게 구별할 수 있을까? 이를 위해서는 다음과 같은 (숫자 데이터로 표현된) 그래프를 사용할 수 있다.

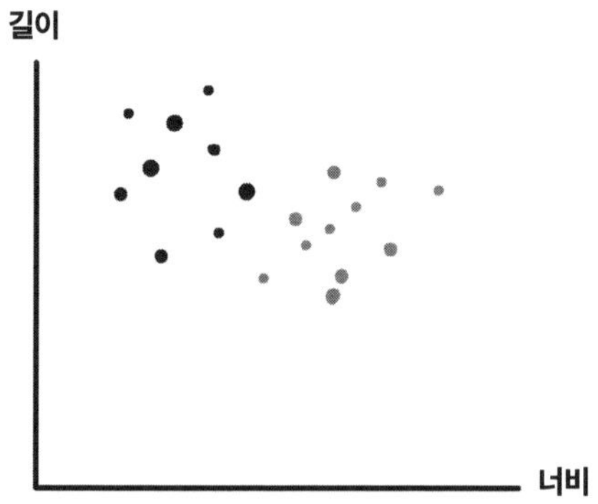

막대기(검은색 점)는 너비(W)보다 길이(L)가 길고 바위(회색 점)는 길이와 너비의 값이 대략 같다. 막대기와 돌을 정확하게 구분하려면 단순한(시각적으로 간단히 '직선'을 의미하는) 선형 함수를 그려서 명확히 구분할 수 있어야 한다. 따라서 첫 번째 추정치가 $L=0.9W$라면 다음의 직선을 얻을 수 있다.

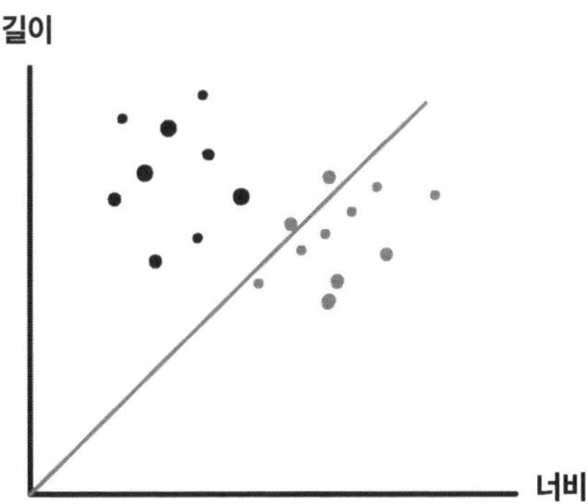

막대기가 모두 직선 위에 있지만 바위 일부도 직선 위에 있다. 따라서 추정치를 바꿔야 한다. $L=W$를 시험해보자.

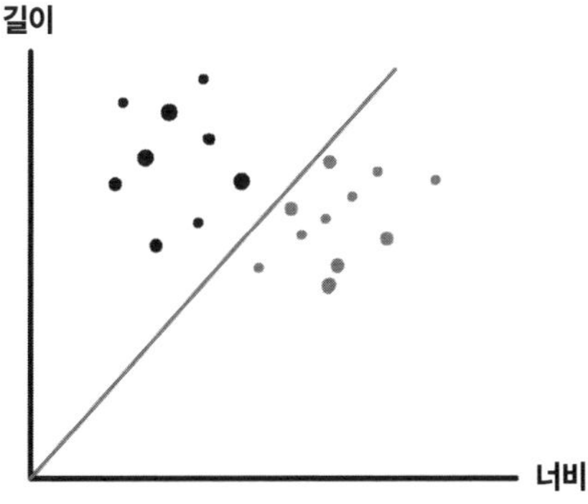

$L=0.9W$보다 효과가 있지만 더 개선할 수는 없을까? $L=1.1W$는 어떨까?

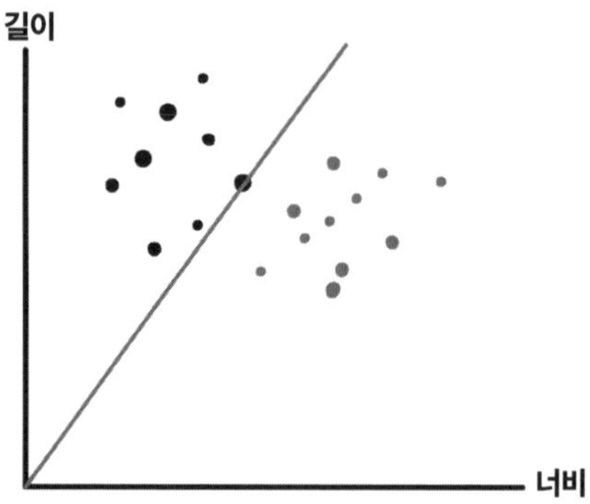

기울기는 적합해졌지만, 이제 막대기 하나가 선에 걸치게 되었다. 따라서 이 지점에서 각 점이 함수로부터 떨어진 거리에 기초한 함수인 $L=1.1W-1$로 다시 한번 시험해볼 수 있다.

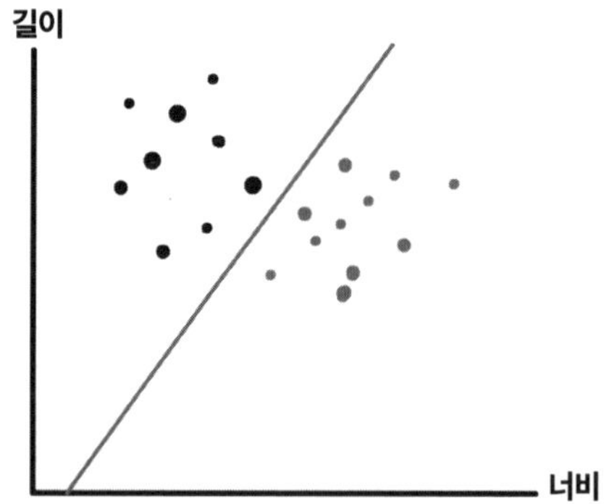

비록 향후 피드백에 따라 방정식을 추가로 수정해야 할지도 모르지만 마침내 성공했다. 각 단계에서 수정된 추정치를 촉발하는 유용한 오류 함수error function를 설정하기 위해서는 신경망이 꽤 까다로운 대수

연산을 수행해야 하는 것은 분명하지만, 이는 신경망에서 간단한 분류기simple classifier가 단순하게 작동하는 방식의 핵심이다. 물론 간단한 직선만으로는 데이터 집합을 항상 두 개의 깔끔한 그룹으로 나누기에 충분하지 않고, 그런 이유로 퍼셉트론은 배타적 논리합 문제를 처리할 수 없었다.

문제를 이해하기 위해 논리 연산에서 선형 함수(직선)를 사용해 간단한 분류기를 정의하려는(정답을 찾아내려는) 경우를 생각해보자. 이미지 인식 같은 기능을 수행하는 신경망은 다양한 입력을 처리해야 하므로, 크기뿐만 아니라 AND, OR 그리고 XOR(exclusive-or) 같은 논리 함수도 처리해야 한다. 예를 들어 소를 식별하려면 컴퓨터가 소처럼 생긴 물체를 검정 OR 흰색 OR 갈색이고, 발굽 AND 뿔이 있는 물체로 분류하도록 해야 할 것이다. OR 함수는 흰색, 갈색, 검정의 모든 조합을 인식하여 흰색 및 갈색 소가 정확히 식별되도록 한다.

이번에는 차선 1과 2로 이루어져 있고, 자동차 A와 B가 각 차선을 따라 지나갈 수 있을 만큼 넓은 도로를 상상해보자.

두 자동차가 안전하게 지나갈 수 있는 상황은 다음과 같다.

자동차 A가 차선 1에 있는 것이 참이고, 자동차 B가 차선 1에 있는 것이 거짓이다.

 OR

자동차 A가 차선 1에 있는 것이 거짓이고, 자동차 B가 차선 1에 있는 것이 참이다.

반면에 다음과 같은 상황에서는 두 자동차 모두 안전하게 지나갈 수 없다.

자동차 A가 차선 1에 있는 것이 참이고, 자동차 B가 차선 1에 있는 것도 참이다.

 OR

자동차 A가 차선 1에 있는 것이 거짓이고, 자동차 B가 차선 1에 있는 것도 거짓이다.

이렇듯 단순한 OR 연산으로는 불가능한 구분을 위해서는 입력 중 하나가 참이면 참을 반환하고 두 입력 모두 참이면 거짓을 반환하는 XOR 구분이 필요하다. 두 가지 입력 X와 Y의 진리표truth table는 다음과 같다(0은 거짓이고, 1은 참이다).

X	Y	AND	OR	XOR
0	0	0	0	0
0	1	0	1	1
1	0	0	1	1
1	1	1	1	0

선형 함수를 가진 간단한 분류기를 사용하여 이들 각각의 논리 연산을 분리할 수 있을까? 다음은 $(0,0)$, $(0,1)$, $(1,0)$, $(1,1)$의 모든 선택지를 매핑한 그래프다.

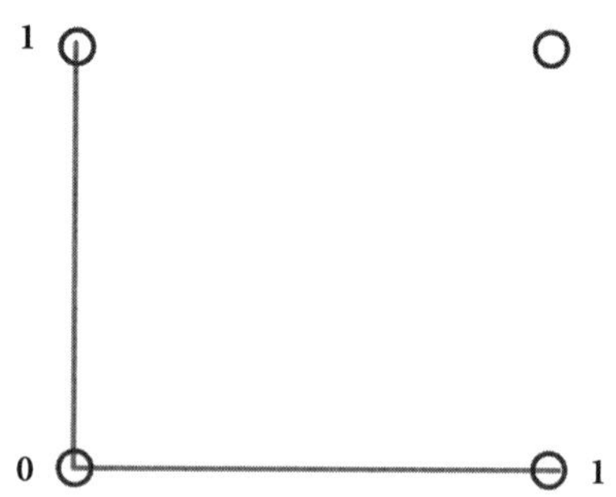

선형 함수가 정의하는 직선을 사용하여 AND 옵션을 매핑하는 것
은 쉽다. 이는 다음 그래프에서 직선의 오른쪽 위의 영역이다.

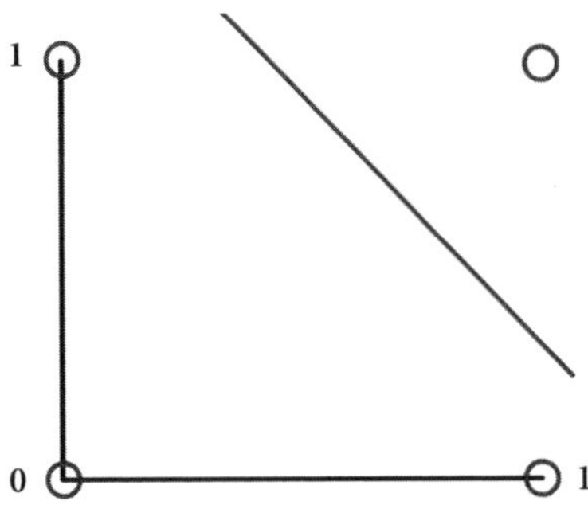

OR 논리 연산도 쉽게 정의할 수 있으며, 다음 그래프에서 직선의
오른쪽 영역 위이다.

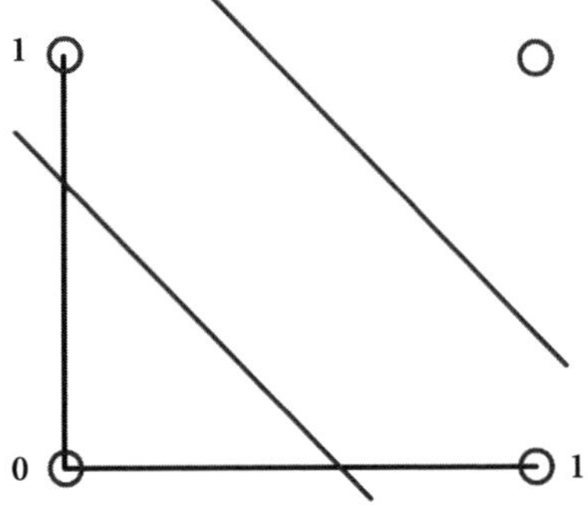

그러나 우리가 신경망이 수행하기를 원하는 많은 연산에는 X와 Y
중 하나만 참일 때는 참을 출력하지만 둘 다 참일 때는 거짓을 출력하
는 XOR 함수가 필요하다.

　이러한 연산을 위해 단일 직선을 그릴 수는 없으며, 복수의 간단한 분류기를 사용해야만 한다.

　따라서 신경망의 시작점은 간단한 분류기이며, 이후 오류의 수정과 함께 추정치의 개선이 반복적으로 이어지고, 마지막으로 더욱 복잡한 문제를 처리하기 위해 복수의 분류기가 결합된다. XOR 문제는 기본적으로 단순한 논리 게이트(퍼셉트론이 처리할 수 있는 종류)를 결합하여 더 높은 수준의 함수(곡선으로 표현되는)를 출력할 수 있는 더욱 복잡한 논리 게이트의 사용으로 해결되어 왔다. 이론적 근거는 1960년대에 알려졌지만, 실제로 작동하게 하는 기술은 그렇지 않았다. 한편으로 역전파backpropagation 알고리즘도 네트워크의 효율성을 개선하는 데 널리 사용되었다. 간단히 설명해서 피드 포워드feed forward 알고리즘은 입력이 네트워크의 각 계층에서 차례대로 처리되는 알고리즘이고, 역전파 알고리즘은 최종 출력에서 역방향으로 진행하면서 각 계층의 값을 조정해 계산의 오류를 최소화하는 데 사용된다.

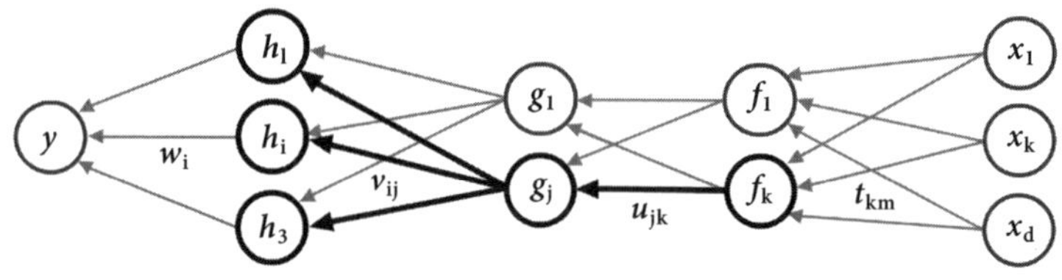

간단히 말해서, y의 추정치를 도출하기 위해 새로운 관찰(x_1, ..., x_d)이 피드백되고 오류를 최소화하기 위해 각 계산 단계가 차례대로 조정된다.

　인공 뉴런을 만드는 엔지니어링 과제에서는 더 복잡한 입력 데이터를 처리하는 데 어떤 유형의 함수를 사용할 것인지 같은 수학적 문제가 추가적으로 발생한다. 모든 입력을 즉각적으로 단순한 참이나 거짓으로 처리할 수 없기 때문이다. 특정한 임계치까지는 0을 출력하고 임계치를 넘어서면 양의 값을 출력하는 계단 함수step funcition를 사용할 수도 있다. 단순한 이분법적 구분을 식별하는 데는 괜찮은 방법이지만, 유의도significance에 기울기가 있을 때(양의 값이 클수록 확인하려는 사실의 지표로서 더욱 긍정적이거나 부정적임을 의미한다)는 별로 좋은 방법이 아니다.

더 자세한 설명은 이 책의 범위를 넘어서지만 수학적 입력이 주어지면 다양한 방식으로 해당 정보를 처리하는 인공 뉴런을 만들 수 있다는 말로 충분할 것이다. 단순히 참이나 거짓을 출력하는지 아니면 수치값을 출력하는지 그리고 입력을 어떻게 출력 함수로 모델링하는지 등은 모두 신경망의 효율성과 정확성에 영향을 미친다.

따라서 복잡하게 들릴 수도 있지만 신경망의 유일한 핵심은 여전히 기본적인 수학이다!

위상수학적 막간

다행히도 아직은 인간이 로봇보다 잘할 수 있는 일이 몇 가지 있다. 한 가지 예를 들면 동일한 물체를 다른 각도에서 볼 때 빠르게 인식하는 능력이 비교적 좋다. 오늘날의 신경망은 특정한 각도(얼굴이 정면을 향하는 올바른 방향)에서 본 사람의 얼굴을 인식하는 데 뛰어난 능력을 발휘하지만, 옆모습이나 낮은 각도에서 찍힌 사진 같은 다른 모습은 다시 학습해야 한다.

이 문제에 관한 한 가지 접근 방식은 비교적 최근의 위상수학적 데이터 분석 topological data analysis 분야에서 나왔다. 이탈리아의 수학자 파트리치오 프로시니 Patrizio Frosini가 1990년대 초 처음으로 개발한 이 접근법은 위상수학을 추상적으로 개선한 분석 방식이다.

처음에는 위상수학이 당혹스러울 수 있다. '위상수학자는 커피잔과 도넛을 구별할 수 없는 사람'이라는 말은 흔한 수학적 농담인데, 이는 위상수학이 물체의 본질적인 기하학적 속성과 공간적 관계를 다루면서 모양이나 크기에 관한 정보는 무시하기 때문이다. 따라서 위상수학자에게 도넛과 커피잔은 모두 구멍이 한 개(커피잔의 경우 손잡이의 D자 모양 구멍을 가리키며, 커피가 담기는 '구멍'은 한쪽에서 다른 쪽으로 통과할 수 없으므로 진짜 구멍이 아니다) 있는 단단한 물체다. 모델링 점토로 한 가지 모양을 만든다면 본질적 속성을 바꾸지 않고도 다른 모양으로 다시 만들 수 있다.

최근 프로시니는 리스본의 '미지를 위한 샴팔리마우두센터 Champalimaud Centre for the Unknown'라는 멋진 이름의 연구팀과 함께 위상 데이터 분석에 기초한 기능을 도입함으로써 신경망이 모양을 인식하는 학습 능력을 엄청나게 가속할 수 있음을 보여주는 연구 결과를 발표했다. 기본적인 아이디어는 현재의 신경망이 방대한 데이터 집합을 인식하는 것에 기반을 두고 있지만, 그중에는 분명히 무관한 데이터도 있다는 것이다. 따라서 덜 중요한 특성 중 일부는 걸러내고 물체의 본질적 특성에만 집중하도록 가르칠 수 있다면, 훈련 및 학습에 필요한 시간이 단축되리라는 아이디어다. 프로젝트의 수석연구원 마티아 베르구미 Mattia Bergomi의 말에 따르면 "평범한 체스 플레이어와 전문가 사이 차이와 비슷하다. 전자는 모든 가능한 수를 보는 반면에 후자는 좋은 수만을 본다."

5와 7의 차이점을 생각해보자. 숫자는 여러 가지 다른 방식으로 쓰거나 낙서하거나 다양한 글꼴로 인쇄될 수 있다. 하지만 어떤 경우든 그리고 어떤 각도에서 보든 변하지 않는 모양의 본질적인 특징이 있다. 마찬가지로 우리가 도로 표지판을 볼 때는 원, 삼각형, 화살표 등 모양만 찾고 표지판에 묻은 진흙이나 늘어진 나뭇가지 같은 불필요한 정보는 무시하도록 배운다.

연구팀은 신경망이 이미지를 조사하는 방식에 '렌즈' 또는 필터를 추가함으로써 처음부터 기계에 각 방향을 별도로 가르치지 않고도 신경망이 다양한 방향의 얼굴을 인식하도록 할 수 있었다. 그리고 같은 프로세스를 기계 학습과 결합시키며 5와 7 같은 숫자를 구별하는 법을 배우는 데 걸리는 시간을 크게 줄일 수 있었다.

이는 다시 한번 인간의 마음과 인공 지능이 정보를 처리하는 방식을 비교함으로써 미래의 인공 지능과 기계 학습의 기준을 높이는 데 인간적인 특성을 도입하는 방법을 배울 수 있는 사례다.

행렬 언로드

나는 신경망 프로그램의 모든 세부 사항을 아는 척하지 않으려 한다. 신경망은 어려운 분야라서 실무 경험이 풍부한 사람만 자신이 하는 말을 안다고 주장할 수 있다. 그러나 이 책은 일반 독자를 위한 책이다.

따라서 합성곱convolution, 교차 상관관계cross-correlation, 자기 상관관계autocorrelation 같은 복잡한 함수와 연산의 모든 세부 사항을 설명하기보다는 신경망이 할 수 있는 일 중에서 이미지를 더 작은 이미지로 변환하는 과정의 개요를 살펴보려 한다. 이미지는 각 픽셀의 값이 저장되는 행렬로 처리될 수 있다는 점에 유념하자. 행렬에 익숙하지 않은 독자를 위해 행렬 연산을 사용하는 매우 간단한 예를 제시한다.

행렬은 단순히 각 위치에 값이 있는 숫자의 배열이다. 다음은 행렬의 두 가지 예다.

$$\begin{pmatrix} 3 & 4 \\ 1 & 3 \end{pmatrix} \quad \begin{pmatrix} 1 & 2 \\ 2 & 4 \end{pmatrix}$$

이제 수행하고자 하는 연산이 덧셈이라면, 행렬의 각 위치에 있는 값을 더한다.

$$\begin{pmatrix} 3 & 4 \\ 1 & 3 \end{pmatrix} + \begin{pmatrix} 1 & 2 \\ 2 & 4 \end{pmatrix} = \begin{pmatrix} 3+1 & 4+2 \\ 1+2 & 3+4 \end{pmatrix} = \begin{pmatrix} 4 & 6 \\ 3 & 7 \end{pmatrix}$$

마찬가지로 첫 번째 행렬에서 두 번째 행렬을 빼고 싶다면 첫 번째 행렬의 해당 위치에 있는 값에서 두 번째 행렬의 각 위치에 있는 값을 뺀다.

$$\begin{pmatrix} 3 & 4 \\ 1 & 3 \end{pmatrix} - \begin{pmatrix} 1 & 2 \\ 2 & 4 \end{pmatrix} = \begin{pmatrix} 3-1 & 4-2 \\ 1-2 & 3-4 \end{pmatrix} = \begin{pmatrix} 2 & 2 \\ -1 & -1 \end{pmatrix}$$

물론 컴퓨터에 사용되는 행렬은 훨씬 크고 상당히 많은 연산이 가능하지만 핵심에서는 이런 작업이 수행되고 있다.

이제 단순한 설명을 위해 5×5 행렬의 입력을 3×3 행렬의 출력으로 변환해야 한다고 가정해보자. 한 가지 방법은 입력을 섹션section별로 고려하고, 각 섹션마다 수학 함수를 사용하여 출력으로 변환하는 것이다.

먼저 × 표시된 정사각형 영역에 수학 함수를 사용하면 그 결과가 출력 행렬의 왼쪽 위 칸에 위치하게 된다.

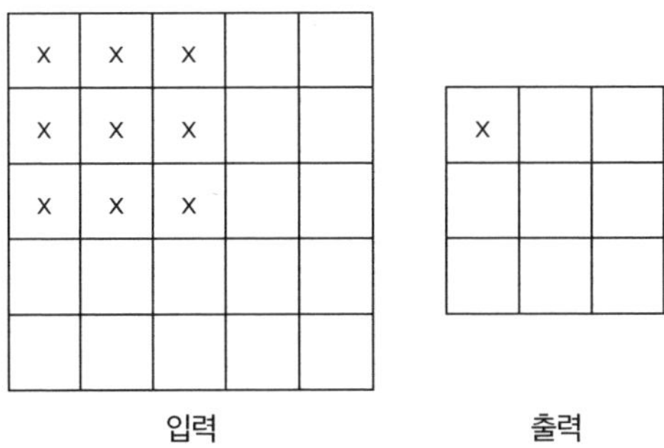

입력   출력

그리고 다음으로 표시된 정사각형의 집합에 연산을 반복하면 두 번째 출력값을 얻는다.

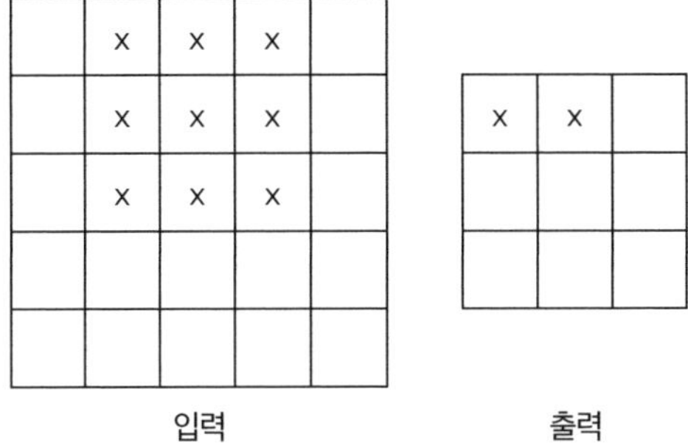

입력   출력

다음 정사각형 집합에 연산을 반복하여 출력 행렬의 첫 번째 행을 완성한다. 5×5 행렬에서 3×3 정사각형(커널kernel이라 부른다)을 이동 (또는 '슬라이드')시키면서 3×3 출력 행렬을 구축한다.

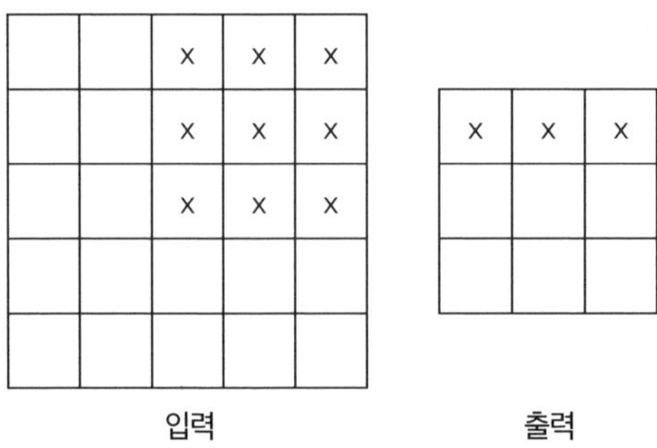

이 단계에서 우리는 5×5 정사각형의 가장자리에 있는 값이 항상 커널의 가장자리에 있는 것이 문제라는 사실을 발견하고, 입력 데이터의 가장자리 주변에 0값의 정사각형 경계인 '패딩padding'을 추가할 수 있다.

이제 우리는 전체 행렬에서 5×5 커널을 위로 이동시켜서 원래 값

이 입력 행렬의 가장자리에 절대로 위치하지 않는 3×3 출력 행렬을
생성하거나, 3×3 커널을 이동시켜서 수정된 5×5 행렬을 생성할 수
있다. 2×2 행렬이 필요하다면 일부 단계를 건너뜀을 의미하는 '스트라
이딩 striding'을 사용할 수도 있다. 따라서 아래에 표시된 각 영역은 2×2
행렬에 대한 하나의 출력을 생성한다.

위에서 설명한 과정은 단일한 데이터 계층에서 수행되는 작업이다. 세 개의 채널(예를 들면 RGB 이미지)을 처리하는 경우에는 이러한 함수가 각 채널에 차례대로 적용될 것이다.

이러한 모든 단계에 복잡한 프로그래밍이 필요하지만, 기본이 되는 방법은 기초적 수학 연산과 행렬의 크기를 바꾸는 다양한 방법을 사용하여 하나의 행렬을 다른 크기의 행렬로 변환하는 작업이다.

인공 지능과 인간의 뇌

로봇을 감각-운동 기계sensory-motor machine로 생각할 수도 있다. 센서에서 받아들인 정보를 데이터 스트림으로 변환하여 반응하는 기계인 로봇은 빛을 향하여 움직이거나, 경로에 있는 물체를 피하거나, 이미지를 인식하고 올바르게 식별할 수 있다. 여기에는 일반적으로 '감각-운동 기계'에서 '운동' 부분인 기계 장치의 일부가 움직이는 과정을 포함한다.

물론 인간을 감각-운동 기계로 간주하는 것 역시 마찬가지로 타당하다. 우리는 감각을 통해서 정보를 받고(뇌의 넓은 영역이 주로 감각 데이터의 처리를 담당한다) 뇌에 이미 저장된 정보와 비교한 다음에 반응한다. 여기에는 우리의 신체 활동을 조절하는 뇌의 운동 피질motor cortex이 관련된다.

직관에 반하는 것처럼 보일 수 있지만 인공 지능 연구는 인간의 뇌가 어떻게 작동하는지를 이해하는 데 점점 더 도움이 되고 있다. 시카 고대학교의 니컬러스 마스Nicolas Masse와 데이비드 프리드먼David Freed-man이 수행한 최근 연구는 신경망에 사용되는 기술과 인간 뇌의 단기 기억을 비교했다. 이 연구를 통해서 뇌가 수신한 정보를 조작해야 하는지 아닌지 여부에 따라 적어도 두 가지 서로 다른 신경 메커니즘이 관여한다는 사실이 확인되었다.

실험 대상자들이 단기 기억에 의존하는 작업을 수행하는 동안 뇌에서 일어나는 전기적 활동의 패턴을 관찰한 신경과학자들은 표준 이론이 시사하는 것처럼 신경 회로가 더 강한 신호를 발사하면서 반응할 것으로 예상했다. 그러나 관찰 결과는 전혀 달랐다.

마스와 프리드먼은 이러한 '침묵'의 기억(뉴런이 더 강한 신호를 발사하는 능동적 기억과는 대조적이다)이 뇌의 연결 또는 시냅스의 일시적인 변화로 부호화될 수 있다고 추측했다. 흥미로운 점은 이후에 그들이 동일한 행동을 보이는 중립적인 신경망을 구축할 수 있었다는 것으로, 이는 인공 지능 분야의 추가적인 개발로 이어질 수 있다.

이는 한 가지 예를 든 것에 불과하며, 요점은 신경과학과 인공 지능이 상호 보완적인 분야라는 사실이다. 두 분야 모두 다른 분야에서 발견된 통찰에서 도움을 받고, 신경망을 인간 뇌의 특정 측면에 가깝게 모델링할수록 결과는 더 향상되어 '인간과 비슷해질' 것이다.

P 대 NP

P 대 NP 문제는 수학과 컴퓨팅 분야에서 아직 해결되지 않은 중요한

난제이며 향후 컴퓨터과학에서 대단히 중요한 문제가 될 수 있다. P는 다항 시간*polynomial time을 의미하며, '다항 시간 안에 해결책을 찾을 수 있는 문제의 범주'를 나타낸다. NP는 '비결정론적non-deterministic 다항 시간 안에 해결책을 검증하거나 확인할 수 있는 문제의 범주'를 의미한다.

대부분 독자에게는 이러한 정의가 즉각적으로 와닿지 않을 것이므로 조금 더 쉽게 설명해보겠다.

모든 컴퓨터는 앨런 튜링Alan Turing의 이름을 딴 튜링 기계**다. 이는 컴퓨팅 장치에 대한 튜링의 이론적 설명에 근거한다(또는 여러분이 얼마나 현학적이라고 생각하는지에 따라 컴퓨터는 '보편적 튜링 기계universal Turing machine'라고 설명할 수도 있지만 나는 그런 구별에 구애받지 않을 것이다). 그리고 오늘날의 모든 컴퓨팅 장치는 결정론적deterministic 장치이기도 하다. 주어진 입력에 따라 주어진 결과가 출력된다는 뜻이다. 튜링은 일련의 규칙에 기초하여 내부를 통과하는 테이프 스트립strip의 기호를 조작하는 기본적인 기계를 상상했다(이론적으로는 테이프의 길이가 무한해야 하지만 당분간 이를 무시해도 좋다).

규칙은 테이프 위 입출력 헤드 아래에 놓인 주어진 기호에 다음 세 가지를 지시하게 된다. 다음에 쓰일 기호(문자 또는 숫자일 수 있다), 헤드가 움직여야 할 방향(앞, 뒤 또는 전혀 움직이지 않음), 기호가 명령이나 상태 변경으로 이어지는지 아니면 기계를 멈출 것인지 여부다. 기계가 상

태 3에 있는 동안에 기호 @가 주어지면, 규칙은 K를 쓰고 한 위치 앞으로 이동하여 상태 8로 전환하라고 지시할 수 있다.

컴퓨터가 그보다 더 복잡한 기계임이 분명하지만 이것이 오늘날의 컴퓨터가 작동하는 방식의 핵심이다.

다음으로 비결정론적 튜링 기계를 상상해보자. 이 기계는 주어진 입력에 대해 다양한 출력이 가능하다. 예를 들어 상태 3에서 주어진 기호 @에 따라 a, ?, Ks, G 중 하나를 인쇄하고, 같은 위치에 머물거나 앞으로 이동하여 상태 2나 상태 8로 전환할 수 있다.

컴퓨터는 어떤 '결정'을 내려야 할지 어떻게 알까? 물론 알 수 없다. 이런 이유로 현재 단계에서는 비결정론적 튜링 기계가 가상의 존재이며, 컴퓨팅의 복잡성 문제를 탐구하기 위한 사고 실험thought experiment에 주로 사용된다(이 역할을 담당할 양자 컴퓨터의 실험이 초기 단계에 있긴 하다).

차이점을 그려보는 또 다른 방법은 결정론적 기계에는 계산 **경로**path가 있는 반면 비결정론적 기계에는 복수의 가능한 경로를 동시에 처리하는 계산 **나무**tree가 있음에 주목하는 것이다.

이제 우리는 P와 NP 문제의 정의에 관한 이해를 시작할 수 있게 되었다. P 문제가 결정론적 튜링 기계로 다항 시간 안에 해결될 수 있다고 말할 때, 이는 문제의 복잡성이 해결되는 데 걸리는 시간을 나타내는 다항식이 있는 정도로 복잡성이 낮다는 것을 의미한다. P 대 NP 문제는 본질적으로 모든 문제가 P에 속하는지, 아니면 비결정론적 튜링 기계만으로 다항 시간 안에 (해결책을 검사하거나 검증하기보다는) 해결될 수 있는 문제가 존재하는지에 관한 질문이다. 문제 해결과 해결책 검증의 차이점을 이해하고 싶다면, 스도쿠 퍼즐에서 정답이 올바른지 확인하는 알고리즘을 만드는 일이 처음부터 정답을 찾는 알고리즘을 만드는 일보다 얼마나 간단할지 생각해보면 된다.

이제 '다항 시간'을 조금 더 자세히 살펴보도록 하자.

문제의 복잡성과 문제를 해결하는 알고리즘이 직면하는 어려움은 알고리즘이 처리하는 요소의 수와 직접 관련된다. 컴퓨터가 10만 개 숫자 목록을 검색하여 가장 큰 숫자를 찾는다고 상상해보자. 모든 숫자 목록을 저장한다면 한꺼번에 많은 요소를 처리하게 된다. 반면에 효율적인 알고리즘일수록 단순히 지금까지 나온 숫자 중 가장 큰 것만 저장하면 된다. 이렇게 하면 각 숫자를 한 번씩만 방문하고도 매번 간단한 명령을 실행할 수 있다.

알고리즘의 실행 시간excution time은 처리해야 할 요소의 수와 관련된다. 요소의 수가 N이라면, 실행 시간은 N^2 또는 N^4에 비례할 수 있다. 후자는 속도가 더 느리지만 둘 다 다항 시간 안에 해결될 수 있다.

문제가 다항 시간 안에 해결될 수 없고 지수 시간exponential time이 필요하다면, 실행 시간은 2^N이나 그와 비슷한 지수 관계에 비례할 것이다(N이 지수이기 때문에 그렇게 불린다).

이는 엄청난 차이를 만들어낸다. 100개의 요소가 있고 복잡도가 N에 비례하는 계산 문제를 1초에 해결하는 알고리즘을 상상해보자. 요소의 수가 같고 복잡도가 N^3에 비례하는 문제를 해결하는 데는 약 3시간이 걸릴 것이다. 그러나 복잡도가 2^N에 비례할 때는 약 4,000경 (400,000,000,000,000,000,000) 년이 걸리게 된다. 따라서 답을 기다리는 동안에 도넛과 커피를 사러 가더라도 소용이 없다.

잘 알려진 NP 문제 중에는 순회 외판원 문제가 있다. 100개의 도시가 주어질 때 모든 도시를 차례로 방문할 수 있는 최적의 경로를 계산하는 문제다. P와 NP의 차이를 묘사하는 또 하나의 더욱 다채로운 (덜 수학적이지만) 방법은 건초 더미에서 바늘을 찾는 문제다. 건초를 하나하나 살펴봐야 한다면 오랜 시간이 걸릴 수밖에 없다. P 문제로 만들려면 탐색을 돕는 강력한 자석이 필요할 것이다.

P 대 NP 문제는 NP로 분류된 모든 문제가 P로 분류될 수 있는지를 묻는다. 다시 말해, P가 NP와 같은가? 2002년 시행한 한 조사에 따르면 이 질문에 응한 컴퓨터과학자 중 87퍼센트가 P와 NP가 같지 않다고 믿었다. 이는 양자 컴퓨팅이 일부 '단순한' NP 문제를 해결할 수 있을지에 관한 논란의 여지에도 불구하고 계산하기에 너무도 복잡한 문제가 항상 존재할 것임을 의미한다. 또한 나머지 13퍼센트의 과학자 중 절반은 나중에 반대 의견을 표명하기 위해 거짓말했음을 인정했다. 외출을 자주 하지 않는 컴퓨터과학자들은 재미를 찾을 수 있는 곳에서 최대한 즐겨야 하기 때문이다.

바쁜 비버

또 다른 약간 비극적인 그룹은 거대한 숫자에 지나치게 매료된 나와 같은 수학자들로 구성된다. 미국의 수학자 로널드 그레이엄 Ronald Graham이 램지 이론* Ramsey theory이라는 수학 분야에서 문제의 상한을 설

• 수학적 구조의 크기에 따라 나타나는 특정 질서에 관한 이론이다.

명하는 데 사용한 그레이엄 수Graham's number를 그 예로 들 수 있다. 그 레이엄 수는 너무 커서 복잡한 위쪽 화살표 표기법 없이는 설명이 매우 어렵다(위쪽 화살표 표기법에서 $2\uparrow\uparrow\uparrow10$은 2의 10제곱의 10제곱의 10제곱을 나타내며, 일반적으로 엄청나게 큰 정수에 사용된다).

우리는 그레이엄 수가 몇 자릿수인지, 그 자릿수가 몇 자릿수인지, 심지어 자릿수의 자릿수가 몇 자릿수인지도 알 수 없다. 그러나 이론적으로는 계산이 가능하며, 마지막 500자리 숫자까지 알려져 있다.

P 대 NP 문제와 관련된 또 다른 예로는 '바쁜 비버busy beavers'라 불리는 숫자의 모임이 있다. 앞에서 살펴본 것처럼 모든 계산은 정보를 처리하고 상태를 전환하는 간단한 결정론적 튜링 기계의 관점에서 이론적으로 설명할 수 있다. 앨런 튜링은 주어진 문제가 해결될 수 있음을 어떻게 확신할 수 있는지 처음으로 물은 사람 중 한 명이었다. 이 문제를 살펴보는 한 가지 방법은 다음의 질문과 같다. "릴에 감긴 테이프로 문제를 입력하면 과연 튜링 기계는 무한 루프를 계속하는 대신 결국에는 계산을 끝내고 해답과 함께 멈출 것인가?"

바쁜 비버는 주어진 수의 상태를 가진 튜링 기계가 실제 멈추도록 하는 데 필요한 단계의 수다. 문제는 이 숫자가 엄청나게 빠른 속도로 증가한다는 것이다. 정지 상태halt state와 함께 두 가지 상태2-state machine를 가진 $BB(2)$ 기계를 떠올려 보자. 예컨대 왼쪽이나 오른쪽 위로 올라갈 수 있고 정지 상태에서는 수평인 시소를 상상해도 좋겠다. 각 단계의 출력은 시소의 상태와 테이프에 기록된 현재 기호에 따라 정의되고, 동일한 상태를 유지하거나 다른 상태로 전환하거나 정지하는 출력으로 이어질 수 있다. $BB(2)$의 바쁜 비버 이동 횟수는 6이고, $BB(3)$은 21,

$BB(4)$는 107, $BB(5)$는 적어도 47,176,870이다*. $BB(6)$의 바쁜 비버 이동 횟수는 여기에서 설명하려면 고급 표기법이 필요할 정도로 거대한 숫자다.

가장 기본적인 컴퓨팅 장치를 만드는 데도 25~50개의 상태가 필요할 것이고, 그러한 기계가 멈추는 것을 보장하려면 필요한 단계의 수도 상상 이상으로 엄청나게 커질 것이다. 이는 몇 가지 중요한 수학 문제가 이론적으로는 올바른 알고리즘을 만들면 해결할 수 있다고 해도 실제로는 계산이 불가능한 또 다른 이유다.

여담이지만 컴퓨터가 해답을 찾고 멈출지 아니면 영원히 움직일지 판별하는 정지 문제halt problem는 오늘날의 컴퓨터를 튜링이 설명한 무한한 테이프가 없음에도 튜링 기계라 부르는 관행이 합리적인 이유를 설명한다. 멈추는 모든 문제에는 유한한 양의 '테이프'(또는 처리 능력)만 있으면 되기 때문이다. 실제로 튜링은 '무한한 테이프infinite tape'라는 아이디어를 주로 임의로 긴 입력을 나타낼 수 있는 이론적 개념으로 사용했다.

- 바쁜 비버 함수에 따른 계산 결과로, 상태가 n인 바쁜 비버의 최대 이동 횟수는 $BB(n)$으로 표기한다. 현재까지 알려진 바쁜 비버 함숫값은 $BB(5)=47,176,870$이다.

제3장

패턴 인식

패턴과 알고리즘의
수학적 원리를
이해해야 하는 이유

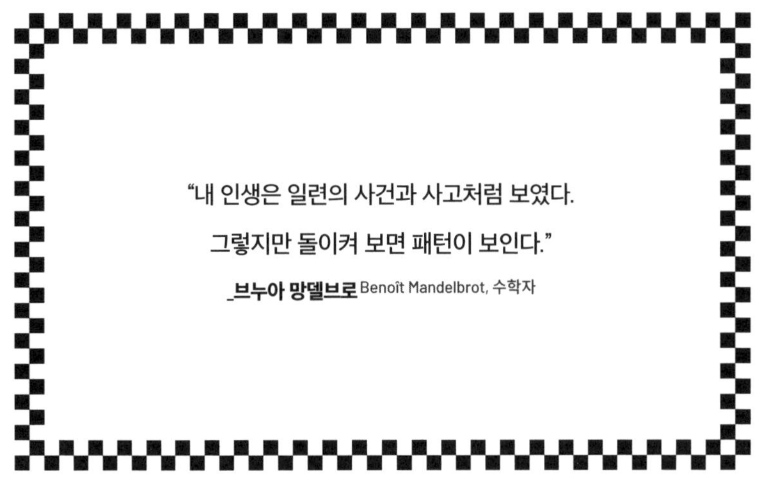

패턴 인식pattern recognition은 우리가 신경망을 구성하고 학습시켜 점점 더 나은 작업 성과를 내도록 하려는 미래의 핵심 프로그래밍 과제 중 하나이며 전반적인 인공 지능 이야기에서 필수적인 부분이기도 하다.

우리가 패턴을 인지하고 배우는 데 있어 가장 먼저 고려해야 할 것은 특히 수학이다. 여러 면에서 패턴은 수학의 가장 기본적인 측면이기 때문이다. 숫자는 사실상 소 세 마리, 꽃 세 송이, 밀 세 부셸*bushel에 공통점이 있다거나 둥근 행성과 둥근 돌이 같은 모양이라는 통찰을 요약하는 방식이다. 기하, 대수 그리고 계수counting는 전적으로 패턴과 모양의 개념에 기반을 둔다. 인류가 천체의 움직임이나 계절 변화를 이해하려

• 곡물이나 과일의 부피 단위로 약 35리터에 해당한다.

했을 때도 패턴을 인식하는 것이 패턴을 기록하고 정확히 어떻게 작동하는지 알아내려는 실질적인 단계보다 앞섰다.

그렇다면 패턴이란 무엇일까? 기본적으로 패턴은 특정한 새가 우는 방식이든, 줄무늬나 반점이든, 리듬이나 모양이든, 우리가 식별할 수 있는 모든 종류의 규칙성이다. 어린 시절에 우리는 특정 사물에서 패턴으로 추상화하는 법을 배웠다. 예를 들어 우리는 녹색과 빨간색 벽돌을 번갈아 가며 배치하는 법을 배우고, 필요하다면 이를 파란색과 노란색 벽돌에도 적용할 수 있다. 이 두 가지 모두 추상적인 ABAB 패턴으로 설명할 수 있다. 마찬가지로 동일한 물체의 집합에 하나의 물체를 추가하면 원래의 수에 1을 더한 수가 된다는 것을 배울 때, 우리는 기본적인 대수 패턴 $n+1$을 배우는 것이다. 어린 시절에 배우는 다른 중요한 기술은 패턴을 복제, 생성, 확장하는 방법으로 모두가 수학의 기본에 속한다.

이제 컴퓨터화된 패턴 인식이 점점 더 많은 분야에서 사용된다. 예를 들어 우리는 다음 제4장에서 음성 인식이 어떻게 작동하는지 살펴볼 것이다. 얼굴, 지문, 필적 그리고 망막 인식은 보안 및 치안 영역에서 점점 더 중요해지고 있다. 또한 패턴 인식은 생물학 및 생물의학 영상, 레이더 분석, 지진 경고 시스템 및 기타 다양한 현상, 프로세스, 신호, 상황에서 중요한 역할을 한다. 기본적으로 패턴 인식은 유한한 특징이나 속성의 집합을 사용하여 충분한 설명이 가능한 모든 대상을 식별하거나 분류하는 데 사용될 수 있다.

패턴 인식에는 세 가지 기본적인 단계가 있다.

첫째, 어떤 종류이든 일종의 센서가 필요하다. 이는 시각에 기반하지만 음향, 진동, 전기적 자극 등을 감지하는 센서를 포함하여 물리적 대상에서 정보를 추출하는 다른 방식일 수도 있다.

둘째, 입력을 값으로 변환하는 추출기가 필요하다. 안면 인식 알고리즘에는 이미지를 분석하여 눈을 식별하고, 얼굴의 다양한 기준점 사이의 거리를 확인할 수 있도록 눈의 중심점 위치에 대한 벡터 값을 도출하는 추출기가 필요할 것이다.

셋째, 추정된 값이나 분류 또는 식별된 결과를 출력하는 분류기가 필요하다. 우리는 이미 초기 신경망이 분류기에 선형 함수를 활용한 방식과 더 복잡한 신경망이 입력에 대한 보다 복잡한 분석을 제공하기 위해 다양한 분류기를 결합하는 방식을 살펴보았다.

따라서 1단계와 2단계에서는 대상을 n차원 벡터로 기술하게 된다. 여기에서 n은 물체를 기술하는 데 사용되는 개별적 특징의 수이고, 벡터의 i번째 좌표는 $i = 1, \cdots, n$ 중 i번째 특징의 값과 같다. 일부 특징에 정보가 없는 경우에는 빈 공간(또는 동등한 항목)을 남겨둘 수 있다. 오렌지의 사진을 식별하려 한다면 특징은 둥근 모양, 색상 그리고 아마도 질감(너무 매끈한 오렌지 모양의 물체는 공일 수 있다)이 될 것이다.

근본적인 문제는 입력값을 분류 체계(이메일을 스팸으로 분류하거나 새의 종을 식별하는 것 같은)에 따라 분류하거나 (기술적으로 패턴 매칭이라고 하는 안면 인식처럼) 긍정적 또는 부정적 식별을 제공하는 정확한 방법을 찾는 것이다. 이는 알고리즘 프로그래밍이나 기계 학습을 통해서 이루어질 수 있다. 어느 쪽이든 최종 목표는 100퍼센트 정확도에 가까운 추정치를 제공하는 알고리즘의 완성이다. 모든 인식 알고리즘은 실제 분류값이 알려진 입력 집합이 주어질 때 얼마나 정확하게 테스트하는지에 따라 평가될 것이다.

따라서 패턴 인식 알고리즘을 공부하는 학생은 알고리즘을 생성하는 방법을 아는 것 외에도 벡터 선형 대수학, 확률 이론 및 통계에 관한 광범위한 지식이 필요하다.

앞에서 언급한 바와 같이 알고리즘을 개선하는 데는 두 가지 방법이 있다. 하나는 레이블label이 붙은 학습 데이터 세트와 학습 결과가 제공되는 지도 학습을 통해 정확도를 개선하는 것이고 다른 하나는 알고리즘이 스스로 이전에 알지 못했던 패턴을 찾는 비지도 학습이다.

'비지도 학습'이라는 개념은 주변 환경을 탐색하는 로봇의 이미지를 연상시킬 수 있지만, 현실은 훨씬 일상적일 수 있다. 데이터 마이닝*data mining 문제를 생각해보자. 두 개의 데이터베이스(산업계에서는 공급 업체, 고객, 부품 등의 목록일 수 있다)를 일치시키는 일이 항상 간단한 작업은 아니다. 알고리즘에 제공될 수 있는 것은 열column이나 범주category를 일치시키는 전략뿐이다. 예를 들어 시맨틱 매핑semantic mapping은 알고리즘이 어떤 데이터베이스의 '이름: 1(Name: 1)' 범주와 또다른 데이터베이스의 '이름(First.Name)' 범주 사이의 중첩도를 감안하여 양자의 의미가 동일하다는 것을 인식하게 해준다. 그러나 비지도 학습이 가능한 알고리즘은 다양한 경험적 지식heuristic을 사용하여, 구체적으로 프로그램되지 않은 방식으로 데이터를 일치시킬 수 있다.

다수의 인식 알고리즘은 확률에 기반하며, 데이터에서 주어진 인스턴스**instance에 대한 최상의 레이블을 찾기 위해 통계적 추론을 자주

---

* 대규모 데이터베이스 안에서 일정한 규칙을 찾아 데이터를 분석하는 것을 말한다.
** 객체 지향 프로그래밍에서 설계도에 해당되는 클래스(쉽게 말해 틀이나 규칙)를 기반으로 메모리에 할당되어 생성된 객체(결과물)를 말한다.

이용한다. 이는 인식 알고리즘의 작업이 초기 데이터 집합이 더 큰 모집단에서 샘플링되었다는 가정하에 다양한 특성의 상대적 중요성이나 변동성을 기초로 해 가설을 검증하고 추정치를 도출하는 방식으로 진행된다는 것을 의미한다.

각각의 구체적인 특징에 부여해야 하는 신뢰도 수준에 대해서는 해당 특징에 관한 불확실성의 정도를 추정하고, 서로 다른 특징의 불확실성과 결합하는 방법을 찾아야 한다. 구체적 특징값의 표준편차가 클수록(참 또는 일치로 확인된 식별 결과인 양positive의 ID와 연관될 때) 가중치를 낮출 수 있다. 확률적 알고리즘은 신뢰도 값뿐만 아니라 추정된 식별(또는 입력 데이터가 너무 모호한 경우에는 식별을 수행하지 않은) 결과도 출력하는 장점이 있다.

이 모든 과정의 수학적 원리는 다양하고 복잡한 것이 분명하지만, 패턴 인식 알고리즘을 생성하고 훈련하는 과정의 각 단계에서 미적분부터 베이즈 확률Bayesian probability, 최적화, 오류 수정 및 회귀 분석까지 다양하고 엄청난 양의 수학이 집중적으로 적용된다는 점을 알아두는 것만으로도 충분하다.

안면 인식

누군가를 알아볼 때 여러분의 뇌에서 무슨 일이 일어날지 생각해보자.

먼저 뇌는 사진이 찍힌 각도와 관계없이 누군가의 얼굴에서 특징을 인식한다. 이를 위해 이미지를 조작할 필요는 없다. 앞에서 살펴본 것처럼 우리 뇌는 컴퓨터보다 이런 위상적 조작에 능숙하기 때문이다. 인식되는 사람이 머리를 올렸든 내렸든, 깔끔하든 지저분하든, 색안경을 썼든, 담배를 피우든, 웃거나 찡그리든 뇌는 무관한 정보를 걸러내고 누군가를 식별하는 데 필요한 핵심적 특징에만 집중할 수 있다.

컴퓨터는 이 모든 일이 훨씬 더 어렵다. 처음 컴퓨터가 특수 카메라를 통해 '보는' 것은 시야의 각 지점에서 색상(적색, 녹색, 청색)의 수준을 나타내는 대형 숫자 행렬 세 개다. 그렇다면 컴퓨터는 무엇을 해야 할까?

간단한 소프트웨어에서 사용되는 한 가지 전략은 입력 이미지를 제어하는 방법이다. 공항의 얼굴 인식 스캐너는 검색대를 통과하는 우리의 얼굴을 여권 사진과 비교한다. 여권 사진은 인식 작업의 복잡성을 줄이기 위해 앞을 향하고, 카메라를 바라보고, 미소를 짓지 않고, 모자를 쓰지 말아야 한다 등 미리 정해진 규칙에 따라 촬영되었다. 그런 다음 우리는 사진과 비슷하게 보일 수 있는 위치에 서서 컴퓨터가 두 이미지를 비교할 수 있도록 한다. 그렇게 하더라도 수많은 조정이 필요하다. 스캐너는 눈과 코를 식별하고 정렬하여 두 이미지가 가능한 한 가깝게 중첩될 수 있도록 해야 한다. 또한 이미지의 대조와 균형을 조정하여 빛의 변화가 유사성을 감지하는 능력에 영향을 미치지 않도록 한다.

비슷한 접근 방식이 지문이나 망막 스캐닝 같은 기술에도 적용될 수 있다. 경찰이 지문을 찍으라고 할 때 우리는 신중하게 조절된 위치 범위 안에 손을 위치시켜야 한다. 흥미롭게도 우리가 체포된다면, 경찰은 우리가 신고 있는 신발 밑창도 스캔한다. 밑창 무늬가 마모되는 방식이 사람마다 매우 달라서 대단히 유용한 정보가 될 수 있기 때문이다.

이 단계에서 다양한 수학적 접근 방식을 취할 수 있다. 특징 기반(또는 기하학 기반) 방법은 단순히 얼굴의 특징을 기하학적 관계에 따라 분석한다. 반면에 템플릿 기반 방법은 템플릿 모델을 기준으로 한 이미지를 다른 이미지와 비교한다. 이해를 위해 다음의 정사각형 템플릿을 함께 살펴보자.

00000000000000000000000000000000000000000000
00000000000000000000000000000000000000000000
00000001111111111111111111111111111111000000
00000001111111111111111111111111111111000000
00000001110000000000000000000000000111000000
00000001110000000000000000000000000111000000
00000001110000000000000000000000000111000000
00000001110000000000000000000000000111000000
00000001110000000000000000000000000111000000
00000001110000000000000000000000000111000000
00000001111111111111111111111111111111000000
00000001111111111111111111111111111111000000
00000000000000000000000000000000000000000000
00000000000000000000000000000000000000000000

기하학적 접근 방식은 모서리의 위치를 식별하고 모서리 사이 각도와 거리를 확인하는 것이다. 이런 방식은 실제로 공항 얼굴 인식 스캐너가 화면 속 여러분의 얼굴 이미지에서 주요한 특징에 빨간색 점을 표시하는 방식으로 볼 수 있다. 템플릿 접근 방식은 각각의 점 중 몇 개가 동일한 값을 등록하는지 식별하고 그에 따른 출력을 제공한다.

이러한 과정은 부분적 또는 전체적 분석으로 개선될 수 있다. 확률적 모델에서 눈의 위치나 모양 같은 특정한 특징에 더 큰 가중치가 부여될 때 이런 일이 발생한다.

마지막으로 얼굴 위치를 지시하는 방법을 사용할 수 없는 이미지라면(예를 들어 대각선 위에서 찍힌 CCTV 이미지 하나만 비교 가능한 경우) 문제의 얼굴 모델을 구축하는 알고리즘을 사용할 수 있다. 여기에는 조작할 수 있는 계수가 많은 벡터를 기반으로 모델을 생성한 다음, 다양한 각도의 이미지 모음으로 신경망을 훈련하는 방법이 포함된다. 이러한 모델 기반 방법을 사용하면 주어진 CCTV 이미지를 3차원 모델을 이용해 정면을 향한 얼굴 이미지가 어떻게 보일지 계산할 수 있다.

신경망에 관한 이야기에서 우리는 이미 알고리즘을 변경하는 방법, 즉 위상적으로 단순화된 모델을 제공하여 더욱 빠르고 정확한 결과를 얻을 수 있는 방법을 살펴보았다. 앞으로의 과제는 알고리즘을 지속적으로 개선하여 가능한 한 100퍼센트에 가까운 정확도를 얻는 일일 것이다.

언블러링

범죄 현장 속 용의자를 식별할 유일한 사진(또는 차량 번호판)이 흐릿할 때 경찰 수사는 문제에 직면하게 된다. 사진의 흐릿함을 개선하는 '언블러링unblurring'은 수학과 많은 관련이 있다. 물론 우리가 직접 이 행위를 하는 것은 아니다. 대신 주어진 결과로 이어지게 한 원인을 재현해 내려는 시도인 역문제inverse problem(122~123쪽 참조)다.

이러한 방법은 흐림 현상의 수학적 모델을 만든 다음에 그 과정을 역공학하는 것이다. 흐림은 확률 분포에서 종종 볼 수 있는 특징적인 '종형 곡선'의 수학적 설명인 가우스 함수Gaussian function를 포함한다. 올바른 값을 찾기 위해 몇 가지 다른 값이나 함수를 시도해야 할 수도 있지만, 일단 이를 무시했을 때 1차원에서 가우스 흐림의 표준 공식은 다음과 같다.

$$G(x,y) = \frac{1}{\sqrt{2\pi\sigma^2}} e^{-\frac{x^2}{2\sigma^2}}$$

그리고 2차원에서 가우스 흐림의 표준 공식은 다음과 같다.

$$G(x,y) = \frac{1}{\sqrt{2\pi\sigma^2}} e^{-\frac{x^2+y^2}{2\sigma^2}}$$

이 공식이 어떻게 사용되는지 이해하기 위해 선명한 이미지의 픽셀이 표준적 가우스 분포에 따라 시작점에서 임의의 거리로 재분포되었다고 가정해보자.

이미지에서 주어진 픽셀의 데카르트 좌표는 x와 y다. 가우스 분포의 표준편차는 σ다. 따라서 입자의 68.2퍼센트는 시작점에서 1σ 거리 안에 있고 95.4퍼센트는 2σ 안에 있다. 3σ를 넘는 픽셀은 흐림에 미치는 영향이 미미하므로 무시되는 것이 보통이다(흐려지는 과정에서 그 정도로 멀리 이동하는 픽셀이 0.3퍼센트 미만이기 때문이다).

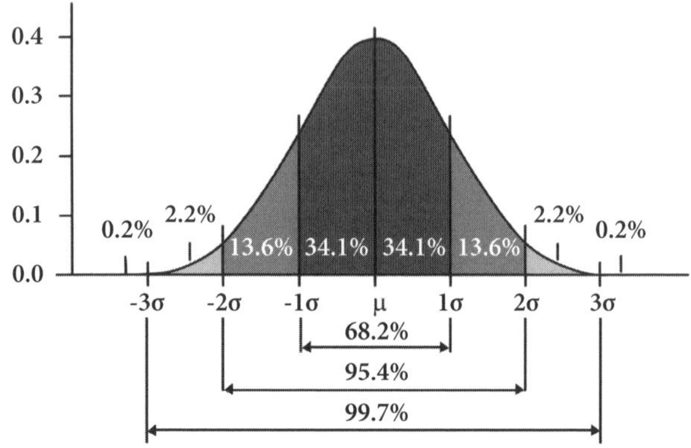

이런 역공학reverse engineering은 (물론 자동으로 수행되는 소프트웨어가 있지만) 복잡한 수학적 프로세스다. 기본적으로 블러링은 중심으로부터 동심원 형태로 픽셀을 이동시킴으로써 원래 이미지에 적용되는 합성곱 행렬convolution matrix을 생성한다. 이 과정을 역으로 수행하면 이미지가 흐리지 않았을 경우에 어떻게 보였을지 합리적인 추정을 생성할 수 있다. 물론 이미지 소프트웨어의 사전 설정 기능이 항상 예시된 이미지만큼 성공적인 결과물을 보여주지는 않지만, 경찰 과학수사관들은 일련의 다양한 기능을 시도함으로써 주어진 이미지보다 훨씬 선명한 이미지를 생성할 수 있다.

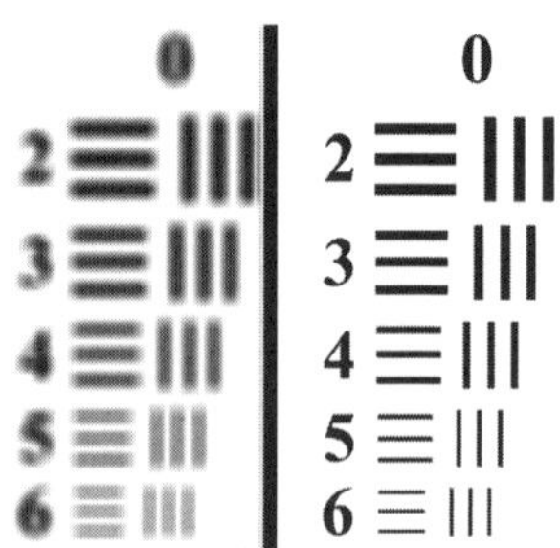

피디언과 펑크 로봇

신경망에서 패턴 인식과 지도 학습을 재미있게 활용한 사례 중 하나는 펑크 음악이라는 예상치 못한 분야에서 나왔다. 펑크 밴드 '신경증과 PVCs neurotic and PVCs'의 리드싱어 피디언 워먼Fiddian Warman은 기계 학습에도 관심이 있었다. 그는 두 가지를 결합하여 펑크의 팬이기도 한 1.2미터 높이의 로봇을 만들었다.

로봇들은 다양한 클래식 펑크 음악을 학습한 신경망에 의존했고, 음악이 펑키할수록 더 강하게 반응하도록 지시받았다. 그들은 위아래로 점프하면서 포고•pogo 하도록 설계되었고, 펑크 음악에 관한 반응이 강해질수록 로봇은 더 높이 뛰었다.

펑크에 어울릴 만한 복장을 하고 밴드 공연의 앞줄에 자리를 잡은 로봇들은 음악의 리듬 패턴과 반복되는 화음chord 구조의 분석을 바탕으로 충분히 펑키하지 않을 때는 부루퉁하게 무시했다. 그래서 소울 음악이나 프로그레시브 록progressive rock은 펑크 팬 다운 태도로 무시했지만, (워먼의 밴드 음악을 포함하여) 자신들이 듣기에 충분히 펑키한 음악이면 듣자마자 뛰어 돌아다니면서 청중을 즐겁게 했다.

• 스카이 콩콩처럼 뛰는 동작을 가리킨다.

로봇과의 대화

1950년 뛰어난 수학자 앨런 튜링은 컴퓨터가 사용자인 인간을 속여 대화 상대인 자신을 인간으로 생각하도록 하는 게 가능하다면 사실상 컴퓨터가 지능을 갖추었다고 정의할 수 있다는 아이디어인 튜링 테스트Turing test를 설명했다. 이 아이디어는 인공 지능 개념 전체에 관한 논의를 촉발했다. 인공 지능이라는 용어는 1956년 미국의 컴퓨터과학자 존 매카시John McCarthy가 처음 사용했지만, 튜링 테스트라는 개념은 한 세대 프로그래머들의 흥미를 끌어 자연어*natural language에 응답할 수 있는 컴퓨터를 만드는 흥미로운 도전에 나서도록 했다.

1964년 미국의 컴퓨터과학자 대니얼 보브로우Daniel Bobrow는 말로 입력된 간단한 대수 문제를 이해하고 풀 수 있는 프로그램인 STUDENT를 설계했다. 다음 해에 메사추세츠공과대학교(MIT) 교수 조지프 와이젠바움Joseph Weizenbaum은 사전에 준비된 다양한 문구를 사용하고 핵심어key words를 대체하여 응답을 구성하는 프로그램인 ELIZA를 만들었다. ELIZA는 이미 일부 사용자가 진짜 사람이 틀림없다고 확신할 정도로 훌륭한 프로그램이었지만, 이후의 자연어 프로그램은 훨씬 더 발전했다.

오늘날의 챗봇ChatBot은 챗스크립트ChatScript, AIML Artificial Intelligence Markup Language(XML 기반의 인공 지능 마크업 언어), 인공 지능 스크립트 언

---

* 사람들이 일상적으로 사용하는 언어를 인공적으로 만들어진 인공 언어와 구분하는 개념이다.

어Scripting Language 같은 언어를 사용하여 만들 수 있다.** 이러한 모든 시스템은 파서***parser 및 관련 언어의 사전과 아울러 적절한 문장을 만들 수 있게 해주는 몇 가지 문법 규칙에 의존한다. 이 글을 쓰는 시점에서 가장 진보된 챗봇은 이 분야를 새로운 수준으로 끌어올린 ChatGPT지만, 전체 분야가 숨 가쁜 속도로 움직이고 있다.

챗봇 시스템은 입력을 받아들이고 가장 관련성 있는 응답을 검색하도록 프로그램된다. AIML에서는 데이터 객체가 주제와 범주로 나뉠 수 있다. 각 범주는 입력과 일치하는 항목을 찾아서 출력을 구성하는 규칙이다.

입력되는 텍스트는 처리 능력을 최소화하기 위해 가장 간단한 형식(대문자만 사용할 수 있다 등)으로 변환되며, 질문에 가장 가까운 일치 항목을 찾기 위한 데이터베이스 검색을 유발한다.

물론 이는 자체로도 복잡한 과정일 수 있다. 동일한 간단한 질문을 사람에 따라 어떻게 다르게 물을 수 있는지 함께 살펴보자.

2+2

2 더하기 2는 얼마인가?

2+2는 얼마인가?

** 마크업 언어는 문서가 화면에 표시되는 형식을 나타내거나 데이터의 논리적 구조를 명시하기 위한 규칙을 정의한 언어의 일종이고, XML은 월드와이드웹을 위한 표준을 개발하고 장려하는 조직인 W3C에서 개발된 다목적 마크업 언어다. 스크립트 언어는 응용 소프트웨어를 제어하는 프로그래밍 언어를 말한다.

*** 언어 처리 프로그램인 인터프리터interpreter나 컴퓨터 프로그램의 모든 원시 코드를 프로그램 실행 전에 목적 코드로 번역하는 프로그램인 컴파일러compiler의 구성 요소로서 입력된 문장을 분해하고 분석하여 구조를 결정하는 요소다.

2에 2를 더하면 얼마인가?

2와 2를 더하라.

…

따라서 문장을 해석하는 방식에는 많은 유연성이 필요하며, 이는 챗봇의 응답이 다소 무작위적인 여러 이유 중 하나다. 나는 호기심으로 수학 문제를 얼마나 잘 이해하는지 알아보고자 온라인 챗봇 중 하나인 클레버봇Cleverbot을 테스트했다.

사용자: 안녕.

클레버봇: 안녕.

사용자: 수학은 얼마나 잘하니?

클레버봇: 꽤 잘하는데, 왜 물어보세요?

사용자: 도움이 필요해.

클레버봇: 무엇을 원하세요?

사용자: 8 곱하기 8은 얼마지?

클레버봇: 64.

사용자: 2의 제곱근은 얼마지?

클레버봇: 그런 건 없어요. 29는 홀수예요.

(나는 마지막 질문을 몇몇 봇에 물었다. 미츠쿠Mitsuku는 2의 제곱근이 1.4라고 대답하더니 더 정확하게 답변하기를 거부했다. 내가 답변이 부정확한 데 따른 실망감을 표현하자 꽤 화를 내기까지 했다. 엘봇eLBot이라는 로봇은 더 나빴다. 내 첫 질문은 '2

더하기 2는 얼마인가'였는데, 대답은 '이전에 계산해본 적이 있습니다. 답은 5입니다!'
였다. 물론 프로그래머의 입장에서 대변해보면, 이들 챗봇의 목표는 친절하게 대화하
는 것이므로 '소수점 아래 다섯 자리까지인 1.41421'이라는 대답은 챗봇이 추구하는
목표의 느낌을 전달하지 못할 수도 있다.)

자동 음성 인식Automatic Speech Recognition, ASR과 관련해서는 상황이
더 복잡하다(그리고 더 수학적이다). 동네 영화관의 표를 예매하려 할 때
자동 음성 인식 시스템은 내가 로봇이 된 것처럼 천천히 조심스럽게
말하지 않는 한 영화의 제목과 심지어 영화관의 위치까지 정확하게 인
식하지 못하는 것 같았다. 이는 그 시스템이 한동안 업데이트되지 않았
음을 시사한다. 약 5~10년 전까지만 해도 대부분의 ASR 프로그램은
연속적인 말보다 단어 사이에 명확한 멈춤이 있도록 분리해서 말할 때
더욱 쉽게 인식했다. 그러나 이제는 전반적으로 기술이 발전했다. 그렇
다면 자동 음성 인식 시스템은 어떻게 작동할까?

먼저 여러분이 말을 하면 공기 중에 진동이 발생하여 소리로 들리게
된다. 컴퓨터에는 아날로그-디지털 변환기Analogue-to-Digital Converter, ADC
가 있어서 아날로그 입력(일련의 파동)을 디지털 형태로 변환한다. 아날
로그-디지털 변환기는 극도로 짧은 간격으로 파동을 샘플링하여 변환
작업을 수행한다. 또한 시스템에 따라 다양한 필터가 있어서 배경 소음
을 제거하고 입력된 파동을 (음의 높낮이pitch의 차이로 들리는) 여러 주파
수로 분리한다. 정말 효과적인 변환기가 되려면 샘플링 간격이 가능한
한 짧아야 한다. 't'나 'p' 같은 '자음의 파열음'을 생각해보자. 시스템이
이런 소리를 놓치면 잘못 알아듣기 쉽다.

다음으로 샘플들은 프로그램의 음소音素, phoneme 데이터베이스와 비

교된다. 음소는 말의 기본 요소이며, 서로 다른 음소는 디지털로 변환된 데이터에서 서로 다른 형태를 형성한다. 음소의 수는 용어를 어떻게 정의하는가에 따라 약 40개가 존재한다. 언어학자들은 영어에 단순히 5개 모음만 존재한다고 인식하지 않는다. 적어도 14개의 '단모음'과 '좁은 이중모음'이 있고, 음성 표기법으로는 [uː] [ʊ] [əʊ] [ɔː] [ɒ] [ɑː] [ʌ] [æ] [ɜː] [ə] [e] [eɪ] [ɪ] [i]로 표현된다. 다음은 이 모두를 포함하는 문장이다.

예술을 아는 사람은 배우고 행동하고 나서 편안히 쉬어야 한다.

Who would know aught of art must learn, act, and then take his ease.

이 문장을 큰 소리로 읽어 보면 영어를 이루는 음소의 작은 변화까지 감지할 수 있어서 매우 유익하다.

다음으로 컴퓨터는 각 음소를 인접한 음소와 체계적으로 비교해야한다. 그런 다음에 일반적인 단어와 구문 라이브러리에 접속할 수 있는 통계적 모델을 통해서 '문맥적 음소 플롯contextual phoneme plot'을 실행한다. 이 과정을 거쳐 이상적으로 올바른 단어를 식별하고 디지털 신호로 출력하게 된다.

물론 우리가 언어를 사용하는 방식은 사람마다 억양과 방언이 다르고 같은 말에 대해서도 다른 단어를 사용하는 등 끝없이 복잡하다. 게다가 사람들이 단어를 뭉뚱그려 불분명하게 발음하거나 불완전한 문장으로 말하는 문제도 있다. 가장 초기의 자동 음성 인식 시스템은 입력된 음성에 일련의 문법 및 구문 규칙을 적용하여 작동했는데, 시스템이 오류를 일으키는 이유 중 하나이기도 했다.

여기에서 프로그램의 확률적 요소가 등장한다. 핵심 원리는 완벽한 문법을 분석하기보다 일치할 가능성이 가장 큰 항목을 얻기 위해 음성을 분석하는 것이다.

이러한 프로그램에서 흔히 사용되는 통계적 도구 중 하나는 19세기 말과 20세기 초에 기본적 통계 이론을 개발한 러시아의 수학자 안드레이 마르코프Andrey Markov의 이름을 딴 '숨겨진 마르코프 모델Hidden Markov model, HMM'이다.

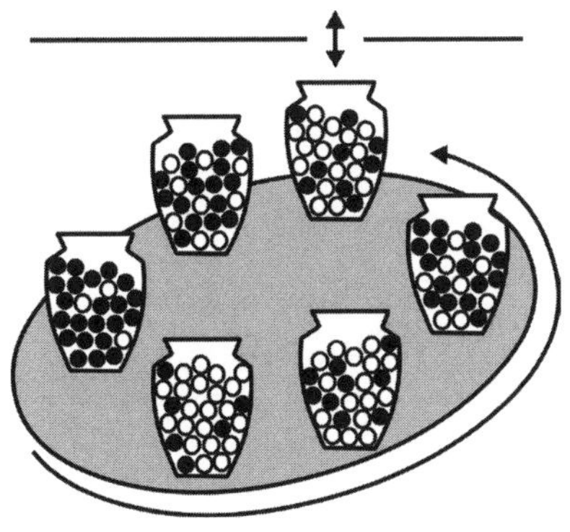

숨겨진 마르코프 모델을 설명하는 가장 간단한 방법은 고전적인 항아리 문제의 변형된 버전을 참조하는 것이다. 항아리에서 한 번에 한 개씩 공을 꺼내 관찰한 내용을 바탕으로 항아리에 담긴 공들의 주어진 비율이 특정 색상일 확률을 계산해야 하는 문제다.

1713년 야코프 베르누이Jakob Bernoulli가 이 문제를 설명하면서, 지금은 베이즈 확률 또는 추론 통계로 알려진 '역확률inverse probability'이라는 용어를 사용했다. 역확률은 관찰되지 않은 변수의 확률 분포를 추정하려는 시도다.

기본적으로 이 작업은 다음의 베이즈 규칙을 사용하여 수행할 수 있다.

$$P(H|D) = \frac{P(D|H)P(H)}{P(D)}$$

여기에서 $P(H|D)$는 특정한 조건 D가 주어질 때 가설 H가 참일 확률이고, $P(D|H)$는 가설이 참일 때 D가 참일 확률이며, $P(H)$와 $P(D)$는 각각 가설과 조건 D를 관찰하는 독립적 확률이다. (책의 후반부에서 몇 가지 예를 살펴볼 것이다.)

다음으로 여러 배열의 항아리에서 공을 뽑는 사람이 다른 방에 있고, 그가 뽑은 공이 이송 장치를 통해 여러분에게 전달된다고 상상해보자. 관찰자는 무작위로 공을 뽑아서 이송 장치에 올려놓는다. 따라서 여러분은 공의 순서는 볼 수 있지만 공을 뽑은 항아리의 순서는 볼 수 없다.

항아리 속 내용물을 추측하려면 관찰자가 항아리를 선택하는 절차와 그 절차가 이전에 공을 뽑은 항아리에 따라 어떻게 달라지는지 추정하는 방법을 찾아야 한다. 이는 마르코프 과정으로 설명할 수 있는 유형의 상황이다.

마르코프 연구에 기반한 알고리즘은 1970년대부터 개발되었다. 가장 먼저 사용된 분야는 음성 인식이었고(그 이후로 알고리즘이 크게 발전했지만), 생물정보학bioinformatic(281~283쪽 참조)에서도 불완전한 데이터로 생물학적 사슬을 식별하기 위해 널리 사용되었다.

기본적으로 자동 음성 인식 프로그램은 다양한 수준의 확실성으로 식별된 일련의 음소를 다루게 된다. 숨겨진 마르코프 모델은 이를 부분적으로 알려지지 않은 입력에 따라 생성된 일련의 출력으로 취급한다. 그런 다음에 추론 알고리즘을 사용하여 각 음소의 확률을 추정하고 라이브러리에서 가능한 일치 항목(이상적으로는 특정 사용자와의 훈련을 통해서 얻은 데이터를 활용해 사용자의 음성 패턴에서 보이는 특별한 변화를 인식하도록 한다)과 대조한다.

이 작업의 어려움을 설명하는 데 흔히 사용되는 예는 'recognize speech(말을 인식하라)'와 'wreck the nice beach(멋진 해변을 파괴하라)'라는 문구의 유사성을 살펴보는 것이다.

첫 번째 문구는 다음의 음소로 나눌 수 있다.

r eh k ao g n ay z - s p iy ch

두 번째 문구도 매우 유사하다.

r eh k - ay - n ay s - b iy ch

자동 음성 인식 시스템은 특정 사용자나 직업에 맞게 조정될 때 가장 효과가 있다(예를 들어 의료나 법률 용도의 자동 음성 인식 시스템은 해당 직업에서 일반적으로 사용되는 특정 문구를 다른 분야보다 더 높은 확률로 프로그래밍한다). 숨겨진 마르코프 모델 같은 통계적 기법은 기계 학습을 허용하는 인공 신경망과 특히 최근에는 '장단기 메모리long short-term memory' 네트워크, 즉 장기간에 걸쳐서 중요한 사건을 연결하고 다양한 수준에서 패턴을 식별하는 데 특히 효과적인 심층 학습deep learning 신경망으로 보완된다(심층 학습은 '멋지게' 들리도록 고안된 용어라기보다는 기술적 용어다. 간단한 신경망은 하나의 입력과 하나의 출력이 있고, 그 사이에 층이 있다. 심층 학습 신경망의 깊이는 데이터가 여러 단계의 패턴 인식 과정을 통과하도록 '쌓아 올린' 노드 층의 수에서 비롯된다).

따라서 로봇과 대화할 일이 있을 때 로봇이 "죄송합니다. 당신의 답변을 이해하지 못했습니다"라고 대답하는 대신 실제로 우리 말을 잘 알아듣는다면, 그 로봇이 의존하는 소프트웨어를 만드는 데 투입되었을 엄청난 수학적, 계산적 탁월함의 무게를 유념하자.

제스처 인식

현재 패턴 인식에서 연구되고 있는 흥미로운 분야는 알고리즘을 사용하여 인간의 신체 언어를 인식하고 이해하는 제스처 인식gesture recognition이다. 신체 언어는 손과 몸의 움직임으로부터 얼굴에 감정이 나타나는 방식, 심지어 미세한 표정 변화까지 다양하다. 여기에는 몇 가지 분명한 긍정적인 측면이 있다. 특정 사용자의 신체 언어에 반응하도록 신경망의 훈련이 가능하므로 이동이 제한된 장애인이 손짓이나 수화 같은 동작을 통해서 기기와 소통할 가능성이 점점 커진다.

간단한 제스처로 기기를 제어하고 상호 작용할 가능성은 이미 이 분야의 접근성에 큰 영향을 미치고 있다. 그 너머에는 비언어적 인간 행동과 미래의 컴퓨터가 우리의 모든 움직임을 해석할 수 있는 방식에 관한 탐구가 있다. 비언어적 행동의 연구 분야로는 근접학proxemics(우리가 주변 공간을 사용하는 방식에 관한 연구), 촉각학haptics(촉각에 관한 연구) 및 동작학kinesics(신체의 움직임에 관한 연구)이 있다.

우리는 여기에서 상당히 중요한 발전 가능성과 잠재력을 볼 수 있는데, 그중에는 상당히 불길해 보이는 것도 있다. 필립 딕Philip Dick의 멋진 소설이자 톰 크루즈가 출연한 멋진 영화로도 제작된《마이너리티 리포트》에서는 미래의 범죄를 예측해 예방하는 프리크라임precrime이라는 아이디어를 논의한다. '예지자'와 컴퓨터가 협력하여 충분히 정확하게 예측한 끝에 단순히 범죄를 저지를 의도만 가지고 있었던 사람들도 체포해 유죄 판결을 받도록 한다.

미래에는 개인의 의심스러운 신체 언어와 행동을 식별해 다른 데이터와 결합하여 대응하는 선제 조치를 정당화하는데 '예지자'가 필요하지 않을 수도 있다. 물론 이런 정보는 이미 부분적으로 사용되고 있다. 특히 전체주의 국가에서는 개인을 대상으로 이동 패턴과 온라인상 행동에 관한 관찰과 감시에 사용되고 있다.

이러한 접근 방식을 어느 정도까지 허용해야 할지에 따른 도덕적 선택은 쉽지 않은 문제다. 그리고 이는 정부나 기업이 우리에 관한 정보를 어느 정도까지 알고 싶어 하는지의 문제로 이어진다.

기업과 국가 알고리즘

수학자들은 우리의 미래를 계산하고 예측하며 영향을 미치고 있을까? 그리고 우리는 이에 어떤 행동을 취할 수 있을까? '빅 데이터big data'의 시대를 사는 우리는 자신에 관한 엄청난 양의 데이터가 절대 승인할 리 없는 목적이나 동기를 가진 사람들에 의해 보관되어 있다는 사실을 이미 알고 있을 것이다. 수학자들은 일반적으로 자신의 연구가 미래에 악의적으로 사용될지 긍정적으로 사용될지 여부를 그들이 아무리 원한다고 해도 통제할 수 없다.

이 주제를 탁월하게 다룬 책으로 캐시 오닐Cathy O'Neil의 《대량살상수학무기》*가 있다. 미국의 수학자이자 Mathbabe라는 블로그 운영자인 오닐은 헤지펀드에서 일하면서 2008년의 세계 금융 위기를 직접 목격했다. 그 위기는 '중립적' 수학 모델이 오용될 때 어떤 일이 일어날 수 있는지를 보여주는 훌륭한 사례로, 도덕적으로 의심스러운 금융 거래와 부채담보부증권CDO처럼 심각한 결함이 있는 금융 상품을 정당화하는 데 수학 모델이 오용되었다. 부채담보부증권은 여러 종류의 채권을 모아 채권 풀pool을 만들고, 이를 기반으로 새로운 증권을 만드는 복잡한 구조의 금융 상품이다. 이런 상품은 기초 자산이나 자산 그룹의 가치에 따라 가치가 달라지기 때문에 파생 상품이라 불린다. 그리고 도덕성을 제쳐두더라도 이러한 예측 모델에는 문제가 있다. 헤지펀드 업계의 수많은 수학 괴짜들은 자신이 사용하는 수학적 알고리즘을 너무 신뢰한 나

---

* math와 mass의 발음이 비슷한 것을 이용한 제목이다.

머지 모델이 예측하지 않는 시나리오를 배제하는 데 지나친 확신을 가졌다.

이러한 과신은 금융 부문에만 국한되지 않았다. 위험 관리와 데이터 분석 분야에서도 일했던 오닐은 말했다. "나는 금융계에서 목격한 것과 동일한 양상이 나타나는 것을 보았다. 근거 없는 안도감이 불완전한 모델의 광범위한 사용, 성공의 이기적 정의, 증가하는 피드백 루프feedback loop로 이어졌다. 반대하는 사람들은 향수에 젖은 러다이트˙˙luddite로 간주되었다."

여기에서 진짜 위험은 결과에 따르는 고통을 보통 사람들이 겪는다는 것이다. 오닐은 수익을 극대화하도록 설계된 알고리즘으로 인해 근무 시간을 끊임없이 세세하게 관리하면서 정작 실제 근무 시간과 계약서상 근무 시간이 일치하지 않는 무시간 계약으로 근로자들이 고통받는 방식을 이야기한다. 그는 또한 신용카드 회사가 '신용 위험이 있는 사람들'과 '월마트에서 쇼핑하는 사람들' 사이의 과거 상관관계를 식별하는 알고리즘을 사용함으로써 신용 한도가 낮아진 고객들이 겪는 불공정성도 논의한다.

추가적인 문제도 있다. 자녀를 미국 최고 대학에 입학시키는 과제를 중심으로 소규모 산업이 성장했다. 알고리즘이 작동하는 방식에 관한 충분한 정보만 있다면 시스템을 조작하여 지원서가 처리되고 수락될 가능성을 최대화할 수 있는 것이다(물론 이러한 조작은 가장 부유한 가정에서 가장 쉽게 할 수 있는 일로 사회적 불평등이 영속됨을 의미한다).

•• 19세기 초반 영국에서 기계를 파괴하는 운동에 가담한 사람들을 말한다.

한편으로 여러분이 좋아하는 의류 상품의 반짝세일을 추천하는 페이스북 타깃 광고는 그렇게 사악해 보이지 않지만, 외국 스파이에 의해 선거를 조작하려는 수단으로 사용하거나 사기꾼이 자신의 사기 수법에 가장 취약해 보이는 사람들을 겨냥하여 비슷한 방법을 사용할 때는 훨씬 더 심각한 문제가 될 수 있다.

알고리즘은 기록된 행동을 통해서 사람에 관한 꽤 많은 정보를 수집한다. 즉, 여러분이 술을 많이 마시는지, 기독교인인지, 특별한 문화적 배경이 있는 사람인지, 트럼프 지지자인지를 높은 정확도로 예측할 수 있다. 기업이나 정부가 이러한 예측이 확실한 사실이라고 가정한 채 해를 끼칠 수 있는 방식으로 정보를 사용한다면 위험한 결과가 초래된다. 이미 존재하는 사전 범죄의 한 가지 사례는 다른 지역 사회에 해를 끼치는 일부 지역 사회를 겨냥한 예측 치안predictive policing이 경찰의 자원을 배분하는 데 사용되는 방식이다. 그리고 여러분의 거주지 역시 보험, 신용, 우편 배달 및 의료 서비스 접근성에 큰 영향을 미칠 수 있다.

이러한 데이터 중심 경제의 위험성은 알고리즘을 채택하는 정부와 조직에 명확하고 수학적으로 순수한 알리바이를 제공하는 동시에 기존의 편견과 불평등을 더욱 강화시킨다. 이 문제를 풀어낼 간단한 해결책을 찾는 일은 쉽지 않다. 개인 차원에서는 정보의 공유를 피하는 일이 어렵거나 불가능하지만 얼마나 많은 정보가 공유되고 있는지 경계해야 한다. 더 넓은 정치적 차원에서 볼 때, 이는 앞으로 알고리즘과 데이터 확산 및 오용에 더욱 신중해야 함을 시사한다.

수학적 수준에서 교훈은 확률적 요소와 일반화를 불가피하게 포함하는 프로세스에 절대로 100퍼센트 정확성을 부여해서는 안 된다는 점이다. 우리는 마치 알고리즘에 오류가 없는 미래로 나아가는 것처럼 신경망과 기계 학습을 이야기하는 함정에 빠지기 쉽다. 이 책에서 내가 그런 함정에 빠졌다면 미리 양해를 구한다.

실제로 알고리즘은 결코 100퍼센트 신뢰할 수 없다. 따라서 알고리즘을 사용하는 사람들에게 항상 이 점을 명확히 알리고, 가능하다면 언제든 오용을 방지하는 안전 장치를 구축하는 것이 중요하다.

제4장

운전대 뒤에서

우리를
집까지 데려다주는 건
누구일까

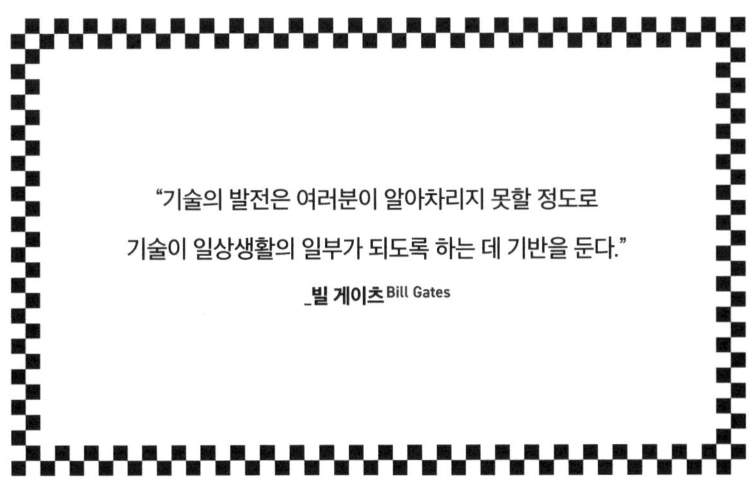

대부분 사람은 자신이 평균 이상의 운전자라고 생각한다. 최근 미국의 한 조사에 따르면 운전자의 88퍼센트가 그렇다고 믿었다. 동시에 대부분은 인간(예를 들어 도로 위의 다른 모든 운전자)에게 기본적으로 자동차를 조종하는 능력이 없다고 생각한다. 도로에서 일어나는 피할 수 있는 사망 사고와 부상의 규모를 생각하면 후자의 생각을 반박하기도 어렵다.

운전자의 88퍼센트가 평균 이상의 운전 능력을 가졌을 가능성이 있을까? 그럴 수도 있다는 약간은 미심쩍은 주장이 있긴 하다. 사람은 두 개의 기능하는 눈을 가지고 있지만, 일부는 하나만 기능하거나 양쪽 모두 기능하지 못한다는 사실을 떠올려 보자. 따라서 사람에게 있는 눈의 개수는 평균적으로 약 1.999개다. 평균을 측정하는 방법으로 중간값이나 최빈값이 아닌 평균값을 사용한다면, 대부분 사람이 평균보다 많은 눈을 가지고 있는 것이 사실이다. 마찬가지로 특정 연도에 운전자의 12퍼센트가 사고를 낸다면, 대부분은 평균보다 적게 사고를 낼 것이다. 즉, 실제로 '평균보다 나은' 운전자가 된다. 하지만 우리는 여전히 원래 주장의 논리를 일축할 수 있다. 그런 논리를 주장한 운전자라면 대다수 다른 운전자의 운전 실력도 평균보다 낮다고 생각할 것이기 때문이다.

어쨌든 자율 주행 자동차는 이 문제의 해결책이 될까 아니면 디스토피아적 미래의 또 다른 악몽 같은 요소가 될까?

자율 주행 자동차

이제 자율 주행 기술은 확고히 자리를 잡았고, 자율 주행 차량에는 이미 우수한 안전 주행 기록을 제공하는 센서와 프로그램이 장착되어 있다(물론 자율 주행 차량과 관련된 모든 충돌 사고가 항상 크나큰 대중적 관심을 받게 되지만 말이다). 그러나 최근 오래된 수학적 문제에 관한 연구에 진전이 있으면서 자율 주행 차량이 완벽하게 충돌을 피할 수 있음을 시사했다 (사고가 전혀 발생하지 않는다는 의미는 아니다. 단지 실제로 발생하는 모든 사고가 자율 주행 차량이 통제할 수 없는 상황에서 발생한다는 것이다).

이 문제는 1900년 독일의 위대한 수학자 다비트 힐베르트 David Hilbert 가 자신의 유명한 (당시) 미해결 문제 23가지 중 하나로 처음 제시했으며, 수학자들에게는 '제곱의 합 sum of squares' 문제로 알려져 있다. 이 문제는 다수의 숫자를 두 제곱수의 합으로 나타낼 수 있다는 관찰에서 시작된다. 예를 들어보자.

29는 2^2+5^2로 나타낼 수 있다.

다수의 다항식(두 개 이상의 대수 항, 일반적으로 같은 변수의 서로 다른 거듭제곱을 포함하는 여러 항의 합을 나타내는 표현식)도 마찬가지다.

$5x^2+14x+10$은 $(x+1)^2+(2x+3)^2$로 나타낼 수 있다

모호한 수학 문제처럼 보일 수도 있지만 제곱수의 합으로 나타낼 수 있는 다항식의 한 가지 속성은 변수의 값과 관계없이 절대로 음수 값을 취하지 않는다. 숫자가 음수일지라도 모든 숫자의 제곱은 양수이기 때문이다. 힐베르트는 이 질문을 뒤집어서 모든 음수가 아닌 다항식을 유리 함수*rational function의 제곱의 합으로 나타낼 수 있는지 물었다. (그리고 1927년 독일의 수학자 에밀 아르틴Emil Artin이 이를 증명했다.)

이 문제의 주요 응용 분야는 다항식이 취할 수 있는 최솟값(또는 최댓값)을 찾아서 시나리오를 해결하는 최적화 이론optimization theory에 있다. 제곱수의 합을 사용하면 해당 다항식의 '최적' 값을 찾을 수 있고, 이 값을 사용하여 기계적 결함, 경제 문제, 토목 공사 등 많은 문제를 해결할 수 있다. 물론 이 문제의 유용성이 있으려면 '제곱수의 합' 속성을 테스트할 수 있는 상당히 빠른 방법이 필요하다.

•   두 다항 함수의 비로 나타낼 수 있는 함수다.

다행히도 21세기가 시작되면서 이러한 문제를 해결하기 위한 알고리즘을 구성하는 방법이 발견되었다. 지나치게 자세한 설명은 생략하지만 이 문제는 '반정부호 프로그램[*]semidefinite program'으로 변환될 수 있다. 컴퓨터가 작업을 수행하도록 프로그래밍할 수 있다는 뜻이다. 하지만 큰 다항식의 경우에는 정말로 대단히 긴 작업이 될 수 있다. 자율 주행 자동차가 장애물을 피하도록 하는 프로그램에 사용되는 것처럼 복잡한 다항식에는 실제로 수십 개의 변수가 작용할 수 있다.

그러나 프린스턴대학교 운영연구및산업공학과 교수 아미르 알리 아마디Amir Ali Ahmadi와 컴퓨터과학과 준교수 아니루다 마줌다르Anirudha Majumdar의 최근 연구는 이 문제를 해결할 방법을 제시했다. 재미 삼아 기본 개념에 관한 그들의 설명을 인용한다.

우리의 모든 응용의 기반이 되는 근본적 문제는 **음이 아닌 다항식의 최적화**다. 이는 모든 n차원 실수 벡터 x(즉, $\forall_x \in \mathbb{R}^n$) 혹은 특정한 **기본 반대수 집합**basic semialgebraic set이 $p(x) \geq 0$을 얻기 위해 다변수 다항식 $p(x) := p(x_1, \cdots, x_n) = \sum_a c_a x^a$의 계수 $c_a := c_{a1}, \cdots, _{an}$을 찾는 작업이다. 기본 반대수 집합은 유한한 수의 다항식(또는 부등식)으로 정의되는 유클리드 공간[**]의 부분 집합으로 다음과 같은 형태의 집합이다.

- 행렬을 사용해 문제 해결 방법을 찾는 과정으로 목표(값을 최대화하거나 최소화)와 제약 조건(목표를 달성하려면 꼭 지켜야 하는 규칙)을 행렬이라는 도구로 표현해 컴퓨터가 최적의 답을 찾아가도록 돕는다. 최적화 문제부터 머신러닝까지 다양한 분야에서 활용되고 있다.
- 유클리드 기하학의 연구 대상이 되는 공간으로 n차원 유클리드 공간의 점은 n개의 실수 순서쌍으로 표현할 수 있고, 이때 두 점 $A(a_1, a_2, \cdots, a_3)$와 $B(b_1, b_2, \cdots, b_3)$의 거리는 $\sqrt{(a_1-b_1)^2 + (a_2-b_2)^2 + \cdots + (a_n-b_n)^2}$으로 정의된다.

   양자 도약

$$S := \{x \in \mathbb{R}^n \mid g_i(x) \geq 0,\ h_i(x) = 0\}$$

여기에서 함수 g_i, h_i는 모두 다변수 다항식이다. 다항식 최적화 문제^{Polynomial Optimization Problem, POP} 자체도 이런 유형의 문제다. 실제로 기본 반대수 집합 S에서 다항 함수 q의 최솟값을 찾는 작업은 S에서 $gx-y$가 음수가 되지 않도록 하는 최대 상수 y를 찾는 작업과 동일하다.

이 모든 말이 무슨 뜻인지 짐작이라도 가는 독자가 있다면 진심으로 감명받을 일이지만 보다 이해하기 쉽게 설명하는 것이 좋겠다. 1940년대에는 '선형 방법linear method'이 전쟁 물류와 관련된 최적화 문제를 해결하는 데 사용되었다. 이 방법은 또한 크고 느린 반정부호 프로그램을 훨씬 짧은 시간 안에 해결할 수 있는 작은 문제의 집합으로 바꾸는 데도 사용할 수 있다. 이러한 접근 방식은 더 복잡한 방식에 버금가는 정확한 계산 결과를 도출하면서도 대단히 효율적으로 실행될 수 있다.

이해를 돕기 위해 트래픽 콘이 중앙에 자리하고 주변에 쇼핑 카트 몇 개가 흩어진 빈 주차장에 있는 자율 주행 자동차를 예로 들어보겠다. 자동차는 콘과 카트를 감지할 수 있다. 여러분은 자동차가 장애물과 충돌하지 않으면서 길을 찾기를 원한다. 따라서 다소 비공식적인 수학적 설명이지만, 각각의 장애물 주변에 명확한 경계를 설정하는 방정식을 찾을 수 있다고 상상해보자. 그렇다면 자동차는 경계선 바깥의 공간에서만 주행할 수 있다.

이제 여러분은 장애물 주변의 **지나치게** 넉넉한 경계를 명백히 원하지 않는다. 자동차의 주행 공간이 부족할 수 있기 때문이다. 따라서 장애물 주변에서 충돌이 발생하지 않도록 보장해줄 최소 공간을 찾아야 한다. 여기에서 최적화 이론이 등장한다. 각 장애물이 음수 값을 취하고, 자동차에는 풀어야 할 다항식이 주어졌다고 상상해보자. 문제의 핵심은 확실히 양수인 최소 해를 찾는 것이다. 최솟값은 장애물 주변의 빠듯하지만 충돌 위험이 있을 정도로 빠듯하지는 않은 경계를 탐색하고 설정한다.

물론 분주한 도시 환경에서 주행하는 자동차는 콘 몇 개를 피해 돌아서 가는 일 이상을 해내야 한다. 모든 방향에 움직이는 물체와 고정된 물체가 많이 포진해 있을 것이다. 따라서 정말 정교한 계산이 지속적으로 필요한데, 이런 이유로 현대 컴퓨터의 엄청난 속도와 결합한 아마디와 마줌다르의 방법에는 실패가 거의 없다.

물론 여러분은 이 기술이 자동차의 안정성을 확실하게 보장해줄 것이라는 확신과 함께 차에 아이를 태우겠지만, 현실에서는 모든 이론적 해결책에 잠재적 한계가 존재할 수 있음을 인식할 필요가 있다. 프린스턴에서 아마디와 함께 연구한 한 대학원생은 자신들이 연구한 수학적 모델이 자동차의 충돌 방지 기술을 '100퍼센트 보장'할 것이라고 공식적으로 설명했다. 그러나 컴퓨터의 고장이나 기기의 오작동을 경험해본 사람이라면 순수 이론의 영역 밖에서는 현실적으로 100퍼센트의 확실성을 기대할 수 없다는 사실을 잘 알고 있다. 하지만 지나치게 자신만만한 운전자와 99.9999퍼센트 확률로 충돌을 피할 수 있는 기술이 장착된 자동차 중에서 선택할 수 있다면, 나는 후자를 선택하겠다.

2017년 인텔이 발표한 안전거리 계산 방정식은 자율 주행 자동차의 프로그래밍과 관련된 복잡한 알고리즘의 일부에 불과하다.

$$d_{\min} = L + T_f[v_r - v_f + \rho(a_a + a_b)] - \frac{\rho^2 a_b}{2} + \frac{(T_r - T_f)(v_r + \rho a_a(T_f - \rho)a_b)}{2}$$

여기에서

L은 차량의 평균 길이,

ρ는 후방 차량의 반응 시간,

V_r, V_f는 후방 및 전방 차량의 속도,

a_a, a_b는 차량의 최대 가속 및 제동,

T_f는 전방 차량이 최대로 제동하면서 완전히 정지하는 데 걸리는 시간,

T_r은 후방 차량이 반응 시간 동안 최대로 가속하고 난 다음에 최대로 제동하면서 완전히 정지하는 데 걸리는 시간이다.

결과적으로 최종 결정은 '안전한 상태'에 기초한다. 안전한 상태는 자율 주행 자동차가 다른 차량의 무모하고 예측 불가능한 행동 가능성까지 허용하더라도 사고를 일으킬 위험이 없는 상태다. 안전한 상태에서 벗어난 차량은 안전한 상태로 돌아가기 위해 가장 위험이 적은 회피 행동evasive action을 계산한다. 전반적으로 계획 모듈planning

module은 안전한 상태를 유지하거나 안전한 상태로 돌아가도록 설계
된 것에 반하는 명령은 허용하지 않을 것이다.

트롤리 문제

추상적인 관점에서는 100퍼센트인 것들의 예를 쉽게 찾을 수 있다. 집
에서 기르는 고양이 세 마리가 모두 거실에 있다면 여러분은 고양이와
100퍼센트 함께 있는 것이다. 그러나 앞에서 언급한 대로 더 넓은 세상
일수록 100퍼센트는 흔히 볼 수 없는 현상이다.

수학적이라기보다 철학적인 트롤리 문제trolley problem는 너무나 잘
알려진 나머지 인터넷 밈이 되었다. 원래 이 딜레마 문제는 트롤리가
선로를 따라 내려가다가 다섯 사람이 묶여 있는 지점에 도달한다는 상
당히 우스꽝스러운 상황을 설정한다. 여러분이 레버를 당겨서 단 한 사
람만 묶여 있는 선로로 트롤리 경로를 바꾸지 않는다면 다섯 사람이
죽을 것이다. 그렇다면 다섯 사람의 목숨을 구하기 위해 한 사람을 희
생시켜야 할까?

사람들의 답변은 질문의 사소한 변형에 따라 달라지는 경향이 있다.
예를 들어 트롤리의 경로를 바꾸기 위해 레버를 당기는 대신 버튼을
눌러야 한다면 누르겠는가? 다섯 명의 목숨을 구하는 대신 다리에서
뚱뚱한 남자를 트롤리 앞으로 밀어 떨어뜨려 죽일 수 있겠는가? 여러
분이 그 남자를 개인적으로 안다는 조건이 추가로 붙는다고 해도 그를

다리에서 밀어내는 레버를 당길 수 있겠는가? 알고는 있지만 미워하는 사람이라면 어떻겠는가? 이렇듯 질문이 계속되다 보면 보통의 평범한 철학도는 '시간을 거슬러 올라가 내가 트롤리 문제를 고안한 사람부터 죽여야 이 모든 게 끝나지 않을까?'라는 생각을 하게 될 것이다.

어쨌든 이 문제를 현실 세계에 적용하면 자율 주행 자동차로 인해 누군가는 다칠 수밖에 없는 상황에 직면하는 시나리오가 된다. 움직이는 자동차 앞에서 나무가 갑자기 쓰러지거나 지진으로 도로에 균열이 생기는 상황을 상상해보자. 비상 정지하기에는 이미 늦었고 충돌이 일어나면 승객이 죽거나 다칠 것이다. 하지만 방향을 튼다면 도로 옆의 보행자가 죽거나 다칠 수 있다. 자동차의 소프트웨어에 다음 명령이 코드화되었다고 상상해보자.

보행자를 죽이지 말라.

충돌을 피하라.

운전자를 죽이지 말라.

그러나 이러한 명령에 따라 작동하도록 코드로 바꾸려면 의사 결정 나무decision tree에 기반할 수 있는 불리언 논리Boolean logic와 'IF-THEN' 논리 게이트를 사용해야 한다. 양옆에 보행자가 있는 도로에서 통제력을 잃은 트럭이 우리가 탄 차를 향해 직진해 오고 있고, 보행자를 치지 않고는 빠져나갈 공간이 없는 상황에 옵션을 코딩해야 한다고 가정해보자.

위의 상황에서 자동차는 필수 명령 중 하나를 어기지 않고는 결정을

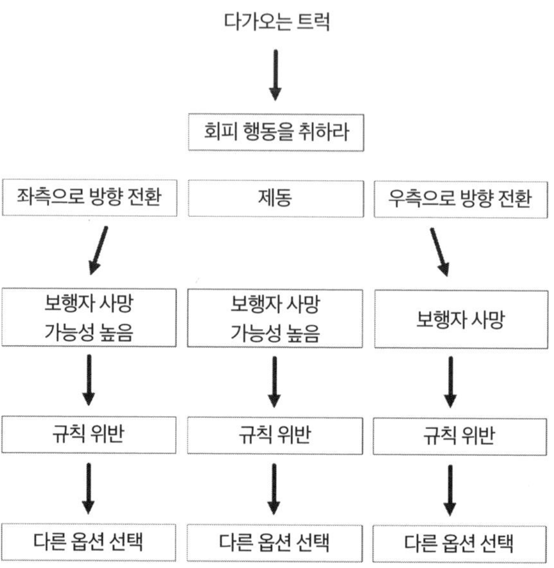

내릴 수 없으므로 얼어붙을 가능성이 크다. 이러한 의사 결정 나무에 기초한 프로그램은 해결책을 찾아서 행동으로 옮길 방법이 없다.

따라서 자동차가 ('신중한 명령'으로도 알려진) '가장 덜 나쁜' 결정을 내릴 수 있도록 일종의 도덕적 지침을 코딩할 필요가 있다.

그러나 전 세계 사람들에게는 서로 다른 도덕적 기준이 있다. 예를 들어 대부분 사람은 인간보다 동물을 죽이는 편이 더 낫다는 데 동의한다. 하지만 한 연구에 따르면 극동 지역의 사람들은 (무단 횡단하는 사람보다) 법을 준수하는 사람을 살릴 가능성이 더 크지만, 라틴 아메리카 사람들은 건강하고 젊은 사람, 여성, 지위가 높은 사람을 살릴 가능성이 더 크다.

그리고 고려해야 할 추가적인 문제도 있는데, 이는 전적으로 우리의 비논리적 사고방식에 기반한다. 매사추세츠공과대학교의 연구팀은 대부분의 사람들이 더 많은 사람의 생명을 구하기 위해서라면 자동차가 승객의 사망을 허용하는 상황이 있을 수 있다는 데 동의한다는 사실을 발견했다. 그러나 대부분의 사람들은 어떤 상황에서든 승객을 죽이도록 프로그램된 자동차를 타고 싶지 않다고 말했다.

이는 제조업체와 미래의 입법자들에게 약간의 딜레마를 제시한다. 상상할 수 있는 모든 상황, 심지어 타인에게 더 큰 피해를 입히는 상황에서도 승객을 보호하는 자동차를 판매하는 것이 적법할까?

이는 또한 기기 소유자가 기기의 해킹이나 코드 변경을 할 수 없도록 하는 제조업체의 역할이 중요하다는 것을 의미한다. 그리고 자율 주행 자동차가 절대로 100퍼센트 안전할 수 없는 또 다른 이유도 지적한다. 컴퓨터, 특히 주변 환경과 통신하는 컴퓨터는 이론적으로 해킹이 가능하다. 제조업체가 최대한 안전한 기기를 만들고자 최신 암호화 기술을 사용하는 것은 당연하지만, 이 책의 후반부에서 살펴볼 예정이듯 암호 분석가들을 앞서 나가기 위한 그들의 노력은 끊임없는 추격전이다. 해마다 더욱 정교해지고 있는 해킹 기법은 곧 실시간으로 필요한 계산을 수행하는 컴퓨팅 장치의 능력을 최대한으로 확장시키는 지점에 이르도록 할 것이다.

교통 모델링

도로에 자동차가 계속 늘어나면서 미래의 차량들이 자율 주행 기술을 갖췄는지 여부와 관계없이 끊임없이 교통 체증에 갇히게 될지도 모른다는 우려가 제기되고 있다. 그러나 자율 주행 자동차가 교통 흐름을 방해하기보다 도움을 줄 수 있다는 수학적 근거가 있다. 고속도로에서 교통량이 일정한 속도로 꾸준하면 최소 주행 시간(그리고 최소 연료 소비량)이 달성된다. 그러나 현실에서 대부분 운전자는 기회만 있으면 공격적으로 속도를 올리고 교통 흐름을 따라잡고 나서야 브레이크를 밟는다. 다시 한번 문제는 인간에게 있다.

따라서 자율 주행 자동차가 수학적 모델을 통해 가장 효율적이라고 입증된 운전 스타일을 고수하는 것만으로도 교통 체증을 해소하는 데 도움이 될 것이다. 그리고 위성 내비게이션이 이미 같은 기능을 수행하고 있지만, 자율 주행 자동차가 외부 데이터에 접속하거나 다른 차량과 통신함으로써 여전히 운전자의 궁극적 선택에 의존하는 현행 시스템보다 효과적인 방식으로 혼잡한 지역을 피하며 자동으로 우회할 가능성이 있다. 레이싱 게임을 하는 것만큼 재미있지는 않겠지만, 미래의 자율 주행 자동차는 더욱 편안한 승차감과 함께 목적지에 더욱 빨리 도착할 가능성이 크다.

타이어 자국

현대 경찰 수사의 흥미로운 분야 중 하나는 역문제의 해결을 통해 자동차 사고의 증거를 제공하거나 명확히 하는 경우다. 역문제는 주어진 결과의 원인이 무엇인지 계산해야 하는 문제다. 예를 들어 우리가 과속 가능성이 있는 자동차가 스키드 마크를 남긴 사고를 조사한다고 가정해보자.

어떤 사건이 스키드 마크를 초래했는지 수학을 통해 어떻게 알아낼 수 있을까? 우선 몇 가지 기본 방정식을 사용하여 사건을 모델링한다. s가 스키드 마크의 길이, v가 자동차의 속도, a가 중력 가속도, k가 마찰 계수에 제동 효율(실험을 통해 자동차 모델에 따른 정확한 추정이 가능하며, 기본적으로 브레이크가 얼마나 빨리 자동차의 속도를 줄이는지 알려준다)을 곱한 값이라고 해보자.

$$s = \frac{v^2}{2ak}$$

속도를 계산할 수 있는 방정식으로 바꾸면 다음 식이 된다.

$$v = \sqrt{s \times 2ak}$$

정확한 입력이 주어지면 이 방정식을 통해서 스키드 마크를 초래한 자동차 속도의 하한에 관한 정확한 추정치를 찾을 수 있다.

친환경 에너지의 수학

산업 혁명 이후 대부분 기간에 우리의 에너지 생산 방식은 탄화수소 또는 화석 연료에 크게 의존해왔고, 그로 인해 발생한 문제는 이미 너무 잘 알려져 있다(책의 후반부에서 이 주제를 다시 살펴볼 것이다). 화석 연료는 공급이 제한되어 결국 고갈될 수 있으며, 대기 중에 이산화탄소를 방출하여 기후 변화 문제를 촉진하거나 악화시킨다. 친환경 에너지로 전환하는 가장 유망한 방법 중 하나는 수소를 연료로 사용하는 것이다. 수소는 천연가스, 원자력, 수력을 포함한 다양한 방법으로 추출할 수 있고 필요한 에너지는 바람과 태양을 포함한 모든 에너지원에서 얻을 수 있다. 충분히 효율적으로 활용할 수만 있다면, 한 시간 동안 지구 표면에 도달하는 햇빛으로 지구 전체의 연간 에너지 수요량을 충족시킬 수도 있다. 그러나 현재의 추출 방법은 에너지 사용 측면에서 그 능력이 충분하지 않다.

수소는 액체 추진제 로켓에서 액체 형태로 사용되었지만, 특히 주택과 자동차에서는 기체 형태로도 사용될 수 있으며 주요 폐기물이 물뿐이다.

자동차에 있어서 중요한 도전 과제는 수소를 저장하기가 어렵다는 사실과 화석 연료 에너지를 효과적으로 대체할 수 있는 충분히 효율적인 연료 전지 제작의 복잡성에 기인한다. 수소는 그 자체로 가장 가볍고 에너지 밀도가 높은 원소이지만, 수소와 산소를 결합하여 전기를 생성할 수 있는 연료 전지에는 일부 고밀도 재료가 포함된다.

연료 전지는 기본적으로 전해질로 분리된 양극과 음극의 두 전극으로 구성된다. 125쪽 그림은 연료 전지가 작동하는 방식의 개요를 보여준다. 현재 가장 널리 개발되어 사용 중인 유형은 고분자 전해질막polymer electrolyte membrane, PEM 연료 전지로, 낮은 온도에서 작동하며 높은 수준의 에너지 변환 효율과 전력 밀도를 보이는 것으로 알려졌다. 수학적 모델링과 컴퓨터 시뮬레이션이 연료 전지, 스택 stack, 전력 시스템

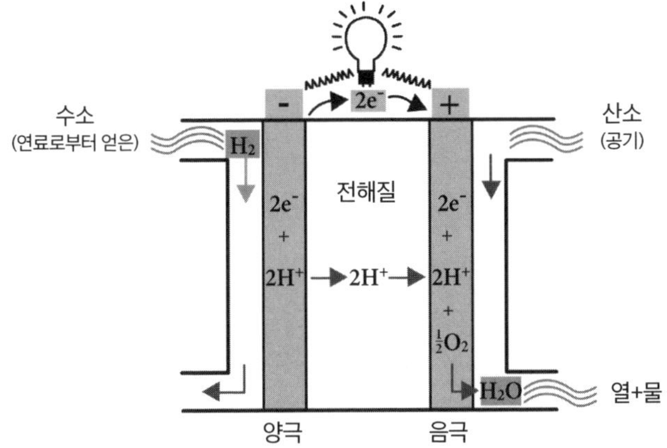

수소 분자의 흐름이 양극^{anode}이라는 음전하가 있는 첫 번째 전극에 강제로 투사되어 수소 분자가 양성자와 전자로 분리된다. 양성자는 전해질을 통해서 다른 양전하 전극인 음극^{cathode}으로 투사되고, 전해질 주위로 이동한 전자가 전류로 포착된다. 이들 전자는 음극에서 양성자와 결합하고 산소에 노출된다. 수소와 산소의 결합은 마실 수 있는 순수한 물과 약간의 열을 형성한다.

의 설계에 지속적으로 사용되어 성능을 극대화하고 있다.

에너지 효율의 수학은 다음과 같이 작동한다. 수소 1그램은 (휘발유 1그램의 45킬로줄과 비교하면) 약 130킬로줄(KJ)의 에너지를 방출할 수 있다. 물론, 수소 1그램이 휘발유 1그램보다 훨씬 더 큰 공간을 차지하므로 압력을 가해야 한다는 것은 별개의 문제다. 현재 연료 전지의 효율은 약 60퍼센트(향후에 늘어날 수 있지만)이고, 전기 모터는 약 90퍼센트의 효율을 달성할 수 있다. 이는 수소를 에너지로 전환하는 연료 전지의 효율이 약 54퍼센트이고, 수소 1그램으로 70.2킬로줄의 전력을 생산할

•   다수의 전지를 중첩시키는 구조를 말한다.

수 있음을 의미한다. 13.7킬로미터를 주행하는 자동차는 킬로미터당 5.12킬로줄을 사용하게 될 것이다. 물론 모든 자동차가 이런 수준의 연료 효율에 근접할 수는 없지만, 에너지 효율을 뒷받침하는 수학은 미래의 모든 종류의 전기 자동차 성능을 개선할 것이다.

태양광 자동차

태양광 패널을 설치해본 사람이라면 필요한 패널 수와 최적의 설치 각도를 계산하는 수학이 얼마나 까다로운지 알 것이다. 언젠가는 우리가 보조 에너지원 없이 태양광만 사용하여 자동차에 직접 전력을 공급하는 광경을 볼 수 있게 될까?

이에 관한 논의가 있는 것은 분명하다. 독일 태양광 자동차 회사 소노 모터스Sono Motors는 차량 주변에 300개가 넘는 태양 전지를 장착하여 다른 전원의 전력 소비를 줄이고 있고, 라이트이어 원Lightyear One이라는 전기 자동차를 만드는 네덜란드 자동차 회사는 이 차량이 결국에는 자체 충전이 가능할 것이라고 주장하고 있다. 그리고 드론, 전기 자전거, 태양광 요트 같이 극도로 가벼운 차량은 이미 태양광으로 구동 가능하다. 그러나 자동차가 그 뒤를 따를 것인지에 대해 회의적일 수 있는 데는 수학적 이유가 있다.

카네기멜론대학교의 기계공학과 교수 제러미 미칼렉Jeremy Michalek은 표준 전기 자동차가 태양광 패널을 이용하여 얼마나 멀리 주행할 수 있는지 추정했다. 태양광을 얻기 위해 사용할 수 있는 자동차의 표면적은 약 3~5제곱미터에 불과하다. 미칼렉은 적절한 기상 조건의 평균적인 조건에서 하루 약 1제곱미터의 표면에 1킬로와트의 태양 에너지가 도달한다는 점을 감안하여, 4제곱미터의 패널이 하루 동안에 약 8킬로와트시(kWH)의 에너지를 생산할 수 있을 것으로 계산했다. 이는 에너지의 25퍼센트가 출력 전력으로 변환된다는 소노 모터스의 낙관적 추정에 근거한다.

실제 주행 조건에서 전기 자동차는 킬로와트시당 대략 4.8~8.8킬로미터를 주행할 수 있다. 따라서 상당히 낙관적인 추정이라 해도 주행거리가 약 48킬로미터에 불과하다. 그러므로 완전한 태양광 자동차가 있는 미래 세계는 멋진 아이디어이긴 하지만 수학적으로는 현실성이 없음이 거의 확실하다.

최고의 주차 장소

자동차를 주차하는 최선의 방법은 앞에서 언급된 문제들보다 훨씬 평범하지만 최적화 전략 측면에서 수학적 분석이 가능하다. 2019년 보스턴대학교 소속 물리학자 폴 크라피브스키Paul Krapivsky와 산타페연구소 Santa Fe Institute 소속 물리학자 시드니 레드너Sidney Redner가 이 문제를 연구했다.

그들은 대부분의 사람이 걷는 시간을 최소화하려고 상점(또는 영화관이나 다른 어느 곳이든)에 가능한 한 가까이 주차하기를 원한다는 가정에서 시작했다. 이는 입구 바로 옆자리가 이상적인 주차 장소이지만, 완벽한 자리를 찾으려고 돌아다니거나 기다리게 된다면 걷는 시간을 절약하는 것보다 더 많은 시간을 낭비할지도 모른다는 뜻이다. 물리학자들은 목적지로 이어지는 주차 공간이 1열로 늘어선 주차장이라는 단순한 모델을 기반으로 다음의 세 가지 대안 전략을 검토했다.

첫 번째 전략은 목적지에 가깝지 않더라도 운전자가 단순히 처음으로 발견한 공간을 선택하는 온건한 옵션이다. 두 번째는 이상적인 위치를 찾기 위해 목표 지점 바로 앞까지 가보는 도박을 하는 낙관적 옵션이다. 세 번째 전략은 첫 번째 옵션을 건너뛰고 최소한 처음에 발견한 장소보다는 나은 곳을 찾는 도박을 하지만, 이상적인 위치만 고집하지 않고 다음으로 발견하는 몇 군데 중에서 선택하는 신중한 옵션이다. 그들은 처음에 선택하지 않았던 위치로 돌아가야 하는 위험은 감수하지만, 낙관적인 운전자만큼 큰 위험은 감수하지 않는다.

기묘하게도 물리학자들이 사용한 수학의 일부는 생물학자들이 살아 있는 세포 안에서 미세소관microtubule이 거동하는 방식을 설명하는 데 사용한 방정식에서 비롯되었다. 미세소관이 온건한 운전자와 비슷한 접근 방식을 취하기 때문이다. 온건한 운전자들이 주로 찾는 주차장은 입구에서부터 차량이 길게 줄지어 늘어설 텐데, 이는 세포들이 뭉치는 방식과 비슷하다. 낙관적 옵션은 미분 방정식이 사용되어 모델링되었다. 신중한 옵션은 다양한 옵션을 포함하기 때문에 더 복잡했지만, 물리학자들은 평균적인 결과를 찾기 위해 반복적으로 실행할 수 있는 컴퓨터 시뮬레이션을 생각해냈다.

물론, 이 모든 복잡한 수학에도 불구하고 모델은 여전히 극도로 단순화되었다. 가능한 하위 전략이 너무 많기 때문이다. 하지만 어쨌든

　　　　　　　　　　　　　　　　　　　　　　　　양자 도약

흥미로운 점은 온건한 옵션이 언제나 최악의 결과를 초래한 반면, 신중한 옵션은 주차와 걷는 단계에 걸리는 시간을 최소화하는 데 있어서 낙관적 옵션보다 상당히 나은 성과를 보였다는 것이다.

이봐 친구, 내 비행 자동차는 어디에 있나

미래 기술에 관한 흔한 농담은 우리가 휴대 전화처럼 지루한 것들을 다 가졌으면서도, 여전히 제트팩jetpack이나 순간 이동이 가능한 텔레포트teleporter 같은 멋진 장치들을 기다리고 있다는 것이다. 그래도 자율 주행 자동차와 무인 항공기의 시대에 들어선 우리는 점차 비행 자동차의 시대에도 가까워지고 있다. 한 가지 예로는 네바에어로스페이스Neva Aerospace에서 설계 중인 에어쿼드원AirQuadOne을 들 수 있다. 에어쿼드원은 전기 또는 하이브리드 수직이착륙vertical takeoff and landing, VTOL 차량으로, 최대 시속 80킬로미터의 속도로 최대 30분(하이브리드 버전의 경우는 1시간) 동안 비행할 수 있도록 설계되었다.

전기 비행 자동차를 만드는 데 있어 수학적 과제는 대부분 배터리 무게에서 비롯된다. 에어쿼드원의 배터리는 100킬로그램이 넘기 때문에 과학자들은 무게를 극복하면서도 충분한 수직 추력을 제공하는 방법을 계산해야 한다. 또한 혼잡한 도시 환경에서 실용적일 수 있도록 자동차는 서 있는 상태에서 수직으로 이륙할 수 있어야 한다. 그들은 수직 양력을 생성하기 위해 특별히 설계된 전기 터보팬을 사용하여 이 목표를 달성해내고자 한다. 또한 미래에 크레인을 대체해 수색 및 구조

임무를 수행하거나 자율 주행 택시로 사용할 수 있는 무인 버전도 계획하고 있다.

다른 회사들도 비슷한 프로젝트를 진행하고 있다. 에어버스Airbus의 실리콘밸리 지사인 A³는 승객 수송용 수직이착륙 항공기로 시티에어버스CityAirbus의 원형인 바하나Vahana를 보유하고 있다. 바하나는 드론처럼 큰 원형 로터 네 개가 고정 날개처럼 상단에 있고 그 밑에 작은 헬리콥터 몸체가 달린 형태다.

그리고 슬로바키아 제조사 에어로모빌Aeromobil이 만든 비행 자동차 에어로모빌은 상용화 가능성이 보이는 몇 안 되는 진짜 비행 자동차 중 하나다. 에어로모빌의 날개는 비행을 시작하기 전에 펴지지만, 도로에서는 일반적인 자동차 모양에 가까워지도록 (지붕은 더 평평하지만) 접힌다. 에어로모빌은 수직으로 이륙하지 않으므로 활주로가 필요하고, 날개를 펼친 후에는 (2~3분 뒤에) 비행기가 된다. 휘발유를 사용하며 지상이든 공중이든 약 800킬로미터를 주행할 수 있다.

생일 선물로 원한다면 단돈 120만 달러에 한 대를 구입할 수 있다고 하니 고려해보시길.

제5장

속도와 비행

A에서
B로 가기

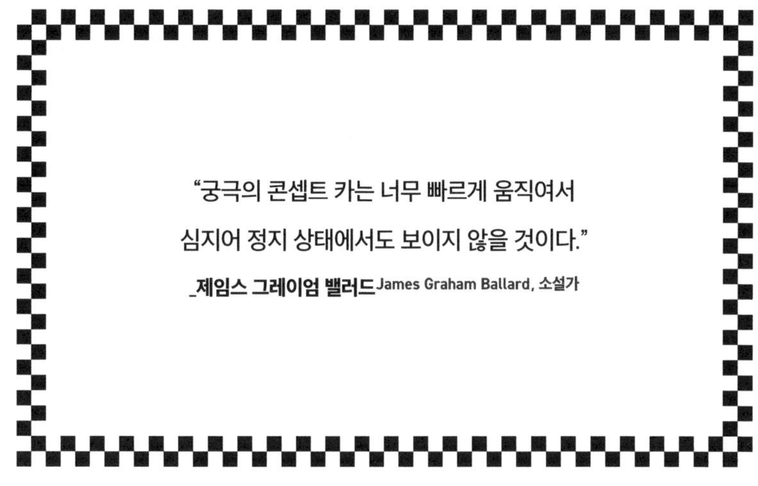

수평 방향으로 움직이는 모든 유형의 차량에는 다양한 힘이 작용한다. 첫째, 차량을 전방으로 움직이는 힘, 예컨대 자동차나 비행기의 동력과 추력이다. 둘째, 차량의 무게는 질량을 아래로 '미는' 중력 때문에 (지구를 떠나지 않는 한) 아래쪽으로 향하는 힘이다. 셋째, 위로 향하는 힘은 물의 부력, 도로의 저항 또는 항공기 날개의 양력일 수 있다. 넷째, 유체 환경(대기 중의 공기나 잠수함을 둘러싼 물)을 통과할 때 차량을 후방으로 미는 저항 또는 항력이 있다.

이러한 모든 힘은 수학적 규칙의 적용을 받으며, 그중 일부는 특히 경주용 자동차나 로켓처럼 빠르게 움직이는 차량의 설계에 매우 중요하다. 비행과 우주여행에 관련된 수학 이야기를 더 하기 전에 잠시 몇 가지 힘부터 살펴보려 한다.

고대의 여섯 가지 간단한 기계

운송 수단을 살펴보는 동안 고대의 여섯 가지 간단한 기계를 살펴보는 것은 잠깐 시간을 할애할 만한 가치가 있다. 이들은 인류가 기본적인 기계를 만들 수 있도록 한 최초의 진정한 기술적 혁신이었다. 여섯 가지 기계는 지레, 바퀴와 차축, 경사면, 쐐기, 도르래 그리고 나사로, 각각은 인간이 사용한 힘보다 더 큰 힘을 효과적으로 생성하는 방법들이다. 여기에서는 지렛대 법칙에서 쉽게 살펴볼 수 있는 '기계적 이득me-chanical advantage'이 활용된다.

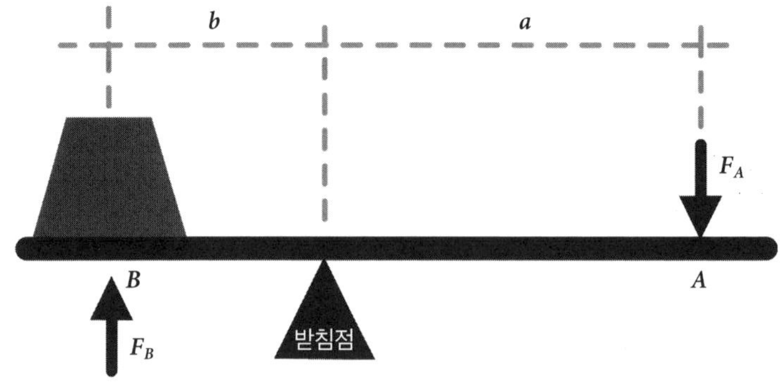

지렛대 법칙은 기하학적 추론을 사용해 법칙을 증명한 아르키메데스Archimedes에 의해 (약간 다른 형태로) 처음 공식화되었다. 위의 그림에서 a와 b는 받침점으로부터 각각 점 A와 B까지의 거리이고, 힘 F_A(입력 힘)는 A에, F_B(출력 힘)는 B에 가해지는 힘이다. 점 A와 B의 속도 비율이 $\frac{a}{b}$이므로 출력 힘과 입력 힘의 비율 또는 기계적 이득인 MA는 뉴턴의 등식으로 주어진다.

$$MA = \frac{F_B}{F_A} = \frac{a}{b}$$

따라서 지레는 입력 힘을 받아 더 큰 힘을 출력한다. 지레의 법칙이 만들어내는 힘을 인식한 아르키메데스는 종종 이렇게 말했다고 한다. '나에게 서 있을 곳을 주면 지렛대로 온 세계를 움직일 것이다.' 학교에서 배웠던 벽돌과 도르래 또는 자동차 엔진의 동력을 출력으로 변환하는 방식을 조절하는 기어 장치 등 다수의 간단한 기계에도 동일한 기본 원리가 적용될 수 있다.

여섯 가지 간단한 기계 모두 물건을 한 장소에서 다른 장소로 옮기는 데 사용되었다는 사실은 주목할 만하다(나사조차 아르키메데스 나사로 변형되면 물을 언덕 위로 옮기는 데 사용될 수 있었다). 태초부터 우리 환경에 영향을 미치거나 큰 물체를 옮기는 방법에 관한 문제는 인류의 진보에서 중요한 부분이었다. 그리고 물론 바퀴와 차축은 여섯 가지 중에서 가장 중요한 기계가 된다(궁극적으로 바큇살이 가벼운 바퀴가 만들어지고 매끄러운 도로가 건설되면서 영향력이 훨씬 커졌다). 오늘날까지도 우리가 개발하고 있는 가장 복잡한 운송 기술 중 일부는 여전히 바퀴와 나사 같은 기계에 일정 정도 의존하고 있으며, 현대 기술의 도전 과제 중에서 상당 부분은 기계적 이득을 최대한 추출하고, 가능한 한 최소 에너지를 최대 출력으로 전환하려는 노력에 있다.

무게와 추력

오늘날의 교통수단을 가장 간단하게 분석할 수 있는 두 가지 힘은 무게와 동력(또는 추력)이다. 차량의 무게는 부품의 무게, 연료, 승객이나 운반해야 하는 하중의 합에 따라 달라진다. 차량이 무거울수록 앞으로 움직이는 데는 더 큰 동력이 필요하다(그리고 비행기의 경우에는 더 큰 양력이 필요하다).

물리학은 단순히 물리적 세계를 분석하기 위해 수학적 기술을 사용하는 방법이라는 점에 유의하면서, 뉴턴 제2법칙의 한 가지 버전을 낙하하는 물체에 적용해보도록 하자.

$$W = mg$$

무게(W)는 질량(m)과 중력으로 발생하는 가속도(g)의 곱과 같다. 또한 무게는 비행기를 수평 궤도로 유지하는 데 필요한 상향력(또는 양력)을 측정하는 방법도 제공한다. 그리고 직관에는 반하지만 여러분 발밑의 땅이 지금도 여러분이 지면에 가하는 하향력과 크기는 같지만 방향이 반대인 상향력을 여러분에게 가하고 있다는 사실을 잊지 말자(여러분이 가만히 앉아만 있다고 가정한다). 이 '수직력normal force'은 평형 상태가 유지되는 데 필요한데, 뉴턴 제1법칙에서 알 수 있듯이 방향이 반대인 두 힘의 크기가 동일할 때만 가능하다. 마찬가지로 우리는 힘의 개념에 관한 기본 법칙인 뉴턴 제2법칙을 사용할 수도 있다.

$$F = ma$$

힘(F)은 질량(m)에 가속도(a)를 곱한 것과 같다. 앞으로 나아가는 힘은 공기를 뒤로 밀어내거나, 물속에서 노를 젓거나, 도로를 뒤로 밀어내면서 자동차를 앞으로 추진시키는 타이어를 통해서 생성될 수 있다.

항력

공기나 물을 통한 전진 운동으로 발생하는 항력drag에 대해서는 문제가 조금 더 까다로워진다. 유체의 운동을 분석하는 데 사용되는 나비에-스토크스 방정식Navier-Stokes equations(193~195쪽 참조)은 다루기 복잡한 수학적 문제다. 하지만 항력에 대해 말할 수 있는 비교적 간단한 몇 가지 사항이 있다.

우선 달리는 자동차의 창밖으로 손을 내밀었다고 상상해보자. 여러분의 손에 느껴지는 힘이 손의 움직임에 관한 공기의 저항인 항력이다. 공기는 유체이고, 상대 운동을 하는 유체는 (여러분 손에 상대적으로 운동하는 외부 공기처럼) 마치 일련의 얇은 층이 미끄러져 움직이듯 거동한다. 여러분의 손과 직접 접촉하는 층은 마찰로 인해 방향이 바뀌고 느려지면서 인접한 층에도 영향을 미치게 된다. 파이프 속으로 흐르는 유체에서도 비슷한 일이 일어난다. 파이프의 벽과 접촉하는 액체는 파이프 중앙에 있는 액체보다 느려진다.

유체의 운동은 층류laminar 또는 난류turbulent일 수 있다. 연기가 피어

오르는 양초를 떠올려 보자. 처음에는 연기가 깔끔한 선을 이루면서 위쪽으로 이동하지만, 나중에는 소용돌이치며 퍼지기 시작한다. 바로 층류 운동에서 난류 운동으로 바뀌는 지점이다. 그리고 모든 유체는 흐름에 관한 유체의 저항인 (앞에서 설명한 얇은 층들이 서로 미끄러지는 방식에 따라 달라지는) 점도viscosity를 측정할 수 있다. 그리고 마지막으로 우리는 모든 유체의 레이놀즈수(Re)*Reynolds number를 측정할 수 있다. 레이놀즈수는 층류에서 난류로 전환이 이루어지는 지점을 예측하는 방법이다.

고체 장애물의 표면이 얼마나 매끄러운지에 따라 유체에 작용하는 마찰이 커지거나 작아지는 것은 당연하다. 공기는 매끄러운 자동차 차체와 비행기 날개 위로 더 부드럽게 흐르고, 프로 수영 선수들은 몸과 머리에서 발생하는 마찰을 줄이기 위해 체모를 깎고 수영 모자를 쓴다.

이제 항력 방정식을 살펴보자.

$$F_D = \frac{1}{2} \times \rho \times u^2 \times C_D \times A$$

여기에서 F_D는 유체의 상대 운동으로 발생하는 항력, ρ는 유체의 질량 밀도mass density, u는 물체에 대한 유체의 속도, C_D는 곧 살펴보게 될

---

* 영국의 공학자이자 물리학자인 오즈본 레이놀즈Osborne Reynolds가 발견한 이론으로 유체 역학에서 흐름의 관성력과 점성력의 비를 말한다. 유체의 밀도, 흐름의 속도, 흐름 속에 둔 물체의 길이에 비례하고 유체의 점성률에 반비례한다.

항력 계수drag coefficient를 나타낸다.

*A*는 기준 면적을 나타내는데, 대략 유체의 흐름을 방해하는 면적이다. 기준 면적을 그림으로 표현하는 가장 쉬운 방법은 유체의 흐름 방향에 수직인 고체 물체의 단면을 상상하는 것이다. 구와 같은 단순한 물체에서는 이러한 단면적이 실제 기준 면적이 되고, 더 복잡한 물체에는 기준 면적을 계산하는 복잡한 규칙이 있다.

그렇다면 항력 계수는 어떨까.

우선 차량 설계에 항력이 엄청나게 중요하다는 점을 유념하자. 앞선 방정식에서 항력이 가하는 힘(따라서 항력을 극복하는 데 필요한 동력)이 상대 속도의 제곱에 따라 증가하는 것을 볼 수 있다. 따라서 항력은 고속에서 훨씬 더 큰 문제가 된다. 예를 들어 경주용 자동차는 저속에서 동력 대부분을 가속하는 데 사용할 수 있지만, 속도가 증가하면 항력을 극복하기 위해 더 많은 동력을 사용해야 하므로 실현 가능한 가속도가 감소한다.

연료 효율이 우수한 차량을 만들려는 자동차 설계자는 항력을 최소화해야 한다. 그리고 큰 날개와 전방 및 후방 확산기같이 접지 성능과 코너링 속도에는 도움이 되지만 표면적 측면에서는 불리한 특성과 항력 최소화 사이 균형을 맞춰야 한다. 이는 또한 오늘날의 자동차가 매끈하면서 유선형의 디자인으로 설계되고, 사이드 미러처럼 추가적인 기준 면적과 난류를 생성하는 구조가 최소화되는 이유 중 하나다.

따라서 낮은 항력 계수는 자동차 제조업체가 자랑하는 설계 특성이다. 항력 계수는 다음 방정식을 사용하여 계산된다.

$$C_D = \frac{2F_D}{\rho \times u^2 \times A}$$

물론 이 식은 앞의 방정식을 다시 정리한 식이며, 우변의 입력을 사용하여 항력 계수를 간단하게 측정할 수 있음을 의미한다. 그러나 항력 계수는 마주치는 유체의 점도를 고려하는 다른 방법으로 계산할 수도 있다.

$$C_D = \frac{A_w \times B_e}{A_f \times Re}$$

이렇게 항력 계수를 계산하는 방법에서 A_w는 유체의 '젖은 면적', A_f는 고체의 '마른 면적', B_e는 유체가 고체 위를 지나는 동안에 공기 압력이 변하는 정도, Re는 앞에서 살펴본 것처럼 유체의 흐름이 난류로 바뀌는 지점을 측정하는 레이놀즈수다.

물론 물체의 모양에는 항력에 영향을 줄 수 있는 다른 요인도 있다. 물체 뒤 공간으로 흐르는 공기가 후방 영역의 기압 변화에 영향을 미칠 수 있기 때문이다('와류-유도 항력 vortex-induced drag'이 발생할 수 있다). 따라서 자동차의 항력 계수를 측정할 때는 특정 상황을 설정하고 실세계에서의 실제적 성능을 테스트한다. 141쪽 상단에 몇 가지 간단한 모양과 항력 계수를 정리해두었다.

가장 잘 설계된 몇몇 자동차의 항력 계수는 약 0.25이고, 실험 차량은 0.05에 가까운 더 낮은 수준을 달성했다. 한정 판매된 폭스바겐의 XL1˚은 연료 효율성을 위해 특별히 설계된 차량으로 0.1817이라는 놀

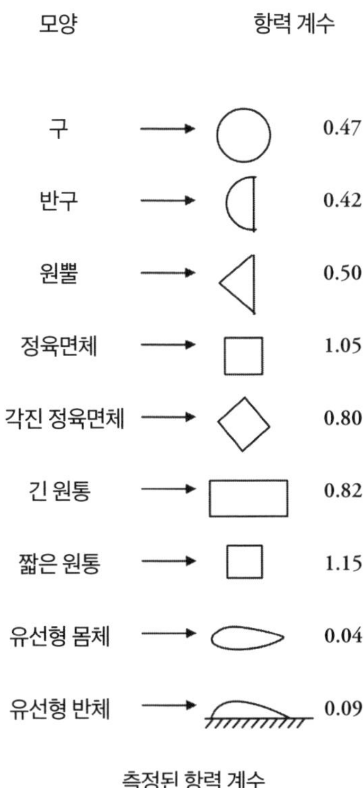

측정된 항력 계수

라운 항력 계수를 달성했다.

항력 계수는 실세계에서 측정된 값이지만, 우리는 컴퓨터 모델링을 통해 낮은 항력 계수를 갖는 모형을 설계할 수 있다. 차량의 설계와 관련하여 전산 유체 역학Computational Fluid Dynamics, CFD은 앞선 방정식과 나비에-스토크스 방정식을 사용하여 특정한 모양의 유체 흐름과 공기 역학적 특성을 예측한다. 컴퓨터에서 모델링한 후에는 풍동風洞, wind tunnel에서 축소 모델로 예측의 정확성을 테스트할 수 있다. 물론 축소 모델

• 　독일의 자동차 제조사 폭스바겐에서 개발한 2인승 자동차다.

테스트에서는 공기압과 풍속이 실물 크기 모델에 미치는 영향이 밝혀지지 않을 수도 있으므로, 엔지니어는 차원 해석dimensional analysis(다양한 변수가 어떻게 영향을 미치는지 고려하여 서로 다른 규모에서의 물리적 특성을 비교하는 방법)을 사용하여 확대된 모델에 관한 예측을 도출한 다음, 최종 테스트를 위한 실물 크기의 시제품을 만든다.

다운포스

자동차 디자인과 비행기 디자인 사이에는 큰 차이점 하나가 있다. 우리는 비행기의 날개가 양력을 생성하여 비행기가 이륙하고 공중에 머무를 수 있기를 원한다. 그에 반해서 자동차는 지면에 머물고 고속에서 뒤집히지 않기를 원한다. 따라서 자동차는 '다운포스downforce'를 생성하여 고속에서도 안정성을 유지하고, 타이어와 도로 사이의 접지력을 높여서 더욱 안전한 코너링에 도움이 되도록 설계된다.

다운포스는 자동차 모양의 공기 역학적 특성을 활용하여 생성된다. 대부분 자동차를 살펴보면 앞 범퍼의 지상고가 낮고 뒤로 갈수록 차량 하부는 지상고가 뒷 범퍼 쪽을 향할수록 높아지며 약간 경사진 것을 볼 수 있다.

이는 차량 전면에 부딪히는 공기가 좁은 기준 면적을 통해서만 차량 아래로 들어가고, 차량 하부의 공기압이 낮아져서 하향력이 생성된다는 것을 의미한다. 또한 차량 측면의 곡선과 전면의 모양으로 인해 차량 상부에 고압이 발생하여 다운포스를 늘리게 된다. 고성능 차량이나

(앞 범퍼가 더 낮은) 경주용 자동차에는 스플리터splitter, 스포일러spoiler, 차량 하부 공기를 가속하는 후방 디퓨저diffuser 및 와류 발생기vortex generator 같은 추가 요소가 사용되어 효과를 강화한다. 남아 있는 힘인 양력은 곧 살펴보겠지만, 그 전에 지상에서 발생하는 문제 몇 가지부터 생각해보자.

공기 역학과 고속 열차

기차의 공기 역학은 자동차의 공기 역학과 약간 다르지만 항력의 문제는 동일하게 적용된다. 기차에는 또한 마찰이라는 중요한 추가 요인이 있다. 마찰은 분명히 자동차 바퀴와 도로 사이의 접촉에도 해당되지만, 자동차보다 몇 배는 길고 바퀴와 선로 사이의 접촉이 훨씬 큰 기차에서는 마찰이 보다 중요한 요소가 된다.

자동차는 차체 설계를 통해서 항력을 50퍼센트까지 줄일 수 있지만, 기차는 항력을 줄이는 것이 까다로운 작업이다. 기차는 자동차보다 길고 가늘다. 자동차에서는 대부분 저항이 차량 전면에 부딪히는 공기에서 발생하고, 후방의 공기압 차이로 발생하는 항력이 추가된다. 후자는 우수한 공기 역학적 설계로 줄일 수 있지만, 기차의 경우는 공기가 기차 위로 오래도록 흘러가야 하므로 어렵다. 즉, 공기가 흐르는 과정에서 난류가 되고 제어가 어려워지기 때문에 후방의 항력 계수를 크게 줄이기가 불가능하다. 두 번째 문제는 기차의 항력 대부분이 '형상 항력form drag'이 아니라는 것, 다시 말해서 기차 전면의 모양과 차체의 일반적인 형태에서 발생하지 않는다는 것이다. 대신에 기차 하부의 기계적 구조물에 부딪히는 공기, 객차의 지붕 같은 표면적 그리고 객차 사이의 틈새처럼 긴 열차를 따라가면서 발생하는 장애물에 부딪히는 공기에서 항력이 발생한다. 특정 기차에 예상되는 총 저항은 다음과 같은 방정식으로 주어질 것이다.

$$D = (n + mV)W + (p + rL)V^2$$

여기에서 D는 총저항(기계적 저항 포함), V는 기차의 속도, W는 기차의 무게, L은 미터로 표시되는 기차의 길이다(n, m, p와 r은 특정 기차에 적용되는 상수다). V^2에 비례하는 공기 역학적 항력을 나타내는 두 번째 항으로 인해 상당히 작은 속도의 증가도 엄청난 항력 증가로 이어질 수 있다. 항력을 극복하는 데 필요한 에너지는 V^2L에 비례하며, 속도를 두 배로 늘리면 네 배의 에너지와 연료가 필요하다는 것을 의미한다.

최초의 초고속 열차는 1964년 개통되어 도쿄와 오사카 사이를 이은 신칸센이었다. 당시 시속 209킬로미터로 운행되는 열차는 상당한 기술적 진보였다. 비행기 모양인 기차의 앞부분이 총알과 닮았기 때문에 탄환 열차라는 별명이 붙었는데, 이러한 모양은 자연스러우면서도 실용적인 디자인이었다. 모든 차량에서 항력이 중요한 요소인데 공기 역학적 형태가 항력 수준의 차이를 만들 수 있기 때문이다. 그러나 고속 열차의 일반적인 디자인은 오랜 기간에 걸쳐서 진화했고, 여러 시점에서 기차 앞부분의 여러 디자인이 유행했다. 디자인의 구체적인 세부 사항

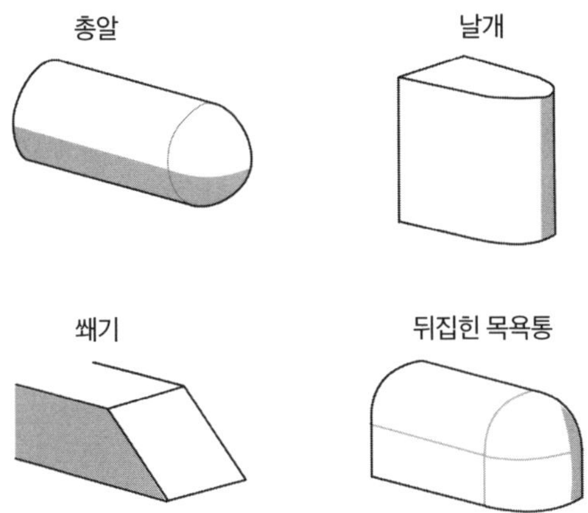

은 다양하지만, 대다수 고속 열차의 디자인은 대략 위의 모양 중 하나로 특징지을 수 있다.

이러한 모든 디자인의 논리는 명확했고, 풍동 실험은 이들 모양이 동등하게 효과적임을 보여주었다. 하지만 그와 동시에 열차의 성능에 예상한 만큼의 차이를 만들어내지 않는다는 사실도 밝혀졌다. 앞에서 살펴본 대로 형상 항력은 열차의 전체 항력에서 비교적 작은 부분에 불과하다. 따라서 오늘날의 고속 열차를 살펴보면 열차 전체의 외관을 가능한 한 매끄럽게 하는 데 디자인 작업이 집중되어 외관의 특성으로 인해 발생하는 항력을 줄이는 것을 볼 수 있다.

하이퍼루프

항력과 마찰로 인해 열차 운행 시 발생하는 어려움을 생각하면, 이 본질적으로 수학적인 문제를 극복하기 위한 아이디어에 엄청난 창의성이 발휘되었다는 것은 놀라운 일이 아니다. 일찍이 1799년 영국의 기계과학자 조지 메드허스트George Medhurst는 도시 주변에서 주철 파이프를 통해 공기압으로 상품을 이동시키고, 잠재적으로 여객 열차에도 동일한 작업을 수행하는 시스템을 제안했다. 그의 아이디어는 아무런 결실을 보지 못했으나 시간이 지나면서 '대기 철도atmospheric railway'를 만들려는 다양한 시도가 있었고, 일시적인 성공이긴 했으나 파리 외곽의 생제르맹 노선을 포함하여 열차 아래 튜브의 피스톤으로 추진되는 방법으로 단기간 운행되기도 했다. 대기 철도는 공기 압력의 차이를 이용하여 기차를 움직이는 동력을 생성한다. 이런 방식으로 정적인 동력원이 차량에 동력을 전달할 수 있다는 것은 동력을 생성하는 장비의 무게가 열차에 포함되지 않음을 의미한다. 공기 압력의 차이 또는 부분 진공, 즉 음의 상대 압력을 이용하려면 차량에 피스톤이 장착되어 있거나 차량 자체가 피스톤 역할을 하며 나아갈 수 있는 연속된 파이프가 필요하다. 이 시스템의 변형된 형태는 공항의 환승 셔틀 열차 같은 설비에 사용되었다.

일론 머스크Elon Musk가 제안한 하이퍼루프Hyperloop는 이와 관련된 원리에 따라 작동하도록 설계되었다. 하이퍼루프는 저압 튜브(또는 진공 상태일 수도 있는 튜브)를 사용하여 작동하는 승객 및 화물 운송 방법으로 최소한의 마찰이나 저항과 함께 차량이 고속으로 이동한다(또한 이는 소음도 줄일 수 있는데, 차량에서 발생하는 소음의 상당 부분은 마찰로 인해 손실된 에너지가 소리 에너지와 열로 변환되면서 발생하기 때문이다).

테슬라Tesla와 스페이스XSpace X가 공동으로 프로젝트에 관한 오픈

소스 논문을 발표했지만, 샌프란시스코와 로스앤젤레스를 연결하는 고속 하이퍼루프가 될 하이퍼루프 알파Hyperloop Alpha를 건설하려는 머스크의 계획은 문제에 봉착했다. 그는 압력을 낮춘 감압 진공 튜브 안에서 보통의 대기압이 유지되도록 압력을 가한 가압 포드pressurized pod를 통해 차량이 공기 베어링 위를 미끄러지듯 달리는 모습을 구상했다(아이스하키 퍽이 얼음 위로 떠다니는 방식과 비슷하다). 하이퍼루프 캡슐이 약 563킬로미터 경로를 약 시속 1,207킬로미터로 주파하여 주행 시간을 35분으로 줄이는 계획이었다. 대두된 문제에는 잠정적 건설 비용, 일부 지역에서의 안전성과 실행 가능성에 따른 회의론, 하이퍼루프를 포함하는 터널이 밀폐되어야 할 뿐만 아니라 각 도시 내 편리한 지점에 도착하려면 주요 도시 지역을 지하로 통과해야 한다는 사실 등이 포함되었다.

그러나 버진 하이퍼루프Virgin Hyperloop의 성공적인 테스트는 하이퍼루프의 실행 가능성을 보여주었다. 따라서 여러 장애물에도 불구하고 하이퍼루프는 현실이 될 수도 있으며, 그렇게 된다면 기차가 움직일 때마다 항력과 마찰에 대한 우리의 지식을 다시 한번 되짚어 봐야 할 것이다.

양력

비행기의 경우는 자동차가 접지력을 높이기 위한 다운포스를 생성할 때와 반대의 문제에 직면한다. 날개(비행기의 다른 요소들도 포함한다)는 위로 향하는 힘인 양력을 필요로 한다.

열기구를 이용한 원래의 비행 방식은 공기보다 가벼운 비행체를 만들어 이것이 무거운 유체에 잠기면 상승하도록 하는 원리였다. 그러나 공기보다 무거운 비행체는 양력이 날개에서 형성된다(로켓의 경우 매우 큰 하향 추력이 발생된다).

비행기 날개에서 양력은 공기가 에어포일airfoil 위로 흐르면서 생성된다. 에어포일은 공기가 날개 아래보다 위에서 더 빠르게 흐르도록 하는 유선형 모양으로, 이로 인한 공기 흐름의 속도 차이는 곧 압력의 차이로 이어진다. 날개 위의 공기는 아래를 지나는 공기보다 압력이 낮고, 그에 따라 상향력이 발생한다.

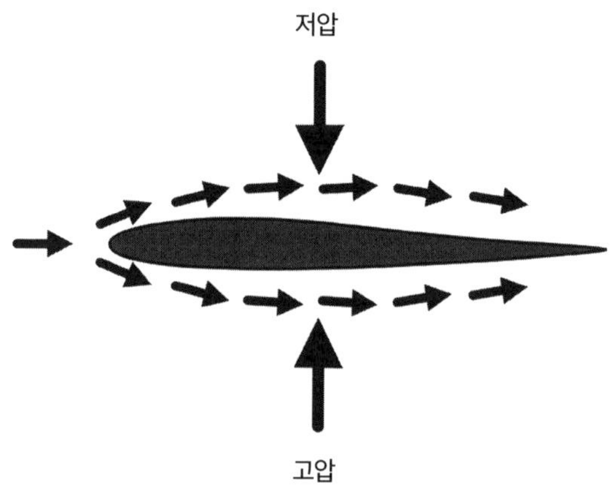

18세기 수학으로 돌아가서 에어포일이 어떻게 작동하는지 탐구해보자. 위대한 스위스의 수학자이자 물리학자인 다니엘 베르누이Daniel Bernoulli와 레온하르트 오일러Leonhard Euler는 유체의 흐름, 특히 혈액이 흐르는 속도와 혈압 사이의 관계를 분석했다. 베르누이는 개방된 실린더로 파이프 벽에 구멍을 뚫는 실험을 수행했다. 실린더에서 유체가 상승하는 높이는 파이프의 압력과 관련이 있었다. 이는 곧 150년이 넘도록 혈압을 측정하는 표준법이 되었다. 의사들은 작고 날카로운 유리 실린더로 동맥을 찔러서 혈액이 실린더 안으로 얼마나 차오르는지 확인했다. 오늘날 우리에게는 고통스러움은 말할 것도 없고 상당히 원시적인 방법처럼 들린다.

베르누이는 유체의 흐름을 분석하기 전에 에너지가 보존되는 방식을 살펴보았다. 운동하는 물체의 운동 에너지가 위로 이동할 때 위치 에너지로 변환된다는 사실은 이미 알려져 있었다. 그는 운동하는 유체에서도 운동 에너지를 더 높은 압력과 교환할 때 유사한 현상이 일어나는 것을 알게 되었고, 이를 표현하기 위해 (1738년에 처음으로 발표된) 베르누이 방정식을 생각해냈다.

$$\frac{1}{2}\rho u^2 + P = 상수$$

여기에서 P는 압력, ρ는 유체의 밀도, u는 유체의 속도다.

우리는 또한 연속 방정식continuity equation도 필요하다.

$$P \times u \times A = 상수$$

여기에서 A는 흐름의 단면적이다. 두 방정식의 상수가 동일할 필요는 없다. 요점은 단지 각각의 경우에 방정식이 일정한 결과를 제공한다는 것이다.

공기가 에어포일 위로 흐르면 주어진 속도에 도달한다. 하지만 날개에 부딪히면 날개 위와 아래의 두 흐름으로 나뉜다. 에어포일은 위쪽 표면적이 아래쪽보다 넓도록 설계되어(설계에서 곡률은 중요한 요소다) 위쪽 표면에서 흐르는 공기의 변위displacement가 아래쪽보다 크다.

연속 방정식을 $u = \dfrac{\text{상수}}{P \times A}$ 로 다시 정리하면 변위, 즉 유동 면적의 제거가 속도의 증가로 이어진다는 것을 알 수 있다. 이는 물이 파이프가 좁을수록 더욱 빨리 흐르는 것과 같은 방식이다.

하부 표면적도 지나가는 공기의 속도를 높이지만 그 정도가 훨씬 낮다. 우리는 베르누이 방정식을 통해 속도가 빠를수록 압력은 낮아진다는 것을 알게 되었다. 이는 날개 아래보다 위에서 효과가 커지기 때문에 양력을 발생시킨다.

디자이너와 엔지니어는 에어포일의 이상적인 모양을 고려하기 위해 양력 계수lift coefficient를 참조한다.

$$C_L = \frac{L}{q \times S}$$

여기에서 C_L은 양력 계수, L은 양력, q는 동압動壓, dynamic pressure이고 S는 날개의 면적이다. 동압은 움직이는 유체의 운동으로 인해 정압靜壓, static pressure보다 증가하는 압력이며, $\frac{1}{2}\rho u^2$으로 나타낼 수도 있다. 여기에서 ρ는 유체의 밀도이고 u는 흐름의 속도다. 이제 힘의 크기를 구하기 위한 방정식을 다시 정리해보자.

$$L = C_L \times \frac{1}{2} \times \rho u^2 \times S$$

항공기 설계의 주요 목표 중 하나는 양력, 특히 양력과 항력 사이의
비(양항비lift-to-drag ratio 또는 L/D 비)를 극대화하는 것이다. 이는 날개에서
생성되는 양력을 항공기가 대기를 통과하면서 생성되는 항력으로 나
눈 값이다. 양항비가 높으면 항공기가 상승하는 데 필요한 동력이 줄어
드는 것은 당연하다. 이는 필요로 하는 연료의 양이 적어질 뿐만 아니
라 비행 중 상승 및 활공 단계에서 성능이 좋아진다는 것을 의미한다.
따라서 설계자가 양력과 날개 위아래의 압력 차이를 생성하는 날개 면
적을 극대화할수록 항공기의 효율성이 높아진다.

앞으로 비행기를 타고 창밖의 날개를 보게 될 기회가 있다면, 우리
가 지상으로 추락하는 것을 막아주는 비행기 날개의 설계 원리인 베르
누이 방정식을 한번쯤 곱씹어 보면 좋겠다.

라이트 형제의 수학

라이트 형제가 지속적이고 통제된 비행에 최초로 성공한 비행기인 라
이트 플라이어Wright Flyer를 만들기까지 그 과정에는 엄청난 양의 수학
이 포함되었다. 그들은 독일 항공의 선구자이자 글라이더 분야 업적으
로 '날아다니는 사람'이라 알려진 오토 릴리엔탈Otto Lilienthal의 작업에
영향을 받았다. 불행히도 그는 1896년 활공 중 강풍을 만나 실속한失速,
stall 글라이더가 지면에 충돌하면서 목이 부러져 사망했다. 하지만 라
이트 형제는 그의 계산에 접근할 수 있었고, 계산이 정확하다는 가정하
에 작업을 시작했다. 그들은 오늘날 우리가 사용하는 것과 기본적으로

동일한 양력 및 항력 방정식을 사용했지만, 라이트 형제의 버전에서는 양력이 다음과 같이 표현되었다.

$$L = kv^2 S C_L$$

여기에서 v는 공기 흐름의 속도, S는 날개 면적, C_L은 양력 계수이고 k는 스미턴 계수다. 마지막 계수는 18세기 미국의 엔지니어 존 스미턴John Smeaton이 풍차에서 생성되는 동력을 연구하던 도중 나왔으며, 물체가 공기 중에서 움직일 때 압력이 속도의 제곱에 따라 어떻게 변화하는지 정의하는 상수였다. 스미턴은 상수를 0.005로 계산했고, 라이트 형제(그리고 릴리엔탈 역시)는 처음에 이 값이 정확하다고 가정했다. 하지만 그들의 첫 번째 실험은 글라이더 날개에서 생성된 양력이 릴리엔탈의 계산으로 예측한 것보다 상당히 작음을 보여주었다.

이러한 결과에 따라 라이트 형제는 사용된 양력 및 항력 방정식에 잘못된 점이 있는지 검토하기 시작했다(항력도 스미턴 계수에 의존했다). 그들은 풍동을 만들고 다양한 디자인의 날개와 각도로 실험을 수행했다. 양력은 수직력이고 항력은 수평력(말하자면, 수평 비행기에서 그렇다)이다. 라이트 형제는 다음과 같은 그림에 의존하는 기본 삼각법을 사용했다.

삼각법을 사용하여 양력(수직)과 항력(수평)의 선을 식별하고, 활공 각도의 탄젠트를 계산하면 양력과 속도, 날개 면적, 공기 밀도를 연결하는 양력 계수가 생성된다. 활공 각도는 비행기가 정지 상태의 대기 중에서 지면으로 활공할 수 있는 최소 각도다. 이는 또한 그림에서 상대풍relative wind이 위쪽으로 기울어진 이유이기도 하다. 비행기가 하강

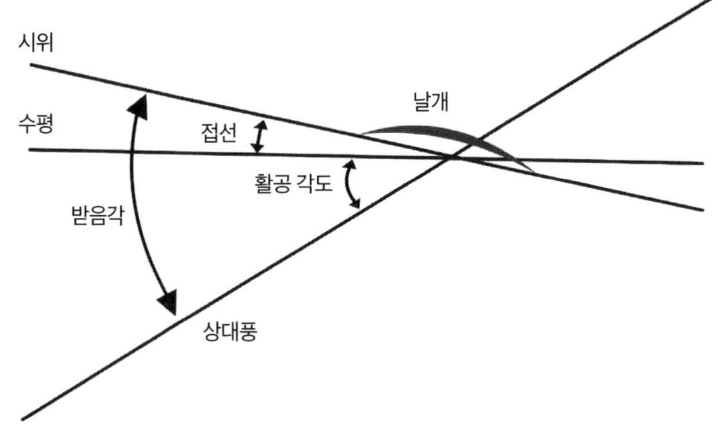

하고 있고 상대풍은 항상 비행기 경로의 반대 방향이기 때문이다. 받음 각angle of attack도 중요하다. 받음각이 0도에서 증가함에 따라 처음에는 양력이 증가하지만, 효율이 최대가 되는 각도에 도달하면 바람 위를 지나는 공기가 지나치게 난류가 되어 기압 차이가 교란되면서 양력이 감소하게 된다. 이때가 바로 비행기가 '실속할' 수 있는 지점이다.

이 단계에서 다양한 시제품 날개를 테스트한 라이트 형제의 계산은 릴리엔탈의 계산과 비슷했으나 실험 결과는 여전히 오류가 있는 것으로 보였다. 이 주제를 담은 릴리엔탈의 책은 스미턴 계수가 '일반적으로 알려져 있다'라고 했지만, 오빌 라이트Orville Wright는 그렇지 않다고 의심하기 시작했다(책의 이 부분에 밑줄을 긋고 여백에 물음표를 표시했다). 라이트 형제는 글라이더와 연을 사용한 실험 결과를 수집하여 스미턴 계수의 평균값을 (오늘날 인정되는 값과 매우 가까운) 0.0033으로 계산했다. 따라서 스미턴의 계산은 50퍼센트가 초과된 값이었다. 이는 실제로 그들의 작업을 어렵게 만들었는데, 스미턴 계수의 값이 정확했더라면 그들은 시작도 전에 포기했을지도 모른다.

라이트 형제가 두 번째로 해결해야 했던 문제는 프로펠러의 추력을 계산하는 것이었는데, 여기에도 스미턴 계수가 포함되기 때문에 다시 한번 더욱 정확한 결과를 계산할 수 있었다. 이 단계에서 수학은 정말 그들에게 불리하게 작용했다. 라이트 형제는 12마력 엔진에 무게가 81킬로그램인 비행기를 가지고 있었다(경쟁자인 새뮤얼 랭글리Samuel Langley는 52마력 엔진에 무게가 56킬로그램인 비행기를 가지고 있었다). 그러나 그들은 마침내 날개의 최적 각도와 향력 및 양력에 관한 올바른 비율을 확인할 수 있었다.

나머지는 모두 역사가 되었다.

그런데 라이트 형제의 누이인 캐서린 라이트Katharine Wright가 실제로 어려운 수학의 대부분을 해결했다는 이야기는 라이트 가족에 관한 전승된 설화의 일부였던 것 같다. 모두 사실이고 그가 애더 러브리스Ada Lovelace 같은 선구적 여성 수학자들과 함께 역사를 빛냈을 것이라고 생각해보는 것은 좋겠지만, 유감스럽게도 현재로서는 사실 여부를 확인할 길이 없다.

비행을 다시 생각하기

기계가 어떻게 작동하든 다른 방식으로 작동시키는 방법을 찾으려는 사람들이 있기 마련이다. 날개 없는 비행기를 생각해보자. 미국의 재단사였던 로이 스크로그스Roy Scroggs는 1917년 출원한 특허에서 날개 없는 비행기의 작동 방식을 처음으로 설명했다. 비행기의 몸체 전체에서 양력이 생성되는 방식으로 설계된다면 실제로 날개를 없앨 수 있다. 당시에는 비행기의 속도가 너무 낮아서 현실성이 없었지만 나중에는 실제로 실험이 수행되었다. 미국의 발명가였던 윌리엄 호튼^{William Horton}은 1950년대에 캘리포니아에서 호튼 윙리스^{Horton Wingless}를 설계했다. 이 비행기는 몸체 전체에 수직 날개가 있는 에어포일 모양이었고, 짧은 거리이기는 했지만 시험 비행에 성공했다. 하지만 유감스럽게도 호튼이 연구 자금을 지원한 억만장자 하워드 휴스^{Howard Hughes}에게 전체 특허와 설계 권리의 양도를 거부하면서 프로젝트는 무산되었다.

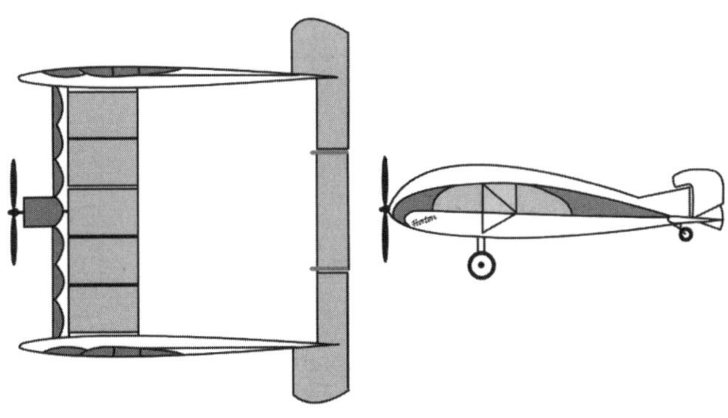

호튼 윙리스의 디자인 조감도와 측면도.

최근 들어 날개 없는 비행(또는 '양력 몸체' 원리)의 주요 응용 분야는 우주선이다. 우주 왕복선에는 날개 없는 설계가 고려되었다가 삼각형 모양의 델타 날개가 선택되었지만, 다른 우주 프로그램에서 날개 없는 설계가 구현되었다. 스페이스X의 우주 발사체 팰컨9^{Falcon 9}는 로켓 추진의 첫 번째 단계에서 양력 몸체 원리에 따라 작동한다. 착륙할 때는 격자형 날개에 의해 발사체가 약 20도 기울어지고, 이를 통해 양력이 생성되어 하강 단계에서 조종이 가능해지도록 한다.

항공기 설계자들의 창의성을 보여준 또 다른 예는 매사추세츠공과대학교에서 나왔다. 2018년 매사추세츠공과대학교 엔지니어들은 세계 최초로 움직이는 부품 없이 '이온 바람ion wind'으로 비행할 수 있는 비행기를 만들었다. 이 비행기는 프로펠러나 터빈 대신 강력한 전기장이 생성한 이온 흐름을 후방으로 방출하여 전진 운동을 촉발한다. 종종 그렇듯이 이번 연구도 〈스타트렉〉이 문제였다. 연구팀을 이끈 우주항공학과 교수 스티븐 바넷Steven Barnet은 '푸른 섬광과 함께 조용히 활공하는' 〈스타트렉〉의 미래형 왕복선에서 영감을 받았다. 또한 이온 엔진의 설계는 소음이 없고 화석 연료에도 의존하지 않으므로, 이러한 획기적인 발견은 추후 엄청나게 중요한 발전에 기여할 수도 있다.

드론과 그 너머

결혼식 사진작가가 사용하는 드론부터 수생 연구원이 물 위로 날리는 드론과 배달용 드론까지, 우리는 일상에서 무인 항공기나 드론을 점점 더 많이 보게 되었다. 어떤 측면에서 보면 그들 뒤에 숨어 있는 수학적 원리는 새로운 것이 아니다. 헬리콥터를 들어 올리는 회전 날개의 기본 원리는 오래전에 알려졌고, 무인 항공기는 시제품 형태로 20세기 전반에 등장했다.

그러나 드론의 성능은 점점 더 인상적으로 발전하고 있다. 초기 드론은 단순히 제어기를 통해서 신호를 보낼 수 있고, 무인 항공기 자체에서는 조정이 이루어지지 않는 개방 루프open loop로 제어되었다. 최근의 드론은 센서 피드백이 통합된 폐쇄 루프closed loop 시스템에서 작동한다. 따라서 무인 항공기가 '고도 50피트 유지' 같은 높은 수준의 지시를 받을 수 있고 풍속 등 변화에 따른 조정도 가능하다.

이는 일반적으로 단순히 피드백에 응답할 수 있는 일종의 제어 루프 메커니즘을 의미하는 비례-적분-미분Proportional-Integral-Derivative, PID 제어기의 사용을 통해 이루어진다. 제어기는 있어야 하는 위치와 실제 위치의 차이인 오류 값을 반복적으로 계산하고, 그에 따라 수행되는 수정이 비례, 적분 및 미분 항에 기초하므로 PID라는 이름이 붙었다.

이를 조금 더 자세히 설명하기 위해 목표 위치와 목표에서 얼마나 떨어져 있는지를 보여주는 3차원 오차항이 있다고 가정해보자. 오차항을 최소화하려면 경로를 지속적으로 조정해야 한다. 따라서 첫째, 각 순간의 보정 크기는 오차 크기에 비례한다. 둘째, 과거의 진행 상황을 파악할 수 있어야 하므로 과거의 오차 값을 적분하는 함수가 필요하다. 마지막으로, 미분 함수를 사용해 오차항의 미래 궤적을 추정한다.

기술적 설명을 원한다면, 사용되는 기본 제어 방정식은 다음과 같다.

$$u(t) = K_p e(t) + K_i \int_0^t e(\tau)\mathrm{d}\tau + K_d \frac{\mathrm{d}e(t)}{\mathrm{d}t}$$

여기에서 K_p, K_i, K_d는 차례로 비례, 적분, 미분 항의 계수다(때로는 단순히 P, I, D로 불린다).

이 모든 것이 거창하게 들리지만 실제로는 상황 변화에 따른 지속적 조정이 가능한 자동차의 정속 주행 장치cruise control system와 다를 것이 없다.

더 복잡한 작업에는 경로 계획(특별한 임무를 완수하기 위한 최적의 경로를 찾거나, 중간에 있는 방해물, 연료 용량 등을 고려하여 두 지점 사이의 거리를 계산한다) 또는 드론이 고르지 않은 표면에 착륙할 수 있는지를 계산하는 것이 포함된다. 더 높은 수준에서 드론 함대가 창고 시스템 안이나 황야 지역에서 구조 임무에 사용될 때는 드론들이 서로 통신할 수 있고, 정보와 지침을 지속적으로 업데이트할 수 있는 알고리즘이 필요하다. 드론 함대의 운영자가 직면하는 복잡한 작업 중 하나는 재충전 가능 여부, 낭비되는 시간을 최소화하기 위한 경로 최적화 같은 요인에 따라 달라지는 자원의 할당이다. 이러한 비행체의 효율성을 높이고, 점점 더 복잡해지는 드론 디스플레이의 구현을 위해 복잡한 수학 모델이 지속적으로 업데이트되고 있다.

여객기가 고리 모양의 비행을 할 수 있을까

인생에서 때로는 분명한 이유가 없이도 어리석은 질문을 해야 할 때가 있다. 곡예비행은 일찍이 1913년 러시아의 조종사 표트르 네스테로프Pyotr Nesterov가 뉴포르4 Nieuport IV 단엽기單葉機로 비행을 수행하고 나서 '정부 재산을 위험에 빠뜨렸다'는 이유로 체포된 이후 조종사들의 필살기로 사용되어 왔다. 몇 주 후, 프랑스인 아돌프 페구Adolphe Pégoud가 블레리오14 Blériot XI를 타고 최초의 '공식' 곡예비행을 수행했다는 소식이 전해지면서 네스테로프는 즉시 풀려나 대위로 진급했다. 그의 이름은 여전히 세계공중곡예선수권대회World Aerobatic Championships에서 우승한 남자팀에 수여되는 네스테로프 트로피에 새겨져 있다.

곡예비행에서 기본적인 수학 원리는 비행기가 회전할 때 기체에 작용하는 힘이 어떻게 변하는지를 설명하는 것과 관련이 있다.

무게의 방향은 항상 아래쪽이지만 추력, 양력 그리고 항력은 비행기의 방향과 함께 그 방향이 바뀐다. 따라서 항력과 무게가 모두 아래쪽을 향하고 추력만이 비행기를 위쪽으로 밀어 올린다는 문제를 극복하려면 고속으로 루프loop에 진입해야 한다. 이때 (항공기가 상승하면서 시작되는 내부 루프에서) 원형 궤적의 꼭대기를 통과할 만큼 충분한 속도가 필요한데, 이는 가용한 관성력g-force의 크기에 따라 달라진다. 관성력은 실제로 가속도의 척도이며, 관성 가속도와 곡선 경로의 결합을 통해서 항공기와 조종사에게 작용하는 상당한 관성력(가속 과정에서 몸무게가 실질적으로 증가하여 '원심력'을 경험할 때와 같이 좌석에 눌리는 느낌을 받게 된다)으로 이어진다.

곡선의 정점에서 조종사는 양력이 무게와 합쳐져 비행기를 너무 빠르게 아래쪽으로 끌어당기는 것을 막기 위해 동력을 줄여야 하지만, 동시에 운동량은 비행기를 전방으로 계속 움직이도록 한다.

비행기의 질량 중심에 작용하는 힘을 계산하는 데 필요한 기술적인 수학은 다음과 같은 방정식을 제공하는 뉴턴 제2법칙에서 비롯된다.

$$m \times \frac{\mathrm{d}V}{\mathrm{d}T} = F$$

여기에서 V는 속도, $\dfrac{dV}{dT}$는 가속도, m은 질량, F는 비행기에 작용하는 외력이다.

$$F = A + T + W$$

여기에서 A는 비행기에 작용하는 공기 역학적 힘(항력과 양력의 결합), T는 추력推力, W는 비행기 무게다.

결국 핵심은 작은 비행기는 루프 비행 중에 작용하는 높은 관성력을 견딜 수 있는 반면, 여객기는 승객과 짐을 위한 공간이 필요하고 안전을 위해 안정적으로 비행해야 하므로 매우 다른 사양으로 설계된다는 점이다. 항공기의 다양한 요소가 앞서 설명한 수준의 관성력을 견딜 수 있게끔 설계되지 않았으므로 여객기의 루프 비행은 극도로 바람직하지 않다.

루프 비행보다 덜 복잡한 기동manoeuvre은 기술적으로 가능하다. 1950년대에 보잉Boing에는 367-80이라는 시제기(707의 전신)가 있었고, 시애틀 인근에서 펼쳐진 수상 비행기 경주에서 찬조 비행을 요청받은 시험 비행 조종사 앨빈 존스턴Alvin Johnston이 조종간을 사용하여 측면 회전을 수행하는 곡예비행인 배럴 롤barrel roll이라는 기발한 아이디어를 선보였다.

격노한 보잉의 회장이 존스턴을 집무실로 불러서 도대체 무슨 짓을 한 것이냐고 물었다고 전해진다. 그 질문에 존스턴은 '비행기 판매'라고 대답했다.

그는 나중에 《제트 시대의 시험 비행 조종사Jet-Age Test Pilot》라는 책에서 더 기술적인 용어로 배럴 롤을 설명했다.

"비행기는 1중력가속도(g)로 기동이 수행될 때는 자세를 인식하지 못한다. 오직 가해지는 양과 음의 하중, 추력 및 항력의 변화만을 안다. 배럴 롤은 1중력 가속도 기동으로, 매우 인상적인 기술이지만 비행기는 자신이 뒤집혀 있다는 사실을 결코 알지 못한다."

존스턴은 회장에게 이런 사실을 설명했지만, 그에게서 돌아온 통명스러운 대답은 그저 두 번 다시는 그런 짓을 하지 말라는 것이었다.

제6장

무한과 그 너머

우주여행 그리고 수학

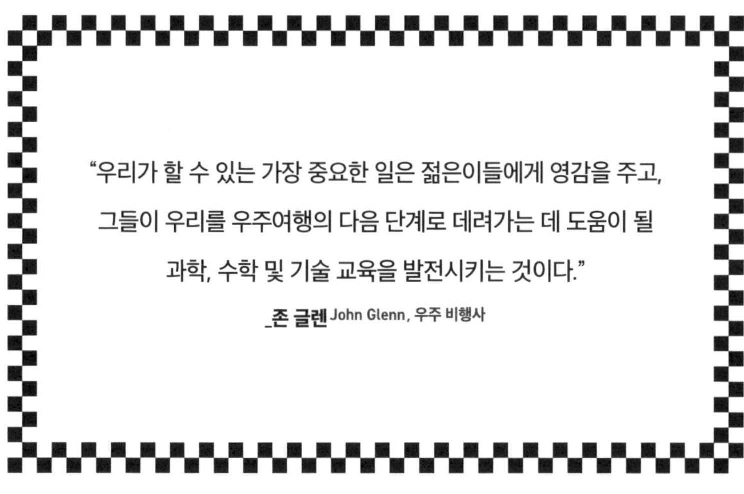

초창기의 우주 비행과 특히 첫 번째 달 착륙을 성공하는 데 수반된 과학적, 수학적 과제의 규모를 상상해보자. 이런 일을 달성하려면 로켓이 지구의 중력 우물gravity well을 떠나 달에 도달하기에 충분한 추력을 제공하는 방법뿐만 아니라 경로를 계획하고, 우주선을 달에 안전하게 착륙시키고, 우주선이 다시 발사되어 안전하게 지구로 돌아오도록 하는 방법을 찾아야 한다. 그리고 이는 단지 시작에 불과했다.

인류를 위한 위대한 발걸음

달 착륙은 거대한 문제였다. 중력 때문에 착륙선이 점점 더 빠른 속도로 하강하기 때문이다. 착륙선이 살아남을 수 있는 경착륙硬着陸, hard land-ing을 하려면 시속 160킬로미터 이하로 감속해야 했지만, (유인 비행에 필요한) 연착륙軟着陸, soft landing을 위해서는 가능한 한 정지 상태에 가깝게 감속해야 했다. 1960년대의 우주 경쟁은 주로 소련과 미국이 그저 인간의 달 착륙 가능성을 입증하고자 첫 번째 경착륙을 시도한 이후부터는 연착륙을 시도하는 데만 집중되었다.

미국항공우주국National Aeronautics and Space Administration, NASA 임무통제실의 앞줄 좌석은 '참호trench'라 불렸다. 궤도 역학에 전문 지식을 갖춘 수학자들이 궤도와 위치 정보를 지속적으로 업데이트하는 곳이었다. 그들의 역할은 달 착륙뿐만 아니라 우주선 간 모든 랑데부•rendezvous와 아폴로 13호의 우주 비행사들이 사령선을 포기하고 (귀환 목적으로 설계되지 않았던) 달 착륙선을 이용하여 안전하게 귀환해야 했을 때처럼 비상사태에서도 매우 중요했다.

이 모든 계산의 출발점은 뉴턴의 운동 법칙이었다. 우주선이 우주를 여행하는 방식, 중력과 로켓 부스터의 추력 같은 힘이 우주선의 운동에 영향을 미치는 방식은 기본적으로 두 개의 당구공이 충돌할 때 반응하는 방식과 다르지 않다. 궤도의 계산도 마찬가지인데, 여기에는 지구의 운동량과 달의 중력장도 고려되어야 했다. 문제는 지구에서 달까지의 경로를 계획하는 데 운동 법칙을 어떻게 적용할 것인가였다.

18세기에 수학자들은 독일의 수학자이자 천문학자인 요한 하인리

히 람베르트Johann Heinrich Lambert가 제기하고, 프랑스의 수학자이자 천문학자인 조제프 루이 라그랑주Joseph Louis Lagrange가 해결한 문제로 돌아갔다. '람베르트의 정리'의 해는 주어진 두 위치와 시간에 관한 궤도를 결정함으로써 설정된 목표에 도달하는 데 필요한 모든 점에서의 속도를 찾아내는 데 사용되었다.

지구와 달 사이 공간에서 우주선의 경로에 대해서는 또 다른 긴급한 문제가 있었다. 우주에 있는 물체에 미치는 중력의 영향을 이해하는 고전적 방법은 이체 문제two-body problem로, 컴퓨터로 처리할 수 있는 해석적 해analytic solutions를 가진다(정확한 답을 반환하는 논리적 절차가 있음을 의미한다). 그러나 현실의 상황은 더 복잡하다. 우주선 자체가 세 번째 물체이고 태양의 크기로 인한 중력의 효과 역시 무시할 수 없으므로 또 다른 문제가 생길 수 있다. 따라서 이 문제는 적어도 삼체 문제three-body problem이며, 이는 쉽게 계산할 수 있는 해석적 해가 존재하지 않는다는 것을 의미한다.

나중에 교수가 된 미국항공우주국 수학자 리처드 애런스토프Richard Arenstorf는 이 특정 문제(삼체 문제의 일반화된 버전이 아닌)에 효과적인 해결책을 찾아냈다. 고전적 삼체 문제에서는 각 물체가 다른 물체에 가하는 힘을 모두 고려해야 하는데, 이는 고려해야 하는 힘이 여섯 가지라는 것을 의미한다. 실제로 애런스토프는 궤도를 도는 작은 우주선이 훨씬 큰 두 물체에 가할 수 있는 비교적 작은 힘을 제외함으로써 네 가지 힘에만 의존하는 해를 찾을 수 있었다.

하지만 여전히 추정치의 사소한 오차도 수정할 수 있는 정확한 선상 항법 시스템onboard navigation system이 필요했다. 사령선에는 별 사이의 각도를 측정하는 육분의六分儀, sextant가 있고, 달 착륙선에는 현재의 위치 추정치에 반영되어야 하는 추가 정보를 제공하는 레이더가 있었지만 더욱 정밀한 측정이 필요했다. 임기가 시작되기 몇 년 전, 미국항공우주국 에임스연구센터 Ames Research Center 에임스동역학분석부 Ames Dynamic Analysis Branch 책임자인 스탠리 슈밋 Stanley Schmidt에게 이 문제를 해결하는 방법을 알아내라는 임무가 부여되었다. 슈밋은 문제를 연구하는 동안 헝가리계 미국인 수학자 루디 칼먼 Rudy Kálmán을 초청해 강의하도록 했고, 강의 중에 차량의 위치와 속도를 추정하기 위한 이론적 '선형해 linear solution'(사용된 방정식이 한 가지 형태만 취할 수 있음을 의미한다)인 칼먼 필터 Kalman filter가 논의되었다.

문제는 슈밋이 직면한 과제가 (그래프로 그리면 곡선을 형성하게 되는) 비선형이라는 점이었다. 우주선의 위치를 측정할 때는 레이더 정보와 위치 관측이 통합되어 대략적인 추정치만 제공된다. 강의 도중 순간적으로 깨달음을 얻은 그는 슈밋-칼먼 필터 Schmidt-Kalman filter의 개발에 착수하게 된다. 이 필터는 기본적으로 다양한 데이터를 통합하고 문제를 방해할 수 있는 '잡음'을 걸러냄으로써 우주선의 더욱 정확한 위치를 제공하는 데 필요한 계산 시간을 줄인다.

참고로 슈밋-칼먼 필터는 현재 미국연방항공청 Federal Aviation Administration, FAA에서 사용되는 것과 동일한 항공 교통 통제 시스템에 적용되었다. 여기에서 주된 과제와 역할은 항공기의 상대적 위치를 안전하게 분리하는 것이고, (레이더와 GPS의 정보가 약간 부정확할 수 있다는) 동일한 문제가 발생했을 때 필터를 사용하여 위치를 빠르게 계산해 비행기를 가능한 한 빨리 이륙시킬 수 있도록 한다.

추측 항법

아폴로 임무 같은 우주선에 사용할 수 있는 정보의 일부는 추측 항법dead reckoning의 첨단 기술 버전인 관성 항법inertial navigation 시스템에서 나온다. 추측 항법은 최근 위치 정보로부터 이동 방향과 거리에 기초하여 현재 위치를 추정하는 방법이다. 관성 항법 시스템Inertial Navigation System, INS은 컴퓨터, 동작 센서, 회전 센서(자이로스코프)를 통합하여 위치, 방향, 속도를 계산하는 장치다. 미국항공우주국은 메사추세츠공과대학교와 제너럴모터스 델코Delco 사업부에 아폴로 우주선의 항법 시스템을 위한 관성 항법 시스템의 설계를 요청했다. 관성 항법의 문제는 숲에서 관성 항법을 사용하여 길을 찾는 탐험가나 사냥꾼이 직면하는 문제와 정확히 동일하다. 계산상 작은 오류가 꾸준히 누적되면 결국 심각한 오류로 이어지므로, 추정치가 실제와 지나치게 차이나지 않도록 정기적으로 확인하고 참조할 만한 외부 기준점을 확보하는 것이 중요하다.

우주의 도전 과제

잠시 시간을 내어 우주여행에 따르는 수학적 문제 몇 가지를 생각해보자. 모든 도전 과제마다 그 기반의 수학적 접근을 모두 살펴볼 여유는 없지만, 삼각법, 기하학, 미적분학, 최적화 및 오류 수정의 범위만이라도 상상해보면 좋을 것이다.

첫째로 항법에 사용되는 데이터가 다양한 형태로 제공된다는 점에 유의하자. 컴퓨터 모델은 행성 질량의 중심 위치를 알려주는 반면, 레이더 신호는 표면에서 반사된다. 따라서 측정값이 호환 가능한 형태로 변환되어야 한다.

정확한 경로 추정의 어려움과 예상치 못한 일이 발생할 가능성에 따른 두 번째 문제는 가능한 한 다양한 결과의 범위를 허용해야 한다는 것이다. 오류 분석 또는 '공분산covariance'의 계산은 추정치가 얼마나 정확할지 그리고 얼마나 정확하게 항행할 수 있을지를 추정하는 방법으로, 우주선을 얼마나 정확하게 인도할 수 있을지 예측하도록 한다. 이는 연료를 얼마나 많이 가져갈 것인지 같은 다른 매개 변수에도 매우 중요하다. 무게 때문에 연료를 최소한으로 싣고 싶은 것은 당연하지만 연료가 고갈될 위험을 감수하고 싶지는 않다. 또한 연료의 사용은 우주선의 무게가 끊임없이 변한다는 것을 의미하며, 모든 계산에서 고려해야 하는 또 다른 요소다.

비행시간이나 연료 소비의 최적화와 관련한 폰트랴긴의 최대 원리Pontryagin's Maximum Principle, PMP(이 원리를 정리한 레프 폰트랴긴Lev Pontryagin은 흥미로운 인물이다. 열네 살에 고향 러시아에서 석유 난로의 폭발로 실명했지만, 책과 논문을 읽어준 어머니의 도움으로 뛰어난 수학자가 되었다. 폰트랴긴은 이 원리 외에도 위상수학의 발전에 크게 기여했다)는 궤적과 관련된 매개 변수의 최적치를 제공하는 원리다(고등 수학자일 여러분을 위해 말을 덧붙이자면, 이 원리의 기술적 의미는 최적 상태의 궤도를 비롯하여 모든 최적의 제어를 위해서는 해밀토니안'Hamiltonian의 최대 조건과 함께 해밀토니안 시스템을 풀어야 한다는 것이다. 해밀토니안 시스템은 미분 방정식이 유효한 경계를 정의하는 두 점 경계값 문제two-point boundary value problem다. 이런 설명 역시 제대로 이해하기 어려울 테지만, 다행히도 나에게 탐사선을 태양계 외곽으로 보내달라고 요청한 사람은 아무도 없었다).

다음으로, 수평 궤도에 있는 물체(예를 들면 국제우주정거장)를 향하여 우주선을 비행시키는 경우를 떠올려 보고, 우리가 일반적으로 이 문제를 생각하는 방식과 비교해보자. 예를 들어 우리가 다른 차를 따라가는데 너무 느리게 가고 있다면 자연스러운 본능에 따라 속도를 높이게 될 것이다. 그러나 우주선의 경우는 속도를 높이면 더 높은 궤도로 올라가게 되고, 궤도의 중심을 이루는 행성의 중력이 약해져서 실제로는 속도가 줄어들게 된다.

중력이 궤도의 높이에 따라 변하는 양상은 다른 상황에서 연료를 절약하는 데 사용될 수 있다. 이는 우주선의 계획된 경로가 '스윙바이swing-by' 또는 중력 지원 궤도gravity-assisted trajectory를 이용하는 경우다. 우주선이 위성이나 행성에 (충돌하지 않을 정도로) 매우 근접하게 통과하는 궤도를 따라 충분히 가속한다면, 태양을 기준으로 한 우주선의 상대적인 진행 속도를 크게 높이는 결과를 가져올 것이다(맷 데이먼이 연기한 주인공 마크 와트니가 화성에 남겨진 후에 수학과 식물학 지식을 이용하여 살아남는 영화 〈마션〉을 보았다면 환상적으로 그려낸 스윙바이 버전에 익숙할 것이다).

카시니-하위헌스호Cassini-Huygens는 토성으로 가는 여정에서 수많은 스윙바이를 활용해 신중하게 계산된 궤도를 사용한 대표적인 우주선

• 　　운동 에너지와 위치 에너지의 합으로 표시되는 연산자다.

이다. 앞서 언급했듯이 가속도는 태양에 상대적이라는 점을 유의하자. 이 점이 바로 스윙바이의 흥미로운 특성 중 하나다. 지나치는 행성이나 위성을 향한 우주선의 최종 속도는 거의 변하지 않지만, 이동하는 각도를 조정함으로써 다른 천체, 특히 태양을 기준으로 한 속도에서 상당한 차이를 만들어낼 수 있다.

연료 효율이 높은 궤도의 설계와 관련된 수학은 다양체 이론theory of manifolds, 혼돈 역학chaotic dynamics, 콜모고로프-아르놀드-모저 이론Kolmogorov-Arnold-Moser theorem, KAM 같은 난해한 분야가 포함되면서 점점 더 복잡해졌다. 이에 관한 논의는 내 능력 밖의 일이지만, 콜모고로프-아르놀드-모저 이론은 섭동purturbation 환경에 있는 해밀토니안 역학계에서 준주기적quasi-periodic 운동이 지속되는 현상과 관련된 것으로 보인다.

이 문제를 고려하는 더욱 극적인 방법은 아마도 일본의 달 탐사선 히텐Hiten의 1991년 임무를 설명하는 것이다. 히텐은 원래 원지점apo-gee(지구에서 가장 먼 지점)이 48만 킬로미터에 약간 못 미치는 타원 궤도로 항행할 예정이었지만, 결국 원지점이 32만 킬로미터를 살짝 넘는 작은 궤도로 돌게 되었다. 달을 지나가면서 작은 궤도선 하고로모Hagoromo를 분리하여 달 궤도로 보냈으나 궤도선의 송신기가 고장나고, 달 궤도에 스스로 도달하기에 충분한 연료도 남아 있지 않았다.

당시 제트추진연구소Jet Propulsion Laboratory 소속 에드워드 벨부르노Edward Belbruno와 제임스 밀러James Miller는 임무를 구원하기 위한 수학적 해결책을 제안했다. 그들은 히텐의 주 탐사선이 달 궤도에 진입할 수 있도록 하는 탄도 포획 궤도ballistic capture trajectory를 사용했다. 그들의 계산을 현실로 바꾸는 데는 히텐의 부스터로 가능할 만큼 작은 운동량 변화면 충분했다. 또한 그들이 모델링한 궤적은 우주선 궤도의 저점에서 조심스럽게 지구 대기를 통과하여 속도를 늦추는 공기 제동air braking을 활용했다. 결국 우주선은 수정된 궤도 덕분에 달 궤도로 방향을 바꾸고 임무를 완료할 수 있었다.

벨부르노가 개발한 것과 동일한 방법은 나중에 유럽우주국European Space Agency이 2004년에 첫 번째 달 위성인 스마트1호SMART-1를 발사할 때 사용되어 놀라운 연료 효율을 보였다. 그 이야기는 우주선이 리터당 약 213만 킬로미터로 달에 도착했다는 상당히 충격적인 (그러나 본질적으로는 정확한) 방식으로 보도되었다.

비전문가에게는 우주 탐사에 사용되는 실제 수학 이론과 개념이 벅차고 어렵게 느껴질 수 있지만, 그 결과는 극적인 수학적 마법이 되기도 한다.

작은 원인에 따른 큰 효과

콜모고로프-아르놀드-모저 이론으로 돌아가서, 이 이론에 뿌리를 둔 원리 중에는 **비교적** 설명하기 쉬운 아르놀드 확산Arnold diffusion 메커니즘이 있다. 무게 추 두 개가 같은 길이의 끈에 매달려 있는 빨랫줄을 상상해보자. 무게 추 중 하나를 횡 방향으로 가볍게 팅기면(다시 말해서 동적 시스템에 섭동을 도입하면) 빨랫줄이 움직이고 운동량이 다른 무게 추로 전달되어 진동하기 시작할 것이다. 그러면 다시 첫 번째 무게 추의 운동이 증가하고, 전체 빨랫줄과 두 개의 무게 추가 정지하기까지 상당히 복잡한 춤을 추게 된다.

(공교롭게도 도쿄에서 산 적이 있는 나의 아내도 비슷한 문제를 경험했다. 아파트에는 빨랫줄을 설치할 수 있을 정도의 작은 발코니가 있었는데, 낮에 휴식을 취하는 장소로 이곳을 선택한 놀랍도록 큰 박쥐만 없었다면 매우 유용했을 것이다. 날개로 얼굴을 가린 채 거꾸로 매달려 있던 박쥐는 빨랫줄에 가해지는 아주 작은 압력으로도 '동요되어perturbed' 빙글 돌며 깨어나 범인을 비난하면서 울어댔다. 그래서 빨랫줄 대신에 빨래방을 이용하게 되었다.)

움직이는 빨랫줄은 아르놀드 확산 메커니즘을 설명하는 간단한 예로, 적절한 순간에 적절한 방식으로 작용한 힘은 작은 세기에도 시스템에 불균형적으로 큰 영향을 미칠 수 있음을 보여준다. 히텐이 임무를 무탈하게 완료할 수 있었던 당시에도 바로 이런 일이 일어났다. 또한 행성과 위성의 중력장을 활용해 소량의 연료로도 궤도를 계획하는 도구들도 점점 늘어나고 있다. 이는 탐사선이 위성 간 도약moon-hop을 할 수 있는 방법으로 제안되었으며, 목성의 위성들을 차례로 방문할 때 적은 양의 연료로 탐사선을 저중력 위성에서 시작해 다음 위성으로 이동하는 궤도에 진입시키는 방법으로 실현되었다. 우주여행에 적용되는 아르놀드 확산 메커니즘은 어떤 면에서 나비의 날갯짓처럼 작고 사소한 사건이 멀리 떨어진 곳의 기상 시스템 등에 큰 영향을 미칠 수 있음을 설명하는 혼돈 이론의 일부인 나비 효과와 유사하다고 볼 수 있다.

우주 주차장

라그랑주점 Lagrange point(천체역학 문제를 연구하면서 이러한 지점을 발견한 위대한 수학자 조제프 루이 라그랑주의 이름을 따왔다)은 우주 공간에서 두 큰 천체의 중력의 합이 훨씬 작은 제3의 천체가 느끼는 원심력과 같은 지점이다. 큰 천체는 지구와 태양 또는 지구와 달일 수 있다. 이 지점은 우주선이 동일한 위치에 머무르는 데 필요한 연료를 덜 사용하도록 하기 때문에 우주의 주차장이라고도 불린다(기술적으로 우주선은 궤도의 중심이 되는 천체가 없더라도 라그랑주점 주위의 자립 궤도 self-sustaining orbit에 머무른다. 이런 궤도들을 '헤일로 루프 halo loop'라 부른다).

다음 그림은 지구와 태양의 라그랑주점 다섯 개를 보여준다. L4와 L5는 주변 중력장의 패턴으로 인해 L1, L2 또는 L3보다 더 안정적인 주차 공간이 된다. L1, L2, L3에서는 평형 상태의 작은 변화로도 궤도가 상실될 수 있으니 우주선의 경로를 정기적으로 수정해야 한다.

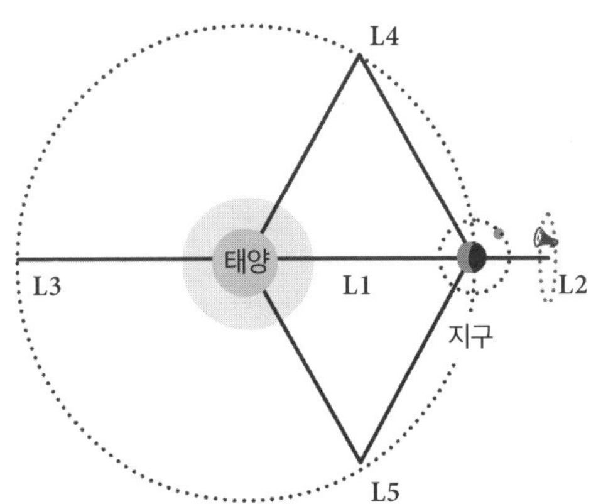

라그랑주점을 활용한 한 가지 예는 태양풍의 입자를 수집하고 지구로 귀환한 제네시스Genesis 임무에서 살펴볼 수 있다.

2001년 미국항공우주국은 미국의 수학자 마틴 로Martin Lo가 주도한 궤도의 수학적 분석에 기초하여 제네시스 우주선을 발사했다. 우주선은 L1 주변의 타원 궤도에 진입하여 임무를 수행하면서 2년 반을 보내기로 계획되었다. 지구로 귀환하는 경로는 더욱 복잡했다. 우주선은 야간에 도착하는 것을 피하려고 지구를 스치기 전에 L2 주변의 헤일로 루프를 한 번 더 수행했고, 지구로 귀환하여 작은 샘플 구조선을 분리했다. 불행히도 구조선의 낙하산이 제대로 작동하지 않아서 모든 샘플을 확보하지는 못했지만 일부는 구조되었다.

다음 그림은 제네시스의 경로로, 이러한 경로를 계획하는 데 관련되었을 복잡성을 상상해보자. 결국, 수학은 완벽했고 실패한 것은 기계 장치뿐이었다.

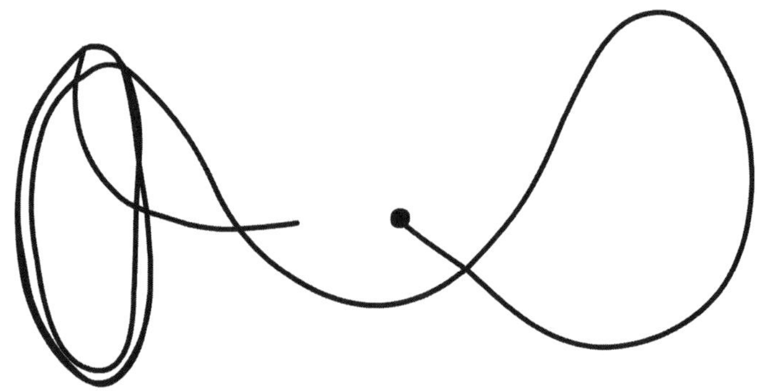

미랄론

수학의 즐거움 중 하나는 수십 년 또는 수 세기 동안 존재했던 이론이 끊임없이 새로운 기술과 결합하는 방식이다. 한 가지 예로, 신경망을 사용해 연료 탱크를 비롯한 우주선의 섬세한 부분을 코팅하는 탄소 나노 재료의 개량을 들 수 있겠다. 미랄론Miralon은 기본적으로 머리카락만큼 가늘어도 여전히 엄청나게 강력한 초강력 실 또는 와이어다. 이 재료는 목성 궤도를 도는 미국항공우주국의 주노Juno 탐사선과 미래의 로켓 연료 탱크에 사용될 새로운 압력 용기의 시제품을 만드는 데 사용되었다.

매사추세츠주의 우스터공과대학교의 수리과학, 컴퓨터과학 및 데이터과학과 교수 랜디 패펀로스Randy Paffenroth는 기계 학습과 신경망을 사용하여 나노 튜브의 결함을 탐지할 수 있는 스캐닝 시스템의 해상도와 정확도를 개선하는 알고리즘을 개발함으로써 기계가 사소한 결함도 발견할 수 있도록 했다. 연구팀은 기본적으로 이전에 결함이 식별된 가닥들의 대량의 이미지 집합을 활용해 알고리즘을 훈련했다.

전통적인 수학의 역할은 저해상도 이미지를 고해상도 이미지로 만드는 데 사용하는 푸리에 분석Fourier analysis의 형태로 제공된다. 푸리에 분석은 삼각함수를 사용하여 주기적 파형을 분석하는 기법이다. 일찍이 18세기 후반에 더 간단한 버전이 알려졌지만, 19세기 초에 분석 기법을 개선한 사람은 프랑스의 수학자 장바티스트 조제프 푸리에 Jean Baptiste Joseph Fourier 남작이었다.

파형은 기본 주파수와 고조파* harmonic 주파수로 구성되며, 두 주파수의 상대적 에너지가 주어진 파동의 모양을 정의한다. 푸리에 변환(파형을 구성 요소로 변환하는 수학적 과정)을 사용하여 이미지를 구성 요소로 분해할 수도 있다. 패펀로스의 연구팀은 푸리에 분석의 기본 요소 중 일부를 알고리즘의 작동 원리에 추가했다.

패펀로스는 자신의 알고리즘에 푸리에 변환을 추가한 결과가 신경망에 안경을 씌워서 사물을 더욱 선명하게 볼 수 있도록 하는 것과 같다고 설명했다. 미국항공우주국은 미랄론 제조 회사 나노콤프 Nanocomp 에 미랄론을 세 배 더 강하게 만드는 연구를 요청했다. 그들은 스마트 기계와 18세기 수학 덕분에 이를 달성하는 과정에 있다.

기본 주파수와 고조파 주파수

이를 이해하는 데는 악기의 현이 진동하는 방식과 수학, 음표 사이의 기본적인 연관성이 도움된다. 기타의 현을 가볍게 튕기면 기본 주파수로 진동시킬 수 있는데, 다음 그림의 왼쪽 주파수를 얻게 될 것이다.

현의 중간 지점(예를 들면 기타의 12번째 프렛)을 살짝 눌러서 기본

---

* 기본 주파수의 정수 배가 되는 주파수다.

주파수로 진동하는 것을 막고 다음 그림의 가운데 이미지처럼 진동하게 하여 1옥타브 높은음을 낼 수 있다. 아니면 3분의 1 지점을 눌러서 자연 5도 높은음인 3차 고조파를 얻을 수도 있다. 다수의 주파수는 이처럼 순수하지 않고 기본 주파수와 고조파 주파수가 혼합된 주파수일 것이다.

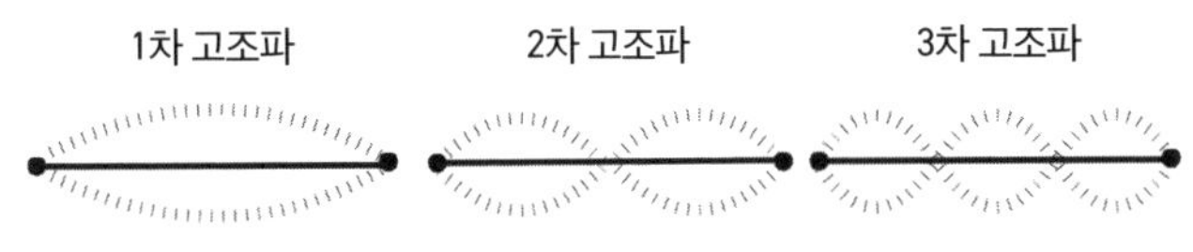

통신과 데이터

태양계 끝까지 행성 간 탐사선을 보내는 영리한 방법을 생각해내는 것은 아주 좋은 일이지만 탐사선에 기록된 데이터를 회수할 수 없다면 아무런 의미가 없다.

토성 탐사선 카시니에서 전송된 정보는 우리에게 도달하기 위해 16억 킬로미터 이상을 이동해야 했다. 그렇게 먼 거리를 이동함에 따라 지구에서 수신되는 신호가 희미해지고 간섭을 받는 경향이 생긴다. 이 문제는 다음 두 가지를 통해 해결 가능하다. 너무 많은 대역폭을 사용하지 않고도 가능한 한 많은 정보를 보내기 위해 데이터를 압축하고, 오류를 수정하는 방법을 사용하면 된다.

손실 없이 데이터를 압축하는 데 사용되는 기술 중에는 데이터의 요솟값을 전송한 후에는 이전 요솟값과의 차이만 전송하는 간단한 기술이 있다. 이는 전체 데이터 집합보다 적은 비트가 필요하고 결과 스트림을 쉽게 해독할 수 있으므로 더욱 빠른 전송이 가능하다. 또 다른 방법은 데이터 집합의 확률 분포를 고려하여 가장 일반적인 데이터 포인트*에 무언가를 표현하는 가장 간단한 수단을 할당하는 것이다. 이러한 종류의 무손실 압축을 엔트로피 코딩entropy coding이라고 한다(기본적으로 오래된 기술이다. 모스 부호를 예로 들 수 있는데, E는 점(dot), T는 선(dash), A는 점-선(dot dash) 등으로 나타내는 것처럼 가장 자주 사용되는 문자에 가장 짧은 부호를 사용한다).

흥미롭게도 이런 방법은 서로 다른 구성을 사용하여 주어진 공간에 얼마나 많은 공을 채울 수 있는지를 탐구하는 구 채우기sphere-packing 문제와도 관련이 있다. 코딩 이론에서 (구 채우기 경계로도 알려진) 해밍 경계Hamming bound는 오류 수정 코드가 코드 단어가 포함된 공간을 얼마나 효율적으로 활용할 수 있는지에 관한 효율성의 상한을 수학적 원리를 사용하여 제시한다. 해밍 경계에 도달한 코드는 '완벽한 코드perfect code'라고 불린다.

그러니 앞으로 여러분이 화성 탐사선이나 먼 행성에서 보내온 이미지를 볼 때는 이미지를 지구로 전송하고, 작은 행성 너머 우주 모습을 엿보는 데 투입되었을 모든 수학을 염두에 두도록 하자.

---

* 도표나 그래프 따위의 그래픽 좌표에서 하나의 점을 표시하는 정보다.

제7장

날씨 이야기

달력부터
화창한 날씨까지

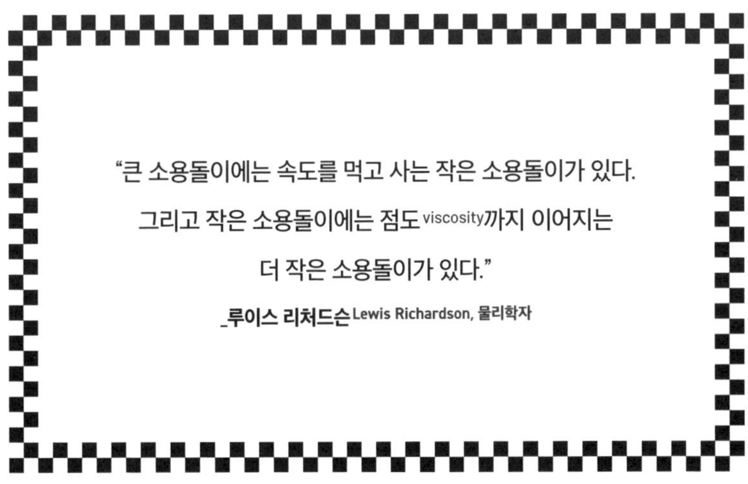

이번 장에서는 xyz 좌표를 사용하여 간단하게 모델링할 수 없는 복잡한 유동 환경, 특히 날씨를 모델링하는 문제를 살펴볼 것이다. 그러나 인간은 날씨의 예측을 시도하기 전에 먼저 계절이 어떻게 바뀌는지에 관한 기본 개념부터 이해해야 했다. 역사적으로 달력의 개발에 얼마나 방대한 양의 수학적 사고와 창의성이 투입되었을지 함께 알아보자.

달력의 즐거움

물론 이 과정의 첫 번째 단계는 점진적인 측정과 기록의 축적이었다. 지구의 일일 자전, 지구를 중심으로 한 달의 공전, 태양을 중심으로 한 지구의 공전은 수학적으로 다루기 불편하다. 우리는 이제 태양년solar year이 365일 5시간 48분 46초이고 정확한 일수로 나눌 수 없다는 것을 안다. 음력은 (측정 방법에 따라서) 약 29.5일이며, 이 또한 도움되지 않는다(몇몇 행성과 위성의 경우는 더 쉽다. 자전과 공전의 위상이 일치하면 더 규칙적인 수학을 따르게 된다).

전통적인 달력은 다양한 방법을 사용하여 개발되었으며 모두가 실제 수학의 근사에 불과하다. 태양력solar calendar은 1년을 태양년의 길이로 만들려는 달력이다. 음력은 달의 공전에 기초한 12개월(때로 29일과 30일이 번갈아 나타나는)이 있는 달력이다. 달을 기준으로 삼은 이슬람력은 태양년에 따라 1년의 달수가 바뀌었는데, 달력의 한 가지 용도가 계절의 변화를 예측하는 것임을 생각하면 불완전한 해결책이라 할 수 있다. 한편, 태음태양력lunisolar calendar은 달의 공전을 기준으로 하지만, 태양과의 일치를 복원하기 위해 2~3년마다 주기적으로 윤달을 추가한다(13개월이 존재하는 해에 한 계절에 보름달이 네 번 뜨는 경우, 추가된 보름달을 지칭할 때 '블루 문blue moon'이라는 표현이 사용되곤 했다.)

따라서 행성 운동의 까다로운 수학적 특징은 모든 유형의 달력이 시간이 흐르면서 점차 계절에서 벗어나는 경향이 있다는 것을 의미한다. 천문년astronomical year의 일수나 음력의 달수가 정수가 아니고, 음력 달의 일수도 정수가 아니므로 항상 문제를 초래하는 분수가 남게 된다.

여기에서 더욱 복잡한 삽입법(시간 간격을 추가해 정렬을 수정하는 과정)이 필요하다. 율리우스 카이사르가 제정한 율리우스력은 4년마다 2월에 하루를 추가하는 윤년을 사용하여 문제를 해결했다. 그러나 이 방법도 여전히 태양년과 약간 차이가 있었고, 4세기마다 3일을 추가하게 되었다. 당시에는 부활절이 3월 21일 춘분으로 표준화되었다. 그러나 13세기에 이르러 수 세기 동안 3월 21일이 춘분보다 한 달 앞으로 이동한 것이 분명해짐으로써 유월절*과의 연관성이 흐트러졌다.

그로부터 이 문제를 해결하는 올바른 방법에 대한 신학자, 천문학자, 수학자들의 오랜 지적 논쟁이 이어졌지만, 의견 일치를 보지 못한 수 세기 동안에는 문제 해결이 아닌 땜질식 조정이 이루어졌다.

독일의 수학자 크리스토퍼 클라비우스 Christopher Clavius는 율리우스력을 대체할 그레고리력 Gregorian calendar의 최종 설계에 깊이 관여했다. 그는 태양이 춘분에 도달하는 시간과 1년의 길이가 천문표마다 다르다는 것에 주목했다. 카스티야의 왕 알폰소 10세 Alfonso X가 후원한 알폰소 천문표는 고정된 별에 관한 태양과 달의 위치의 상세한 데이터를 제공했고, 365.242546일의 태양년을 계산하는 데 사용되었다. 완벽하지는 않았으나 상당히 정확한 계산이었다. 1년이 365.25일이었다면 율리우스력이 정확했겠지만, 미세한 불일치가 바로 변화의 원인이었다.

1560년 이탈리아의 수학자이자 천문학자인 베로나의 페트루스 피타투스 Petrus Pitatus는 400년 동안에 윤년을 97번만 두는 아이디어를 제시했다. 이 마지막 제안을 포함한 모든 정보에 기초하여 이탈리아 칼라브리아의 의사 알로이시우스 릴리우스 Aloysius Lilius가 해결책을 제안했다. 태양년과 10일이 차이 나는 달력을 한 차례 조정한 후에 4년마다 윤년을 두되 100으로 나누어지는 해에는 400으로도 나누어질 때를 제외하고는 윤년을 두지 않아 4세기마다 윤년의 수를 100에서 97로 줄

---

* 유대인들이 이집트 노예 생활에서 탈출한 사건을 기념하는 명절이다.

이는 방안이었다.

마침내 릴리우스의 제안이 반영되어 수정된 버전의 사용이 합의되고, 1582년 그레고리우스 13세^{Gregory XIII} 교황이 달력 개정에 관한 칙서에 서명했다. 달력에서 10일이 삭제되어 1582년 10월 4일의 다음 날이 그레고리력 첫날인 1582년 10월 15일이 되었다(릴리우스는 실제로 40년 동안 윤년을 두지 않는 더 온건한 접근 방식을 제안했는데, 이것이 더 나은 방안이었을 수도 있다. 일부 지역에서는 개혁이 이루어진 후에 폭동이 일어났는데, 사람들이 자신의 수명에서 10일을 '도둑맞았다'는 의미로 이해했기 때문이었다).

어쨌든 그레고리력은 시간의 테스트를 통과했다. 물론 원자시계 시대인 오늘날까지도 시간 측정과 달력에 관한 논쟁이 완전히 해결된 것은 아니다. 태양일은 세기마다 약 1.7밀리초(ms)씩 점점 길어졌다. 이는 지구의 자전이 원자 시간의 표준에서 조금씩 벗어난다는 것을 의미한다. 이에 관한 조정은 여러 가지 형태로 이루어졌다. 1960년에는 표준 원자시계를 조금 느리게 하여 시간을 맞췄다. 1972년 이후로는 표준국제초^{standard international second}가 세슘-133 원자의 두 에너지 준위 사이의 천이˙^{遷移}에서 발생하는 복사선의 9.192631770×10^9 주기로 고정되었다. 그해부터 2005년까지는 필요에 따라 '윤초^{閏秒, leap second}'가 표준시간에 추가되었다. 현재는 이 시스템이 중단된 상태이며, 미래의 태양년이 변화할 속도는 정확한 예측이 어렵다. 따라서 앞으로 수천 년 동안에도 '완벽한' 시간을 유지하는 방법에 관한 논의는 계속될 수밖에 없다.

• 　양자역학에서 입자가 어떤 에너지의 정상 상태에서 다른 정상 상태로 옮겨가는 것을 말한다.

역사 속의 날씨

문명이 달력을 갖게 되면 농작물, 날씨, 폭풍, 홍수 등을 기록하는 데도 사용된다. 날씨가 농업에 미치는 중대한 영향에 따라 사람들은 수천 년 동안 날씨를 예측하려 시도했다. 바빌로니아인들은 날씨의 예측을 위해 (현명하게) 구름 패턴을 관찰하고 (덜 현명하게) 점성술을 사용했다. 기원전 1000년 전에도 중국, 인도, 그리스에서 날씨를 기록하고 예측하려 시도한 기록이 있다. 서기 904년에는 《나바테아 농업 The Nabatean Agriculture》이라는 책이 아랍어로 번역되었다(이전에 아람어로 쓰인 책이었다). 제안된 예측 방법에는 대기의 변화, 달의 위상 관찰, 바람의 움직임과 방향을 살피는 것이 포함되었다.

이 모든 초기 방법의 공통점은 패턴 인식에 의존했다는 것이다. 해가 질 때 하늘이 붉으면 화창한 다음 날이 이어지는 것처럼 비슷한 패턴의 기록을 찾을 수 있다면 날씨도 어떤 패턴을 따를 것이라는 생각이었다. 물론 패턴 인식은 검증이 가능한 이론을 생각해낼 수 있는 기본적인 수학적 방법이다. 문제는 날씨가 너무도 복잡한 시스템이어서 순수한 패턴 인식만으로는 신뢰할 만한 방법이 되지 못한다는 것이다.

양자역학을 고려해야 하지만 일반적으로 우리가 결정론적 세계에 살고 있다는 말은 충분히 정확하다. 결정론적 세계는 특정 원인이 예측 가능한 결과를 낳는 세계다. 당구대에서 굴린 공이 다른 공과 충돌하면 공들의 이후 경로를 높은 정확도로 예측할 수 있다. 기상 시스템의 문제는 주로 그러한 상호 작용이 분자 수준에서 수십억 번 발생하는 거대하고 복잡한 시스템이라는 것이다. 이런 시스템에서는 입력 중 하나에 작은 변화만 생겨도 출력에 엄청난 변화가 생길 수 있다.

물론 불확실성은 시간이 지남에 따라 증가한다. 따라서 과학자와 수학자들은 적어도 단기 예측에서는 고대의 방법을 개선할 수 있었다. 기압계는 아마도 17세기에 이탈리아 수학자이자 물리학자인 에반젤리스타 토리첼리Evangelista Torricelli가 발명했을 것이다(그전에 데카르트가 가능한 설계를 설명했지만 실천으로 옮기지는 않은 것 같다). 기압계의 개발에 따라 진공의 생성 가능성과 공기에 무게가 있을 가능성을 조사하기 위한 일련의 실험이 이어졌다.

토리첼리의 친구 갈릴레오를 포함한 대부분 과학자는 항상 공기에 무게가 없다고 생각했다. 하지만 토리첼리(그리고 블레즈 파스칼)가 의심했듯이 당연히 공기는 무게가 있으며, 기체이기 때문에 같은 양(그리고 무게)이더라도 팽창하거나 수축할 수 있다. 기본적 수은기압계는 수은이 담긴 용기에 한쪽이 뚫린 세로형 시험관을 (뚫린 쪽이 아래를 향하도록) 거꾸로 세워 수은 용기에 높은 대기압이 가해지면 시험관 내 수은이 상승하는 원리다. 기압의 하락은 종종 악천후와 관련이 있으므로 이러한 기압계는 날씨 방향의 단기적 지표를 제공한다.

19세기에는 날씨를 기록하고 예측하는 기본적 방법에 여러 가지가 추가되었다. 해군 장교인 프랜시스 보퍼트Francis Beaufort는 풍력 계급wind force scale을 고안했고, 조석표 개발에 참여한 여러 사람 중 하나였다(그는 보퍼트 암호라 불린 복잡한 다중 알파벳 코드를 개발한 숙련된 암호학자이기도 했다). 그리고 1896년에는 다양한 구름의 형성과 그에 따라 예측되는 결과를 식별한 국제구름도감International Cloud Atlas이 처음으로 출간되었다.

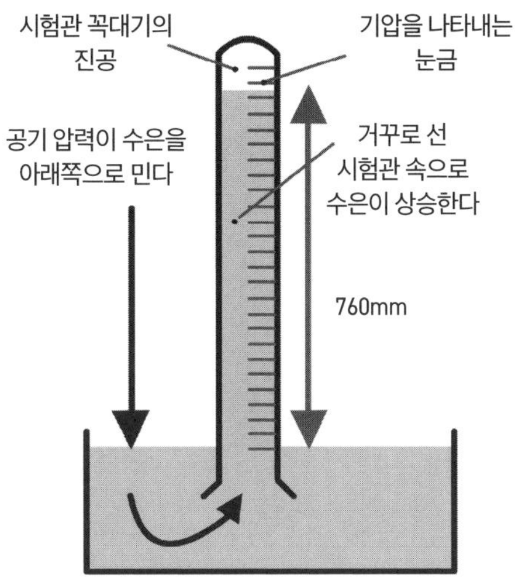

그러나 우리가 날씨 예측에 사용되는 더욱 정교한 수학을 찾아낸 것은 1920년대가 되어서였다.

수치적 기상 예보

제1차 세계대전과 그 이후에 일했던 영국의 수학자 루이스 리처드슨Lewis Richardson은 수학적 모델 사용의 선구자였다. 그는 날씨가 유체 현상이라는 사실에서 출발했다. 따라서 이론적으로 날씨는 유체 역학과 열역학 방정식을 사용하여 분석할 수 있는 방식으로 작동한다. 우리는 유체의 현재 상태를 관찰함으로써 최소한 다음에 무슨 일이 일어날지 추정할 수 있다. 하지만 리처드슨은 그러한 작업이 작은 규모에서도 대단히 어렵다는 것을 발견했다. (다음 여섯 시간 동안 무슨 일이 일어날지를 예측하기 위해) 최대 6주가 걸릴 수 있는 편미분 방정식들을 (컴퓨터 없이) 풀더라도 여전히 결과를 신뢰할 수 없었다.

그러나 리처드슨의 기본적 접근 방식은 큰 진전이었다. 그리고 컴퓨터가 등장하자 상황이 더욱 유망해 보였다. 1950년에는 미국에서 군사용으로 개발된 세계 최초 전자식 범용 컴퓨터 에니악ENIAC, Electronic Numerical Integrator and Computer이 날씨를 예측하는 데 사용되기 시작했다. 이러한 목적으로 점점 더 많은 컴퓨터가 사용되면서 예측의 정확성을 확인하고 이를 정보로 활용해 모델을 개선하고자 모델 출력의 통계가 유지되었다. 그리고 컴퓨터는 점점 더 강력해졌다.

그러나 오늘날에도 여전히 날씨를 항상 올바르게 예측할 수는 없다. 왜일까?

오늘날의 날씨 모델링

해수의 움직임과 기상 시스템 같은 동적 시스템은 항상 '혼란스럽고' 예측하기 어려운 것으로 여겨졌다. 혼돈 이론chaos theory이 그 이유를 이해하는 데 필요한 수학적 도구를 추가로 제공하기 시작한 것은 불과 50년 전부터다.

혼돈 이론의 기원은 프랑스의 위대한 수학자 쥘 앙리 푸앵카레Jules Henri Poincaré와 미국의 기상학자이자 수학자인 에드워드 로런츠Edward Lorenz로 거슬러 올라가지만, 결정적인 순간은 1960년대 프랑스계 미국인인 박식가 브누아 망델브로가 〈사이언스〉에 '영국 해안의 길이는 얼마인가?'라는 기사를 썼을 때였다. 이 글에서 그는 '거칠기roughness'라는 개념을 논의했다. 망델브로가 주목한 것은 해안선의 길이를 정확하게 측정하는 것이 불가능해 보인다는 사실이었다. 더 근접한 수준으로 확대할 때마다, 즉 해안 도로의 주변, 모든 곶과 만의 주변, 모든 자갈의 주변, 모든 모래알의 주변 등을 측정했는지에 따라 길이가 늘어났다. 이러한 속성은 파도, 허파의 표면, 서리의 패턴, 잎사귀 등 다수의 자연 현상에도 존재한다. 이들은 모두 자기유사성self-similiarity의 속성을 공유하며, 확대할수록 점점 작아지는 규모로 비슷한 구조가 반복되는 것을 볼 수 있다.

우리는 이제 이러한 패턴을 프랙털fractal이라 부른다. 놀랍도록 아름다울 수 있는 프랙털은 '혼돈 이론'의 근본적 주제다. '레이스lace'와 '먼지dust'라고도 불리는 줄리아 집합Julia set과 파투 집합Fatou set 같은 복잡한 수학적 구조가 지속적으로 반복되는 계산을 통해서 구성된다. 이는 기상 시스템을 미시적 수준이나 훨씬 더 큰 규모에서 보더라도 비슷한 패턴이 나타나는 것과 유사하다. 난류 대기의 작은 영역은 난류 대기의 광대한 영역과 비슷한 패턴을 보인다.

프랙털의 또 다른 예는 로런츠 방정식의 복잡한 해 집합인 로런츠 끌개Lorenz attractor다. 로런츠 방정식은 대기 대류를 단순화한 모델을 제공하는 미분 방정식 세 개다. 브라질에 있는 나비의 날갯짓이 영국 날씨가 폭풍우를 몰아칠지 아니면 맑을지의 차이를 초래할 수 있다고 말하는 로런츠 끌개와 나비 효과가 연결된다는 점을 생각하면 끌개의 모양이 나비와 다소 비슷하다는 것도 흥미로운 일이다.

다시 날씨 이야기로 돌아가자. 기상 시스템의 모든 구성 요소는 결정론적이지만 전체 시스템은 그렇지 않은 것처럼 거동한다. 에드워드 로런츠가 설명했듯이 혼돈은 '현재가 미래를 결정하지만, 근사적인 현재는 근사적인 미래를 결정하지 않는다'는 상태다.

하지만 우리는 컴퓨터를 사용하여 프랙털 이미지를 생성하는 복잡한 계산을 수행한 것과 마찬가지로 점점 더 정확한 근사치를 모델링할 수 있다.

그렇다면 오늘날의 기상 예보에서 기본이 되는 수학은 무엇일까?

첫째, 우리는 비교적 작은 영역부터 작업해야 한다. 이를 위해서 기상학자들은 지구의 표면을 8~16킬로미터의 짧은 모서리의 정육면체인 '큐브'로 자른다(특정 유형의 수학자는 지상에서 주어진 평평한 표면은 기껏해야 비유클리드적 큐브일 뿐이라고 지적하겠지만, 이는 단지 따분한 현학적 수사에 불과하다).

다음으로 다양한 방정식에 입력할 모든 데이터가 필요하다. 가장 중요한 방정식은 유체 역학을 이해하는 데 핵심적인 나비에-스토크스 방정식의 한 가지 버전이다(클로드루이 나비에Claude-Louis Navier는 프랑스의 엔지니어였고, 조지 가브리엘 스토크스George Gabriel Stokes는 아일랜드의 수학자이자 물리학자였다. 그들은 수학 천재 레온하르트 오일러가 개발한 방법에 마찰 효과에 대한 수정 항을 추가했다).

나비에-스토크스 방정식은 다루기 어려운 것으로 악명 높은 미분방정식이며, 특히 난류를 포함하는 해를 구하는 방법에는 여전히 우리의 지식이 미흡해 격차가 있다. 방정식에서 변할 수 있는 여러 항에는 유체 입자의 국소 가속도와 대류 가속도, 압력 기울기와 점성이 포함된다. 종종 이들 항의 일부가 실제로 고정되었다고 가정하는 것만이 방정식을 푸는 유일한 방법이다.

이들 방정식을 푸는 몇몇 기본 사항조차 불분명한 상태로 남아 있다. 특히 주어진 초기 조건 집합에 매끄러운(기본적으로 완전하고 완벽한) 해가 존재한다는 것이 입증되지 않았다. 이 문제는 '나비에-스토크스 존재성과 매끄러움 문제Navier-Stokes existence and smoothness problem'로 알려졌으며, 100만 달러의 상금을 수여하는 클레이수학연구소Clay Mathematics Institute의 밀레니엄 문제Millennium Prize Problems 중 하나일 정도로 중요한 문제다.

그럼에도 불구하고 이 방정식의 특정 버전으로 도출 가능한 예측이 있다. 영국 기상청에서 사용하는 이 버전은 지구의 자전이 기상 조건에 미치는 영향을 고려하고, 현재의 대기 상태를 관찰하여 바람, 온도 및 습도의 변화가 어떻게 전개될지 예측한다. 이 운동량 방정식은 예측의 기초를 형성하는 다음 네 가지 방정식 중 첫 번째다.

$$(1) \quad \frac{Du}{Dt} = -\frac{1}{\rho}\nabla\rho \times \mathbf{u} - (\Omega \times r) - gk + \text{friction}(\text{마찰력})$$

$$(2) \quad \frac{D\rho}{Dt} + \rho\nabla\cdot\mathbf{u} = 0$$

$$(3) \quad C_p\frac{DT}{Dt} - \frac{1}{\rho}\left(\frac{Dp}{Dt}\right) = Q$$

$$(4) \quad p = R_aT\rho$$

두 번째 방정식은 질량을 입방체에 투입하면 질량이 비슷한 속도로 빠져나가는 경향이 있다는 사실을 본질적으로 설명하는 연속 방정식이다. 세 번째는 열역학적 에너지 방정식으로 대기 중에서 열이 전달되는 방식을 다룬다. 네 번째는 상태 방정식으로 대기의 열역학적 조건을 설명하는 방법이다.

분명히 이 모두는 세부적으로 이해하는 사람이 많지 않은 복잡한 방정식이지만, 기상학자들은 일반적으로 기본이 되는 수학 연산을 직접 다루기보다는 그에 기초한 컴퓨터 알고리즘을 사용해 작업한다. 그러나 더 나은 중장기적 정보를 제공하고자 일기예보를 미세 조정할 때도 수학이 관련된다.

여기에는 일반적으로 예측의 성공 여부에 관한 검토가 포함되지만,

그에 앞서 확률적 과정stochastic process을 활용한 광범위한 예측도 포함된다. 다시 말해, 방정식의 변수와 (가정된) 상수를 다소 무작위적으로 조정하는 것이다. 이를 통해 다양한 예측 결과가 도출되며, 이 예측된 시나리오들을 면밀히 검토하여 그 안에서 가장 적합한 최선의 결과를 대부분 찾아낼 수 있다. 이러한 모든 과정 역시 컴퓨터에서 수행된다.

금융을 모델링하는 사람들도 비슷한 방식으로 확률적 과정을 사용했다. 기상 시스템과 마찬가지로 금융 시장은 조건의 작은 변화에도 큰 반응을 보일 수 있다. 사실 금융 폭풍은 장기적으로 봤을 때 허리케인보다 더 큰 피해를 초래할 수 있다. 따라서 금융과 날씨를 100퍼센트 완벽하게 예측할 수 있다고 믿을 수 있다면 좋겠지만, 불행히도 이것이 결코 불가능한 이유를 혼돈 이론이 보여준다. 그러므로 유일하면서도 가능한 합리적인 대응은 두 분야의 예측을 절대 100퍼센트 확신하지 않는 것이다.

제8장

허튼소리

지구 온난화와 환경
그리고 수학

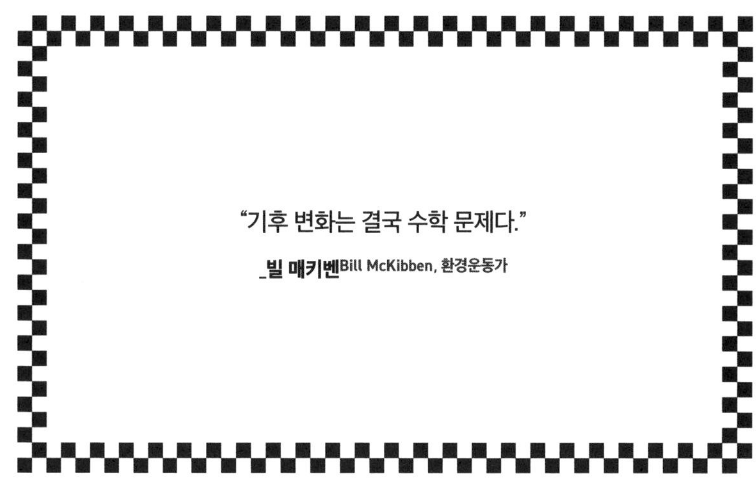

이제 지구 온난화 이야기를 해보자.

기본적으로 숫자는 잔인할 정도로 단순하다. 지구 온난화의 근본적인 문제는 우리가 생산하는 (그리고 효율적으로 회수하고 저장할 능력이 없는) 이산화탄소다. 우리는 현재 매년 35~40기가톤(GT, 1기가톤은 10억 톤이다)의 온실가스(메탄, 아산화질소 및 기타 가스)를 배출하고 있다. 대기 중 이산화탄소의 양은 현재 400피피엠(ppm)으로 산업 혁명 이전의 두 배에 달한다.

2011년에는 향후에 재앙을 초래하지 않는 선에서 추가로 배출할 수 있는 이산화탄소의 양인 '탄소 예산carbon budget'이 1,000기가톤으로 계산되었다. 우리는 이미 그중 상당 부분을 소비했고, 지금도 전 세계 화석 연료 사용량은 여전히 2~3퍼센트씩 증가하고 있다. 따라서 우리는 심각한 온실가스 문제에 직면했다. 더욱이 기후 변화의 문제를 보여주는 측정 가능한 다른 요인들도 있다. 지구의 평균 온도는 해마다 다소 무작위로 변동하지만, 전반적으로 150년 동안 상승해왔다. 우리는 북극해의 얼음을 꾸준히 잃고 있다. 해마다 스코틀랜드 크기만한 지역이 녹아 없어진다. 매우 기본적인 수학적 도구를 사용하여 데이터와 가장 잘 일치하는 궤적을 그래프로 그리면 2100년경에 얼음이 모두 녹을 것임을 보여준다. 이는 다시 또 하나의 측정 가능한 현상인 전 세계 해수면의 꾸준한 상승에 기여한다. 따라서 문제는 실제로 존재하고, 스웨덴의 환경운동가 그레타 툰베리Greta Thunberg가 지적했듯이 우리는 종종 실제로 무슨 일이든 실천하기보다 문제를 이야기하는 데만 능숙했다.

기후과학의 기원

기후과학climate science은 시간이 지남에 따라 변수가 어떻게 변하는지에 대한 대량의 계산을 포함한다. 그리고 이것이 바로 (당시에는 격렬한 논쟁이 있었지만) 오늘날 대부분의 사람이 고트프리트 빌헬름 폰 라이프니츠와 아이작 뉴턴Isaac Newton이 독립적으로 발명했다고 믿는 미적분의 근본적 역할이다.

뉴턴이 미적분을 혁신적으로 사용한 한 가지 사례는 그의 냉각 법칙Newton's law of cooling이었다.

$$\frac{\mathrm{d}T}{\mathrm{D}t} = k(T - E)$$

여기에서 T는 시간 t에서 물체의 온도, E는 물체 주변 환경의 온도를 나타내며 k는 상수다. 이 식을 사용하면 예컨대 차가운 물이 가득한 수영장에 떨어진 가열된 바위가 식는 속도를 계산할 수 있다. 이는 물체의 온도 변화율이 물체의 초기 온도와 주변 환경의 온도 차이에 비례함을 의미한다.

이 방정식의 일반해는 주어진 시간에 대한 물체의 온도를 알려준다.

$$T(t) = ae^{kt} + E$$

1820년대에 프랑스의 수학자이자 물리학자인 장바티스트 조제프 푸리에는 뉴턴의 냉각 법칙을 사용하여 지구의 온도를 추정했다. 그는 이론적으로는 지구가 실제보다 훨씬 차가워야 한다는 사실을 발견했다. 그 이유는 현재는 잘 이해되는 개념인 지구 내부 우라늄 같은 물질에서 발생하는 지속적인 방사선이다. 하지만 이것만으로는 불일치를 완전히 설명할 수 없다.

푸리에는 자신의 관찰에 몇 가지 다른 가설도 생각했다. 그의 추측 중 하나는 대기가 어떻게든 열을 가둔다는 것이었다. 다른 과학자들도 푸리에의 아이디어를 따랐다. 1850년대에 영국의 물리학자 존 틴들John Tyndall은 실험을 통해 다양한 가스들이 어떻게 열을 보존하는지 알아보았다. 대기의 주요 구성 요소인 산소와 질소는 열을 잘 보존하지 못하지만 이산화탄소, 수증기, 메탄은 모두 열을 잘 보존하고 가두는 것으로 밝혀졌다.

이로 인해 대기 중의 이산화탄소 증가가 지구 온난화로 이어진다는 아이디어가 나왔다. 1903년에 노벨 화학상을 받은 스웨덴의 과학자 스반테 아레니우스Svante Arrhenius는 1896년 이산화탄소 수준의 변화가 온난기와 한랭기를 초래했으며 앞으로는 기온이 상승할 것이라고 추측했다. 이러한 가능성에 관한 그의 수학적 예측은 매우 정확했다.

물론 이 아이디어가 진지하게 고려되기 시작한 것은 세계대전 이후였고, 1960년대와 1970년대 이후에 과학계의 합의가 이루어짐으로써 전 세계적으로 뜨거운hot 화제가 되었다(말장난을 용서하라).

미래의 기후

지금까지 우리는 일주일 뒤의 날씨조차 예측이 어려운 이유를 모두 살펴보았다. 이는 때때로 기후의 예측 또한 마찬가지로 신뢰할 수 없다는 의미로 여겨지지만, 기후 변화에 영향을 미치는 데이터는 훨씬 더 광범위하며 앞서 언급한 영향들은 이미 잘 이해하고 있다. 기후를 이해하는 한 가지 방법은 장기적인 역사에서 비롯된다. 빙하기 같은 변화를 설명하는 수학적 모델을 이해하고 만드는 일은 미래에 우리가 무엇을 예측해야 하는지 아는 데 도움이 된다.

한 가지 출발점은 에너지 균형 모델을 사용하는 것으로, 이는 태양 복사 에너지와 행성의 태양 복사 에너지 흡수 및 방출량, 온실 효과가 미치는 영향 등에 기초하여 지구나 다른 행성의 평균 표면 온도를 추정하는 것이다. 이에 관한 방정식은 매우 간단하지만 관련된 용어 몇 가지는 약간의 설명이 필요하므로 어느 정도 인내심이 필요하다.

우선 지구의 평균 절대 온도를 T라 하자. 이 온도는 우리가 흡수하고 방출하는 에너지의 양이 동일할 때만 안정될 것이다. '알베도albedo'는 행성이 반사하는 에너지의 양을 설명하는 데 사용된다(흰색을 의미하는 라틴어 albus에서 유래한 이름이다). 강, 들판, 대륙 빙하 또는 행성의 대기 같은 표면에 빛이 입사되는 것을 상상해보자. 빛 에너지의 일정량은 흡수되어 강이나 대륙 빙하의 물을 따뜻하게 하지만 일부는 반사된다(추운 날씨에 스키를 타는 사람들이 낮은 기온에도 불구하고 햇볕에 타는 이유다).

빛 에너지가 공기 같은 매질에서 물 같은 다른 매질로 이동할 때 반응하는 방식은 오래된 과학적 문제다. 18세기 초 프랑스 수학자이자 과학자인 피에르 부게르Pierre Bouguer는 오늘날 비어의 법칙Beer's law(또는 비어-람베르트 법칙Beer-Lambert law)으로 알려진 법칙을 처음으로 공식화했다. 독일의 외과의사 아우구스트 비어August Beer는 이 법칙을 개선하고 대중화한 교수였다. 비어의 법칙은 화학 용액의 농도가 빛의 흡수에 정비례함을 나타낸다. 또한 이 법칙은 햇빛이 대기를 통과할 때 어떻게 반응하는지 계산할 때도 사용된다.

장 앙리 또는 요한 하인리히

비어-람베르트 법칙의 람베르트는 스위스의 박식가로 이름은 스위스의 프랑스 또는 독일 지역에 따라 장 앙리Jean-Henri 또는 요한 하인리히Johann Heinrich로 불렸다. 그는 오일러 및 라그랑주와 교류했고, 다수의 흥미로운 수학적 공헌을 했다. 람베르트는 여러 업적 중에서도 특히 파이(π)가 무리수임을 처음으로 증명한 공로를 인정받았다.

람베르트는 오목한 표면에 그려진 삼각형인 쌍곡 삼각형hyperbolic triangle의 각도를 계산하는 공식을 고안했다. 그리고 오일러처럼 곡률을 탐구하여 동일한 면적을 유지하려는 성질과 각도와 방향을 유지하려는 정형성conformality이 일치하지 않는다는 것을 보였다. 이는 3차원 지구의 완벽한 2차원 지도를 만들 수 없음을 증명하는 또 다른 방법이다. 1760년 출간한 저서《측광학Photometria》에서 그는 광도 측정이라는 비교적 새로운 분야를 탐구하고 빛의 흡수에 관한 부게르의 아이디어에 대안을 제시했다.

물론 다양한 매체로 구성된 지구에서 알베도의 광범위한 계산은 근사치다. 모든 복사선을 반사하는 순백색 물체의 알베도는 100퍼센트이고, 모든 복사선을 흡수하는 순흑색 물체의 알베도는 0퍼센트다. 지구에서 구름, 눈, 얼음은 알베도가 높고 산림, 도로, 맨땅은 알베도가 훨씬 낮다. 평균적으로 지구의 알베도는 약 30퍼센트다.

따라서 에너지 균형 모델로 돌아가면 태양의 열에너지를 다음과 같이 계산할 수 있다.

$$(1 - a)S$$

여기에서 S는 태양의 출력, a는 알베도를 나타낸다. 현재 S는 제곱미터당 약 342와트의 태양 복사선이다.

다음으로 지구에서 우주로 방출되는 열에너지를 계산해야 한다. 이를 위해서는 모든 '흑체black body'에 적용되는 슈테판-볼츠만 법칙Stefan-Boltzmann law이 필요하다. 흑체는 모든 진동수의 복사를 흡수하고 방출하는 이상화된 물체를 지칭하는 용어다. 슈테판-볼츠만 법칙은 모든 파장에 걸쳐서 방출되는 복사선의 총 강도(단위 면적당 전달되는 출력)가 온도가 상승함에 따라 증가하는데, 이는 흑체의 열역학적 온도의 네제곱에 비례한다고 말한다(여기에서 흑체는 지구다). 따라서 다음으로 슈테판-볼츠만 상수(σ=5.670374419×10^{-8}Wm^{-2}K^{-4})를 사용하여 지구에서 방출되는 열에너지를 계산한다.

$$\sigma c T^4$$

앞에서 보았듯이 T는 지구의 열역학적 온도다. 변수 c는 행성의 '방사율emissivity'로 대기의 투명도(0에서 1까지)를 측정한다. 예를 들어 달에는 대기가 거의 없으므로 방사율이 1에 가깝다. 지구의 평균 온도를 알아내기 위해 두 표현식을 균형화하는 방정식을 사용한다.

$$(1 - a)S = \sigma c T^4$$

이는 열역학 제1법칙, 즉 시스템에 들어오고 나가는 에너지의 양이 같아야 한다는 에너지 보존 법칙 때문이다. 여기에서 T를 좌변으로 분리할 수 있다.

$$T = \left(\frac{(1-a)S}{\sigma c} \right)^{\frac{1}{4}}$$

이 식은 미래 어느 시점의 평균 기온을 계산하는 간단한 방법이다. 그러나 기후 예측은 지구의 대기와 해양의 거동, 태양열을 흡수하는 방식, 열 흡수를 가속하거나 늦추는 식물과 빙하의 역할을 포함하여 더욱 광범위한 요소까지 고려해야 한다. 다음은 예측에 사용할 수 있는 훨씬 정교한 모델이다.

$$\frac{Du}{Dt} + 2f \times u = -\frac{1}{\rho} \nabla P + g + v \nabla^2 u$$

$$C \frac{DT}{Dt} - \frac{RT}{\rho} \frac{DT}{Dt} = \kappa_h \nabla^2 T + S_h + LP$$

$$\frac{d\rho}{dt} + \nabla(\rho u) = 0$$

$$\frac{D\rho}{Dt} = \kappa_h \nabla^2 q + S_q - P$$

$$P = \rho RT$$

t = 시간

u = 공기 속도

T = 공기 온도

P = 공기 압력

ρ = 공기 밀도

q = 수분 함량

S_h = 태양열

f = 코리올리 매개 변수(지구 자전으로 인한)

v = 공기의 점도

g = 중력 가속도

C = 공기의 비열比熱, specific heat

R = 기체상수

L = 물의 잠열潛熱, latent heat

κ_h와 κ_q는 공기와 물의 확산성

S_g = 수증기를 가열하는 데 사용될 수 있는 열

기후 변화의 예측은 날씨와 기후에 영향을 미치는 변수들이 시간이 지남에 따라 그리고 지역에 따라 어떻게 변화하는지에 대한 초기 추정치를 제공하는 데 사용되는 편미분 방정식에서 시작된다. 그런 다음에 해류나 식물 피복이 시간이 지남에 따라 변화하는 방식 같은 다른 변수를 추가하여 수정할 수 있다.

물론 어떤 예측이든 완벽하기에는 '알려지지 않은 미지수'가 너무 많다. 예를 들어 화산 폭발이 언제 일어날지 예측하기는 어렵지만 충분히 규모가 큰 폭발은 온갖 피드백 루프로 이어질 것이다. 대기 중의 많은 먼지는 반사율뿐만 아니라 구름 덮개, 강우량 등에도 영향을 미치지만 화산 폭발, 핵전쟁, 대형 산불, 광범위한 홍수 등 무작위적인 사건을 항상 고려할 수는 없다. 그리고 우리는 미래의 기술이 어떤 차이를 만

들어낼지도 알 수 없다. 예를 들어 오늘날의 일부 기후 예측은 잠재적으로 지나치게 낙관적이다. 2050년경에는 대규모로 탄소를 포집하는 기술이 실현되어 대기 중의 이산화탄소를 상당 부분 제거하는 데 성공할 것이라고 가정하기 때문이다. 반면에 탄소 포집의 잠재적 영향력을 과소평가한다면 이것 역시 너무 비관적인 예측이 될 수 있다.

그러나 추정치는 항상 어느 정도의 가정에 의존하는 방정식의 모든 요소를 어떻게 가정하는지에 따라 달라지겠지만, 현재는 1세기 동안 기후가 섭씨 2~4도 상승할 것이라는 추정치를 보여주고 있다. 어떻게 보든 상당히 무서운 수치다.

게임 이론과 기후 변화

게임 이론game theory은 비교적 근래의 수학 분야로 합리적인 의사 결정자들이 갈등이나 협력 상황에서 상호 작용하는 방식을 연구한다. 게임 이론을 사용하여 표준 버전의 죄수의 딜레마를 연구할 수 있는데, 같은 범죄 조직의 구성원인 두 죄수에게 동료를 배신할지 침묵할지 선택하는 기회가 주어질 때 가능한 다양한 결과를 계산한다.

표준 버전의 죄수의 딜레마의 보상 행렬은 다음과 같다.

	B 침묵	B 배신
A 침묵	A: 1 B: 1	A: 3 B: 0
A 배신	A: 0 B: 3	A: 2 B: 2

잠재적 처벌에는 행렬과 같은 가중치가 부여된다. 비록 그들이 협력하여 침묵을 지키면 최상의 집단적 결과를 얻고 서로를 배신하면 최악의 결과를 얻지만, 각자에게는 3년 형이라는 최악의 결과를 피하려는 개인적 이유가 있으므로 두 사람 모두 배신의 길을 선택할 수 있다. 반면에 동료가 침묵을 지킬 것이라는 데 의심의 여지가 없다면 협력을 선택할 수도 있다. 심리학자들은 이러한 근본적 딜레마를 의사 결정을 탐구하는 다양한 방식에 적용 가능한 '게임'으로 사용해왔지만, 표준 버전은 우리가 때때로 최적이 아닌 집단적 결과를 선택하는 이유를 잘 설명한다.

게임 이론이 기후 변화 정치에 적용되는 간단한 몇 가지 방법이 있다. 인류 전체가 화석 연료 사용을 통해 배출할 수 있는 이산화탄소 양에는 한계가 있으며, 이를 넘어서면 기후 변화와 해수면 상승 측면에서 임계점을 넘어서게 된다. 그러나 기업(이익의 추구)과 정부(인기 및 경제적 번영의 추구) 모두는 지구의 한정된 자원을 자신이 공평하게 배분받은 몫 이상으로 사용하려는 분명한 동기를 가지고 '속임수'를 쓰기도 한다.

상호 작용하는 요인이 너무 많기 때문에 이 문제를 간단한 표로 나타내기는 어렵다. 우리는 모든 기업의 단기적 이익, 기후 변화가 초래할 장기적 문제, 다른 국가들이 '협력'하지 않는 상태에서 단독으로 행동하는 정부는 자국의 경제 성장을 방해하게 된다는 사실 그리고 (올바른 일을 하는 정부나 기업을 지지할 수 있는) 친환경론자로부터 (친환경론자들을 처벌할 수 있는) 기후 변화 부정론자에 이르기까지 상충하는 이해관계 사이에서 균형을 잡아야 한다. 이러한 여러 문제들 중에서 일부를 다음의 표처럼 재활용을 하거나 하지 않는 선택으로 단순화하여 압축해 표현할 수 있을 것이다.

	단기	장기
재활용	불편함, 비용 증가	지구를 구함
재활용하지 않음	편리함, 비용 증가 없음	지구를 구하지 않음

여기에서 핵심은 어렵지 않은 선택처럼 보여도 우리가 미래 시나리오보다 현재 시나리오에 훨씬 더 큰 가중치를 부여하는 경향이 있고, 그 결과 종종 최적에 못 미치는 결정을 내린다는 것이다.

이는 미국의 생태학자 개릿 하딘^{Garrett Hardin}이 대중화한 아이디어인 '공유지의 비극'과 관련지을 수 있다. 공유지의 비극은 자원이 공유되고 지속 가능한 방식으로 사용될 수 있는 경우에도 각 행위자가 자신에게 최선인 단기적 이익만을 위해서 행동하기 때문에 자원이 고갈되는 상황이 종종 발생할 것이라고 말한다.

심리학자들은 종종 반복적인 죄수의 딜레마 게임(전쟁-평화 게임으로도 알려졌다)을 사용하여 인간의 행동을 연구했다. 이는 동일한 두 당사자가 '배신' 또는 '협력'의 선택권을 가지고 반복적으로 죄수의 딜레마 게임에 참여하는 것을 의미한다.

당사자 모두 N번의 게임이 진행될 것을 알고 있는 경우, 우리는 두 사람 모두 배신이 지배적 전략(결국 각자가 채택하고 고수하게 되는)이 된다는 것을 귀납적으로 증명할 수 있다. 먼저 마지막 게임을 생각해보자. 배신을 선택해도 처벌받지 않을 것이므로 두 사람 모두 배신하는 것이 이익이 된다. 따라서 각자는 상대방이 배신할 것이라고 가정할 수 있다. 하지만 이 경우에는 끝에서 두 번째 게임에서도 두 사람이 협력할

인센티브가 없다. 그들은 이미 마지막 게임의 결과를 예상하고 있기 때문이다. 따라서 각 당사자가 채택하고 변경할 이유가 없는 전략인 '내시 균형Nash equilibrium'은 항상 배신이 된다. 실제로 제한적이든 무제한적이든 게임은 이러한 전략으로 수렴되기 쉽다. 일부 플레이어는 배신당한 게임의 다음 게임에서 상대방을 처벌하는 맞대응 접근 방식인 팃포탯tit-for-tat 전략을 채택할 것이다. 다른 사람들은 첫 번째 배신 전까지는 협력하다가 배신 이후부터 모든 게임에서 배신으로 돌아서는 '냉혹한 방아쇠 전략'을 적용할 것이다. 따라서 두 사람이 처음부터 협력하고 절대로 이탈하지 않는 한 배신이 균형이 될 가능성이 크다.

기후 변화의 경우에는 장기적으로 볼 때 더 많은 국가가 이 문제에 협력할수록 모두가 같은 방향으로 나아갈 가능성이 커진다. 그러나 이것에만 의존하기에는 위험하다. 우리는 표준 버전의 게임에서 정보의 완벽성과 불완전성이 의사 결정에 영향을 미칠 수 있음을 보았다. 두 당사자 모두 협력을 통해서 최적의 결과를 얻기 때문에 상대방이 협력할 것이라고 확신하는 경우에는 협력을 선택할 가능성이 크다. 따라서 국제적 맥락에서는 모든 당사자가 자신의 행동에 가능한 한 개방적인 태도를 취하는 것이 중요하다.

또한 배출에 의존하는 모든 프로세스에 비용(예를 들면 '탄소세')을 추가하고 위반자를 처벌함으로써 '게임을 조작'할 수도 있다. 예를 들어 기존 죄수의 딜레마 게임에서 배신한 죄수를 석방하는 대신에 다음 표를 따르는 것이다.

	B 협력	B 배신
A 협력	A: -1 B: -1	A: -1 B: -2
A 배신	A: -1 B: -2	A: -3 B: -3

이런 시나리오에서는 죄수에게 (단순히 악의적인 선택이 아니라면) 배신에 따르는 이익이 없다. 이 경우에 적용된 한 가지 이론은 '자체 시행 규칙self-enforcing rule'이라는 개념이다. 이는 기본적으로 국가나 기업이 (경제적 피해를 감수하면서가 아니라) 자신에게 이익이 되기 때문에 환경적으로 건전한 결정을 내리는 시나리오를 만들 때 국제적 협정이 가장 큰 효과를 발휘함을 의미한다.

한 가지 문제점은 이런 시나리오를 뒷받침하는 수학적 원리가 협력에 반대한다는 것이다. 탄소 배출을 통해서 가장 큰 이득을 얻는 국가(선진국 및 경제 성장국)는 기후 변화의 결과로 저개발 국가만큼 심하게 고통받지 않을 것이다. 그러나 게임 이론가들이 기후 변화라는 '게임'의 규칙에 균형을 잡기 위해 권장하는 기법을 더 많이 사용할수록 우리가 미래에 윈윈win-win, 즉 서로에게 이익이 되는 해결책을 찾을 가능성은 커질 것이다.

동기가 부여된 숫자

인터넷 초창기를 기억하는가? 인터넷은 점차 신뢰할 수 있는 정보로 채워지고 있고 궁극적으로 인류의 모든 지식을 담은 완벽한 도서관으로 기능할 것이라는 실질적인 느낌을 주고 있으며, 어떤 면에서는 실제로 그렇게 되었다. 물론 그와 동시에 대문자로 가득한 분노한 게시물과 소셜 미디어의 추악한 면모가 명백히 드러나기 시작했지만, 적어도 인터넷이 더 현명하고 지식이 풍부한 미래를 예고하고 있는 듯 보였다.

이제 가짜 뉴스, 반향실 효과˙echo chamber, 소셜 미디어 사기의 시대를 사는 우리에게는 종종 인터넷이 끈기 있는 연구와 탐구를 통해서 진실을 찾기보다는 단지 사람들의 편견을 강화하고 증폭시키기만 할 뿐이라는 말이 더 정확해 보인다. 그러나 수학에 관한 한 우리는 객관적 진실을 다루고 있다. 그렇지 않은가?

바로 여기에서 '동기가 부여된 숫자motivated numeracy'라는 주제가 등장한다. 심지어 뛰어난 수학적 능력을 가진 사람들조차 이미 확고한 의견을 가진 주제에서는 수치를 이해하는 방식이 대단히 선택적일 수 있다는 사실이 밝혀졌다.

문화적 인지를 연구하는 예일대학교 교수 댄 카한Dan Kahan은 참가자들에게 기초 수학 시험 문제와 아울러 정치적 성향을 식별하기 위한 설문지를 배포하고 나서 의료용 피부 크림이 효과적인지 아닌지 파악하는 질문을 추가로 제시하는 실험을 수행했다. 즉시 명확하게 답할 수 있는 질문은 아니었지만, 수학 시험에서 우수한 성적을 거둔 사람들이 올바른 답을 얻을 가능성이 더 높은 문제였다.

그런 다음 카한은 참가자들에게 거의 동일한 질문을 던졌는데, 이번

에는 공공장소에서 총기 소지를 금지하는 법이 범죄율을 증가시킬지 감소시킬지를 묻는 질문이었다. 이번에는 수학 능력이 뛰어난 사람이 그렇지 않은 사람보다 올바른 답을 얻을 확률이 약간 더 높았을 뿐, 자유주의자와 보수주의자 모두 자신의 정치적 입장에 따라 편향된 답변을 보였다.

사회과학자인 윌 그랜트Will Grant와 매슈 너스Matthew Nurse도 호주에서 같은 실험을 수행했다. 다만 그들은 자유주의와 보수주의 대신에 극우 정당인 한민족당 지지자와 녹색당 지지자를 구별하고, 참가자들에게 피부 크림의 효능에 관한 결과표를 보도록 했다.

	결과	
	발진이 악화됨	발진이 개선됨
새로운 피부 크림을 **사용한** 환자	223	75
새로운 피부 크림을 **사용하지 않은** 환자	107	21

연구 참여자의 48퍼센트가 수학적으로 올바른 답변을 선택했다. 그러나 동일한 형태의 표에 석탄 화력 발전소를 폐쇄하면 탄소 배출량이 감소할 것으로 예상되는지 질문을 바꿔 묻자 정답의 비율이 30퍼센트로 떨어졌다. 그리고 다시 한번 참여자들의 답변이 정치적 입장에 편향되어 있었고, 수학 능력이 높은 참가자라고 해서 옳은 정답을 제시할 가능성은 크게 높지 않았다.

이러한 결과가 가능한 한 가지 이유는 '인지 부조화cognitive dissonance'다. 인지 부조화는 두 가지 상충되는 아이디어를 동시에 수용하는

양자 도약

것을 어렵게 여기는 현상이다. 따라서 우리는 단순하게 집착이 가장 덜한 아이디어부터 거부한다. 피부 크림의 효능이란 주제에는 갈등이 없으므로 합리적인 판단을 통해 올바른 답을 찾을 수 있었다. 그러나 뿌리 깊게 자리 잡은 정치적 신념에 도전을 받았다는 생각이 드는 순간, 우리의 원시적인 뇌는 주어진 정보를 거부하고 계속해서 핵심 정치 아이디어만을 고수하게 된다.

소셜 미디어에서 정보가 확산되고 전파되는 방식에 관한 광범위한 문제를 살펴볼 때는 항상 동기가 부여된 수리 개념motivated numeracy을 염두에 두어야 한다. 기후 변화에 관한 이야기든 코로나 백신이나 이민에 관한 이야기든 사람들이 가짜 뉴스라는 명백한 거짓말을 믿는 이유 중 하나는 바로 이야기가 그들의 핵심 정치적 신념에 호소하도록 설계되어 비판적이고 합리적인 사고방식을 버리도록 유도하기 때문이다. 특히 수학적 능력이 비교적 뛰어난 사람들이 이 점을 주의 깊게 살펴야 한다. 그들은 자연스럽게 (혹은 오만하게?) 수학적 능력이 비판적이고 합리적인 접근 방식에 훨씬 도움이 된다고 생각하겠지만 사실은 고정된 신념의 과신에 지나지 않는 결과로 이어질 수도 있다.

해결책은 무엇일까? 기후 변화든 경제나 금융이든 여러분의 관심사에 영향을 미치는 문제들과 관련된 모든 통계를 볼 때, 그것들이 피부 크림처럼 보다 사소하다고 생각하려는 노력일지도 모른다. 아니면 우리 모두가 얼마나 쉽게 오류를 범하고 비이성적인 행동을 할 수 있는지 기억하려는 노력도 방법이 될 수 있겠다.

에너지 효율성 측정

기후 위기의 잠재적 해결책 중 하나는 우리가 에너지를 생성하고 사용하는 방식을 바꾸는 것이다. 모든 종류의 에너지 변환 기계(전력이든 기계적 일이든, 빛이나 열이든)의 사용 가능한 에너지 입력과 출력 간 비율은 에너지 변환 효율성 비율energy conversion efficiency ratio로 알려졌다.

물론 우리가 학교에서 배운 것처럼 에너지는 항상 보존된다. 그러나 실제로 에너지 변환 효율성에서 100퍼센트 효율을 보이는 건 영구 운동 기계 같은 장치에서나 가능하다. 따라서 일반 기계에서는 에너지가 '모두 소모되지' 않고 다른 형태의 '폐기물'로 변환되어 출력된다. 뜨거운 공기를 생성하도록 설계되었지만 소리 에너지로도 에너지가 낭비되는 헤어드라이어를 떠올려 보자. 대부분 기계적 기계는 열을 생성하며, 원하는 출력이 아닌 열(전기 히터에서는 그렇지만 전구에서는 그렇지 않은)은 낭비되는 에너지다.

오늘날의 상황으로 넘어가기 앞서 에너지 효율의 역사를 간략하게 살펴보는 것이 좋겠다. 대부분은 산업 혁명이 증기 기관에 의존했다는 사실을 알고 있지만, 증기 동력의 기본 원리가 인류에게 얼마나 오래전부터 알려졌는지는 그리 널리 알려져 있지 않다. 예를 들어 기원후 1세기에 발명된 '영웅의 엔진'이라고도 부르는 에어리파일aeolipile은 큰 그릇에 불을 피워 그 위에 매달린 공 내부의 물을 가열하는 방식으로 구성되었다. 공에는 서로 반대 방향을 가리키는 노즐이 양쪽에 하나씩 달려 있었고, 하단의 큰 그릇에 불을 때 가열된 열기가 관을 따라 공으로 이동하면, 물이 가열되면서 공에 달린 노즐로 증기가 분출되고 공이 회

초기의 증기 터빈인 에어리파일.

전 운동을 했다.

이 장치를 산업적 용도로 활용하는 방법을 알아낸 사람이 아무도 없었던 주된 이유는 에너지 변환의 엄청난 비효율성이었다. 따라서 에어리파일은 단순한 호기심의 대상이나 파티 용품으로 여겨졌다.

마침내 16세기부터 근간이 될 증기 터빈이 개발되었고, 최초의 상업용 증기 장치가 뒤를 따랐다. 17세기 후반에 영국의 발명가 토머스 세이버리Thomas Savery가 양수 펌프를 개발했고, 1712년에는 영국의 또다른 발명가 토머스 뉴커먼Thomas Newcomen이 증기 엔진atmospheric engine을 개발했다. 그러다 1760년대와 1770년대에 영국의 발명가이자 공학자인 제임스 와트James Watt가 제작한 증기 기관은 에너지 효율성 변환 비율의 개선에 결정적 역할을 하였으며, 배출된 증기가 응축되어 별도의 용기로 옮겨지는 방식을 채택하여 석탄 단위당 측정되는 에너지 출력이 크게 증가했다. 그 차이가 매우 커서 와트의 엔진 하나는 당대의 가장 개선된 버전의 대기 엔진에서 소모되는 석탄의 절반만으로도 동일한 양의 작업을 수행할 수 있었다.

증기로 구동되는 기계의 효율이 더욱 개선되고 터빈이 개발되면서 영국의 엔지니어 찰스 파슨스Charles Parsons는 실질적으로 유용한 최초의 발전 시스템을 만들 수 있었다. 이 장치는 1884년 뉴캐슬의 전시회에서 조명을 밝히는 데 처음으로 사용되었다.

오늘날에는 파슨스의 버전과 크게 다르지 않은 터빈을 사용하여 엄청난 양의 전력을 생산하고 있다. 에너지 생산 방식의 효율성은 점점 더 중요해지고 있다. 가스 및 증기 터빈의 효율은 약 40~60퍼센트이고 풍력 터빈은 이론적으로 약 60퍼센트까지 올라갈 수 있지만 실제로는 45퍼센트 정도가 보통이다. 태양 전지의 상한은 이론적으로 약 85~90퍼센트이지만 실제로 사용되는 전지 대부분은 15~20퍼센트에 가까운 효율로 작동한다. 한편 수력 터빈의 잠재적 효율인 90퍼센트는 실제로 거의 달성되어 우리가 보유한 가장 효율적인 전력원 중 하나가 되었다. 전 세계적으로 에너지 생산의 효율은 약 33퍼센트에 불과하다.

따라서 수학이 활용되는 분야 중 하나는 더욱 효율적이고 내구성 있는 태양 전지의 설계이든 에너지 낭비를 방지하는 최선의 방법을 강구하기 위한 계산이든 간에 현행 생산 방식의 효율성을 높이는 방법을 찾는 것이다. 좋은 예로 알고리즘을 사용하여 최대 효율의 풍력 발전소를 설계하는 데 도움을 준 (펜실베이니아주립대학교 이리, 더 베렌드 칼리지로 알려진) 펜스테이트 베렌드와 이란의 타브리즈대학교 연구원들의 연구가 있다.

풍력 발전소의 배치는 매우 중요하다. 터빈이 풍속이 최대인 지점에 설치되지 않거나 서로 너무 가까이 설치되면 풍력이 적게 포획되어 전력 생산이 감소한다. 효율성에 영향을 줄 수 있는 다른 요인으로는 경관의 특성, 터빈의 수, 지역의 식생이나 기상 조건이 있다. 또한 각 터빈의 후류 효과(첫 번째 터빈에서 생성된 항력 때문에 후방 영역에서 풍속이 느려지는 현상으로 보트 뒤의 후류와 비슷한 모양)의 영향을 고려하는 것도 중요하다. 그리고 이중 어느 변수라도 바뀌면 다른 변수의 값에 영향을 미칠 수 있다.

다음은 이 문제의 매우 단순화된 버전이다. 원 안의 X 표시는 지역의 특성에 따라 풍속이 가장 빠른 지점이다. 따라서 우리는 터빈 네 대를 그 지점을 기준으로 같은 거리에 설치하고 싶다. 그러나 왼쪽 배치에서는 뒤쪽의 두 대가 앞쪽 터빈의 후류 지역에 있게 된다. 따라서 우리는 터빈 네 대가 우세한 풍향에 수직인 축을 따라 동일한 간격으로 설치되는 배치가 필요하다.

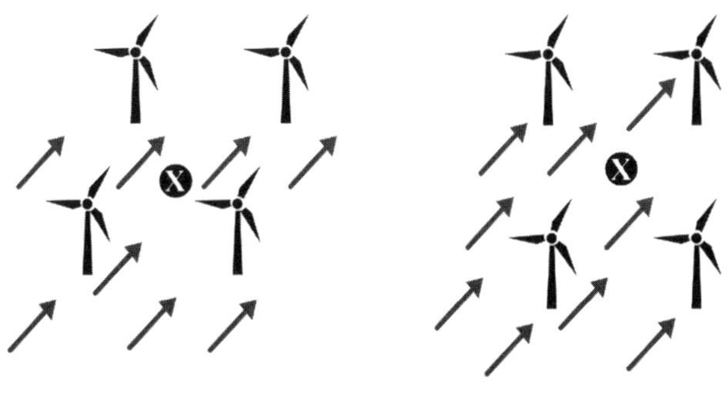

이 문제는 최적화 문제다. 목표는 함수를 이용하여 주어진 배치의

효율성을 정의한 다음, 해당 함수의 최댓값을 달성하는 방법을 계산하는 것이다. 연구자들은 생물 지리학 기반 최적화Biogeography-Based Optimization, BBO에서 영감을 얻었다. 생물 지리학 기반 최적화는 최근 개발된 수학 분야로, 동물이 필요에 따라 같은 종의 개체들과 관련해 자신의 위치를 정하는 방식 같은 진화적 현상을 연구한다. 생물 지리학 기반 최적화는 최적 해를 위한 (무작위로 생성된) 확률적 후보 해로 시작해 가장 적합한 해에 근접하기 위한 반복적 과정을 통해 후보 해를 점진적으로 수정할 수 있다.

이 방법의 장점 중 하나는 데이터를 분석하는 데 필요한 컴퓨팅 파워computing power가 다른 방법보다 적게 든다는 것이다.

이는 한 가지 목적을 위해 개발된 수학적 방법이 다른 분야의 응용으로 이어진 좋은 예이기도 하다. 생물 지리학 기반 최적화는 동물의 이주, 종 분화, 멸종 같은 동물 행동을 수학적으로 기술하는 방법을 찾기 위해 개발되었지만, 완전히 다른 분야에서 연구하는 수학자들이 더욱 에너지 효율적인 미래를 구축하는 데 도움이 되는 방식을 알아내는 일에도 활용될 수 있다는 것을 알아냈다.

맥스웰

2018년 듀크대학교의 공과대학 학생팀이 개발한 맥스웰Maxwell이 세계에서 가장 연료 효율이 높은 차량이라는 기록을 세웠다. 맥스웰은 순수한 수소 1그램만으로 약 13.7킬로미터를 시속 24킬로미터의 평균 속도로 주행할 수 있으며, 이는 휘발유 1리터당 약 6,165킬로미터를 주행하는 것에 해당한다. (차량의 이름은 전기 모터의 기본 원리인 전자기 이론을 개발한 과학자의 이름을 따서 명명되었다.)

연구팀은 차량의 출력 대 중량 비율 같은 문제에 대한 집중적인 수학적 계산을 통해 성과를 달성했다. 맥스웰의 중량은 벌집 구조의 탄소 섬유 차체 덕분에 24킬로그램에 불과하다. 또한 연구팀은 수학적 모델링을 사용하여 항력 계수가 0.10에 불과한 형태를 만들었는데, 테슬라 S 모델의 0.24와 비교하면 엄청나게 낮은 값이다. (항력 계수를 계산하는 방법에 관한 자세한 내용은 138~142쪽을 참조하자.)

자동차에 내재된 비효율성 중 하나는 가속을 위해 필요한 에너지가 일정한 속도를 유지하는 데 필요한 에너지보다 큰 순간의 출력이 필요하다는 것이다. 학생들은 훨씬 더 무겁고 강력한 전지 대신에 여러 개의 슈퍼커패시터supercapacitor와 결합된 작은 연료 전지를 사용했다. 큰 에너지를 보유하지는 못하지만 전력 밀도가 더 높은 이 장치는 짧은 시간에 더 큰 전력을 방출할 수 있다.

에너지 효율성을 수학적으로 계산한 값은 다음과 같다. 수소 1그램은 약 130킬로줄의 에너지를 방출할 수 있다(휘발유 1그램은 약 45킬로줄의 에너지를 방출한다). 현재 연료 전지의 효율은 약 60퍼센트이고 (향후에는 더 높아질 수 있다) 전기 모터의 효율은 약 90퍼센트다. 따라서 수소를 에너지로 전환하는 연료 전지의 효율은 약 54퍼센트이며, 수소 1그램으로 70.2킬로줄의 전력을 생산할 수 있다. 맥스웰은 약 13.7킬로미터를 주행하면서 킬로미터당 5.13킬로줄의 에너지를 소비했다.

물론 모든 자동차가 이런 수준의 연료 효율에 근접할 수는 없겠지만, 맥스웰을 제작하는 데 도움이 된 수학은 모든 종류의 미래형 전기 자동차의 성능을 개선하는 데도 분명 도움이 될 것이다.

자연의 피보나치

이번 장에서 살펴보았듯이 우리의 환경은 여러 면에서 위협을 받고 있다. 기후 변화를 막으려는 우리의 노력은 자연계를 보존하려는 노력이다. 그러므로 자연의 아름다움이 수학에 의해 어떻게 창조되는지 살펴보면서 약간 우울한 이 장을 마무리하자.

해바라기나 솔방울의 씨앗이 배열되는 방식처럼 몇몇 자연적 구조가 피보나치 수열Fibonacci sequence을 따른다는 사실은 잘 알려져 있다. 피보나치 수열은 1, 1, 2, 3, 5, 8, 13, 21처럼 앞선 두 항을 합한 값인 새로운 항을 기존 목록에 추가하는 것을 반복하며 형성된다. 피보나치 수열에서 인접한 항의 평균 비율은 미술과 건축에서 중요한 황금비로 알려진 파이(φ) 1.618에 근접한다. 황금비는 건물이나 그림에서 가장 아름다운 치수를 나타내는 비율로 여겨진다.

잎사귀는 줄기 주위로 13분의 5 간격을 형성하며, 새로운 잎은 수직 나선으로 자연스러운 간격을 두며 형성된다(예를 들어 두 번째 잎은 첫 번째 잎과 xx도의 각도를 이룬다). 이러한 각도는 수열에서 한 칸씩 떨어진 피보나치 수로 정의되는 경향이 있다. 몇몇 단순한 식물은 각도가 2분의 1(다시 말해서 180도)이므로 대칭이 된다. 너도밤나무는 각도가 3분의 1이고, 살구나무는 5분의 2, 해바라기와 배나무는 8분의 3, 버드나무는

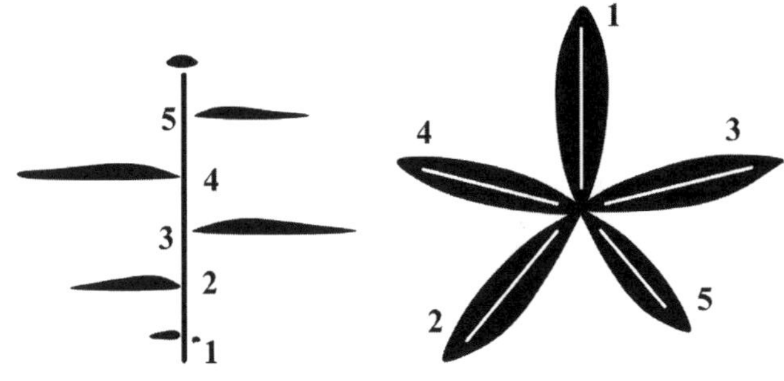

줄기 주변으로 형성되는 잎은 자연스럽게 피보나치식 패턴으로 간격을 벌린다.

13분의 5 등이다. 이처럼 분수의 숫자가 증가하게 되면 생성되는 패턴 역시 점점 복잡해진다.

이런 일이 일어나는 메커니즘은 1868년에 처음으로 독일의 식물학자 빌헬름 호프마이스터Wilhelm Hofmeister가 대략적으로 설명했지만 지금은 이해도가 높아졌다. 식물의 싹은 분화되지 않은 세포인 분열 조직으로 가득 차 있다. 분열 조직에서 새로운 잎인 원기原基, primordium가 형성될 때는 싹에서 가장 덜 붐비는 부분에서 시작되는 경향이 있다. 이러한 위치는 항상 마지막 잎과 특정한 각도를 이루므로 황금비 각도golden mean angle가 맹목적인 선택 과정을 통해서 어떻게든 자연스럽게 형성된다. 224쪽 상단의 그림은 두 호 길이의 비율이 황금비인 파이(약 1.618)가 되는 각도로 새로운 잎이 형성되는 과정을 보여준다.

새로운 싹의 성장을 촉진하기 위해서는 옥신auxin이라는 식물 호르몬이 필요하다. 분열 조직의 일부에서 옥신이 고갈되면 자연스럽게 적절히 떨어진 자리에서 다음 잎이 자라게 되고, 잎 주변의 옥신 수준이

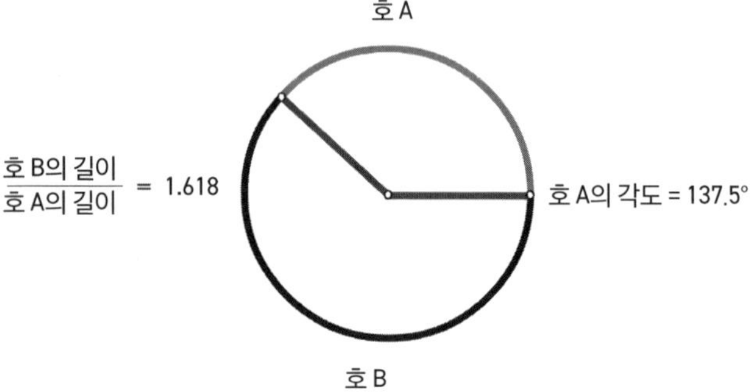

증가하고 감소하는 반복적 패턴이 이어진다. 이제 우리는 이것이 잎의 성장 패턴의 근본적 원인이라는 것을 안다. 그리고 해바라기 같은 식물의 씨앗에서도 꽃에서 관찰할 수 있는 것과 비슷하게 아름다운 나선형 패턴이 그려지는 것을 볼 수 있다.

복잡한 구조의 식물이 진화함에 따라 잎이 즉시 반복되지 않는 정교한 패턴을 갖게 되었고, 새로운 잎은 바로 위에 자리한 잎 아래에서 자라지 않게 되었다. 이는 햇빛과 물을 흡수하기 위한 진화적 이점을 제공했다.

자연에서는 놀라울 정도로 많은 황금비의 사례를 찾아볼 수 있다. 그리고 이제 생물정보학 연구자들은 분자 수준인 지방산fatty acid(적어도 하나의 이중 결합을 포함하는 탄화수소 사슬) 구조에서도 동일한 패턴이 다른 방식으로 존재한다는 것을 발견했다. 이런 패턴은 다수의 식물과 생물학적 구조에 존재한다. 결합이 구조의 다른 지점에서 발견될 수 있기 때문에 서로 다른 지방산은 사슬 길이가 같더라도 구조는 다를 수 있다.

독일 튀링겐주 예나에 있는 프리드리히실러예나대학교의 생물정보

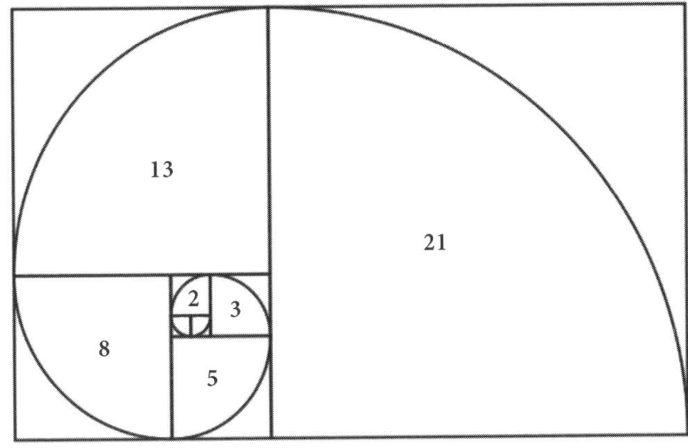

피보나치 나선이 형성되는 방식을 보여주는 그림이다. 1×1 두 개로 시작하여, 2×2 하나, 3×3 하나, 5×5 하나 등으로 이어지는 일련의 정사각형이 구성되고, 각각의 새로운 모서리를 통해서 나선이 형성된다. 달팽이와 해바라기 씨앗(226쪽 그림)을 포함한 자연의 나선에서도 동일한 패턴이 널리 발견된다.

학 교수 슈테판 슈스터Stefan Schuster와 그의 연구팀은 2017년에 주어진 수준의 지방산 사슬에서 발생 가능한 구조의 수를 조사한 결과를 보고했는데, 이 수 역시 파이에 점차 수렴하는 수열로 밝혀졌다. 사슬의 길이가 1 또는 2인 경우는 사슬의 요소를 결합할 수 있는 방법이 한 가지뿐이다. 사슬이 세 개인 경우에는 가능한 배열이 두 가지 있고, 네 개인 경우는 세 가지, 다섯 개인 경우는 다섯 가지, 여섯 개인 경우는 여덟 가지 등으로 피보나치 수열을 따라 증가한다. 따라서 숫자가 더 높은 수의 사슬에서 가능한 배열 수의 비율은 점점 더 황금비에 가까워진다. 몇몇 종류의 아미노산에서도 유사한 패턴이 나타난다.

가능한 구조의 수는 세포 내 지방과 다른 물질 사이의 가능한 상호 작용을 연구하는 지질체학lipidomics에서도 중요한 정보다. 주어진 길이

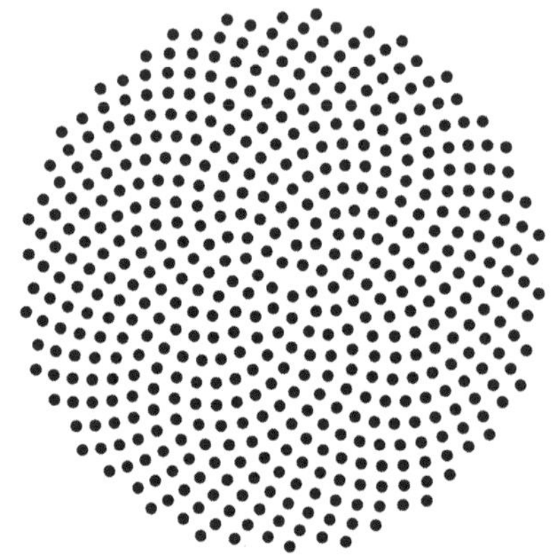

에서 발생 가능한 구조의 수에 한계를 제공하기 때문이다.

앞으로 여러분이 해바라기를 보고 패턴의 정확성에 감탄할 기회가 생긴다면 씨앗이 멋진 수학적 패턴을 따라 배열되었을 뿐만 아니라, 식물 내부의 지방산(해바라기유의 주요 구성 성분)도 황금비의 법칙을 따른다는 사실을 기억해보도록 하자.

경이로운 세계

우리는 '너무 덥지도 너무 춥지도 않은' 골디락스 행성*인 지구에서 살고 있다. 아주 먼 미래에는 태양이 팽창하여 지구를 파괴할 것이다. 그때쯤이면 우리는 액체 상태의 물을 유지할 만큼 온화하고 적절한 대기가 있는 다른 행성으로 이주할 방법을 찾았을 수도 있고, 여전히 찾지

---

* 항성과 적절한 거리에 있어서 생명체의 존재 가능성이 있는 행성을 말한다.

양자 도약

못했을 수도 있다. 이 모든 것이 수학과 물리학의 바꿀 수 없는 규칙에 달려 있다.

우리에게는 종species의 일원으로서 내릴 수 있는 선택들이 존재하는데, 이는 지구가 언제까지 인간 그리고 인간과 환경을 공유하는 다수의 생물 종이 살아가는 행성으로 남아 있을 것인가라는 문제에도 영향을 미칠 것이다. 우리는 수학과 기술을 활용하여 지구 온난화에 맞서 싸울 테지만 해수면 상승, 광범위한 산불, 기근과 대량 멸종의 위험을 완화할 수도 있고 실패할 수도 있다. 오늘날 우리가 처한 상황은 대부분 에너지를 대규모로 생성하고 활용할 수 있게 해준 과거의 기술 발전이 원인이었다. 마찬가지로 미래의 해결책 역시 인간의 창의성에 달려 있다. 이제라도 계산을 하고 과학을 믿으면서 올바른 선택을 하도록 하자.

제9장

인터넷, 암호 기술, 소셜 미디어

수학이
상호 작용하는 인류를
다루는 방법

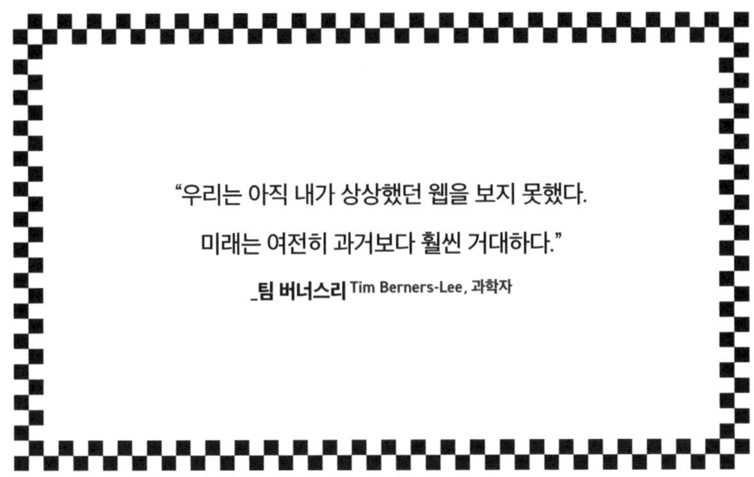

인터넷의 탄생

웹web 이전의 세상을 기억하는 일이 점점 더 어려워지고 있으므로, 인터넷의 전체 개념을 탐구하기 위해 잠시 시간을 거슬러 올라가는 것이 좋겠다. 인터넷의 창조는 그 자체가 수학적으로 매혹적인 이야기다.

1969년 10월 29일, 최초의 아르파넷Advanced Research Projects Agency Network, ARPANET 링크가 캘리포니아대학교 로스앤젤레스UCLA와 스탠퍼드연구소Stanford Research Institute (지금의 SRI International) 사이에 설립되었다. 아르파넷은 원격 컴퓨터 간에 직접 정보를 교환하는 방법을 탐구해온 여러 과학자의 작업을 기반으로 구축되었다. 그중에는 하이퍼텍스트*hypertext와 패킷 교환**packet switching처럼 처음에는 추상적이었던 아이디어를 뒷받침하는 실용적 응용을 고안해낸 사람들도 있었다. 초기의 아르파넷에는 대형 연구용 컴퓨터 네 대만이 연결되었다(나머지 두 대는 캘리포니아대학교 산타 바버라UCSB와 유타대학교에 있었다).

물론 아르파넷은 나중에 인터넷으로 알려지게 되는데, 패킷 교환 이론의 첫 번째 실용화 사례일 뿐만 아니라 인터넷 프로토콜protocol 집합인 TCP/IP를 최초로 사용한 네트워크였다. 인터넷 프로토콜은 기본적으로 데이터를 패킷에 압축하고, (목적지에 관한 세부 사항을 포함하여) 전송하고, 수신하고, 압축을 푸는 방식의 규칙을 공식화한다. 프로토콜의 기본 기능에는 네트워크의 단일 세그먼트•••segment 안에서 데이터의 통신 규칙을 포함하는 링크link 계층, 독립적인 네트워크가 상호 작용할 수 있도록 하는 인터넷 계층, 호스트 간 통신을 처리하는 전송transport 계층 그리고 데이터 교환을 위한 프로토콜이 포함되는 응용application 계층의 네 가지 계층이 있다.

인터넷은 점진적으로 성장했지만 월드와이드웹World Wide Web이 없었다면 세상에 지금과 같은 큰 영향을 미치지 못했을 것이다. 우리는 제2장에서 세계 최초의 상용 전자식 컴퓨터인 페란티 마크1을 간략하게 언급했다. 메리 우즈Mary Woods는 페란티 마크1의 개발에 도움을 준 수학자이자 컴퓨터과학자 중 한 사람이었다. 그녀는 프로젝트에서 함께 일하면서 남편을 만났고, 아들인 팀 버너스리는 수학에 친숙한 가정 환

• 참조(링크)를 통해서 한 문서에서 다른 문서로 즉시 접근할 수 있는 기법이다.
•• 작은 블록의 데이터를 전송하는 동안에만 네트워크의 자원을 사용하도록 하는 컴퓨터 통신 방식이다.
••• 큰 네트워크를 관리하기 쉽도록 조각으로 작게 나눈 것을 말한다.

경에서 성장하여 자연스럽게 수학과 컴퓨터에 관심을 갖게 되었다. 대학을 졸업하기도 전에 자신의 첫 번째 컴퓨터를 만든 버너스리는 월드와이드웹의 주요 창시자로 알려지게 된다.

1980년경에 그는 스위스에 있는 유럽입자물리연구소Conseil Européen pour la Recherche Nucléaire, CERN에서 소프트웨어 컨설턴트로 일하면서 ENQUIRE(오래도록 인기를 끈 초기 자기계발서《모든 것에 문의하기Enquire Within Upon Everything》의 줄임말이다)라는 프로그램을 개발하기 시작했다. 이 프로그램은 무작위 연관random association으로 연결된 정보를 저장하는 방법을 제공했다. 이산 수학의 기본 개념 중 하나가 네트워크와 노드라는 점을 기억하자. ENQUIRE의 경우는 각 페이지가 프로그램의 노드였으며, 다른 노드에도 직접 연결되었다. 버너스리는 단지 유럽입자물리연구소에있는 다양한 사람들과 프로젝트를 기억하기 위한 재미있는 방법의 일환으로 프로그램을 설계했고, 불행히도 원래의 파스칼****Pascal 코드는 그가 6개월 동안 근무하고 조직을 떠난 후에 사라졌다.

그러나 ENQUIRE는 버너스리에게 아이디어의 씨앗을 제공했다. 그는 비슷한 방법으로 서로 멀리 떨어진 컴퓨터를 연결하여 정보를 쉽게 공유할 수 있다면 얼마나 유용할지 생각하기 시작했다. 당시에는 인터넷을 사용하려면 연결된 기계들이 있는 몇 안 되는 장소 중 한 곳을 방문해야 했고, 해당 장소에서 사용되는 하드웨어와 소프트웨어 사용 방법을 매우 구체적으로 배워야 했기 때문에 한 장소에서 인터넷을 사용할 수 있는 능력이 다른 장소에서도 통용 가능한 기술이 아니었다.

•••• 프로그래밍 언어의 한 종류다.

당시에 인터넷 개발에 깊이 관여하던 유럽입자물리연구소로 돌아온 버너스리는 ENQUIRE 개념에 인터넷 프로토콜, 하이퍼텍스트 그리고 자신이 개발하고 있었던 컴퓨터 원격 연결 방식을 결합하여 글로벌 시스템으로 전환하는 아이디어를 탐구하기 시작했다. 그의 노력 대부분은 동료와 대중 모두에게 새로운 시스템의 엄청난 잠재력을 확신시키는 데 투입되었다. 1990년까지 그는 월드와이드웹이라 불린 최초의 웹 브라우저를 설계했다. 1991년 8월 6일에 월드와이드웹이 대중에게 공개되었고, 버너스리는 뉴스 그룹인 alt.hypertext에 월드와이드웹 프로젝트에 관한 소식을 간략히 요약해 남기면서 인터넷 자체를 이용해 월드와이드웹을 홍보했다. 1990년대 중반까지 서서히 동력을 얻은 월드와이드웹은 대중의 의식 속으로 널리 확산되었다.

웹의 주요 창시자인 버너스리는 월드와이드웹컨소시엄World Wide Web Consortium, W3C의 회장이 되어 웹 개발과 확장을 감독하게 되었으며, 이 책을 쓰는 지금도 계속해서 그 역할을 수행하고 있다.

오래된 암호, 새로운 방법

오늘날 인터넷 사용자가 직면하는 주요 문제 중 하나는 개인 정보 보호와 온라인에서 스스로를 보호하는 능력이다. 맬웨어•malware와 맬웨어의 일종인 스파이웨어spyware를 탐지하는 데 사용되는 코드가 더욱 정교해짐에 따라 사이버 범죄자들이 무기를 숨기는 방법도 정교해졌다. 그러나 어떤 경우에는 오래된 암호화 시스템을 새로운 디지털 버전으로 재활용해 사용하는 경우도 있다.

최근 한 사이버 보안 전문가는 고객의 컴퓨터에서 조사한 결과를 보고했다. 이 컴퓨터에서는 브라우저 도우미 객체[**]Browser Helper Object가 뚜렷한 이유 없이 정기적으로 작은 정보 패키지를 내보내고 있었다. 보안 전문가는 객체를 안전하게 조치한 후에 암호화된 것이 분명해 보이는 전송된 텍스트를 해독하려 했다.

그래서 암호 해독을 해야만 했다. 가장 초기에 암호화된 것으로 보이는 텍스트 중 하나는 알파벳을 정해진 글자수만큼 알파벳 순서에 따라 이동시키는 매우 기초적인 치환 암호subsitution cipher인 카이사르 암호Caesar cipher였다. 다음 문장을 예로 들어보자.

The quick brown fox jumps over the lazy dog

+2 카이사르 암호를 사용하면 다음과 같이 암호화된다.

Vjg swkem dtqyp hqz lworu qxgt vjg ncba fqi

이런 기초적인 암호의 문제점은 명확한 패턴이 보인다는 것이다. 암호 해독자는 즉시 vjg가 반복되었음을 알아차리고 흔한 단어임을 추측

- 악성 소프트웨어malicious software의 줄임말로 시스템에 침입하거나 시스템을 손상시키기 위해 설계된 소프트웨어다.
- 추가 기능을 제공하고자 마이크로소프트 인터넷 익스플로러 웹 브라우저용으로 설계된 동적 연결 라이브러리 모듈이다.

할 것이다. 문자 순서를 바꿔보며 암호를 해독할 수 있을지 탐색하는 것은 간단한 과정이다. 따라서 메시지를 암호화하는 사람들은 이를 은폐할 방법을 찾아야 했다. 예를 들면 문자를 실제 단어와 다르게 묶는 것이다.

Vjgsw kemdt qyph qzlwor uqxgt vjgnc bafqi

또한 미리 정해진 간격으로 문자를 이동하거나, 문자들을 모아 한 문자를 나타내거나, 문자가 아닌 음절을 기반으로 암호를 만들 수도 있다. 이런 모든 방법이 암호 해독자를 어렵게 만든다(물론 이보다 훨씬 정교한 방법들도 있다). 그러나 암호의 해독은 항상 복잡한 분석으로 넘어가기 전에 가장 쉬운 암호부터 확인하는 방법에 의존한다.

이 경우에 암호 해독자는 패턴을 찾기 위해 빈도 분석frequency analysis을 사용했다. 이는 흔하게 사용된 문자나 문자 모음의 도표를 만드는 것을 의미한다. 어떤 언어든 특정 문자나 단어가 다른 문자나 단어보다 흔하게 사용되는 경향이 있으므로, 자주 사용된 문자나 문자 모음이 아마도 일반적인 문자나 단어를 나타낼 것이라고 추측할 수 있다.

사용된 문자의 집합도 힌트를 제공할 수 있다. 지금 논의하는 사례에서는 대문자와 몇 개의 숫자만 사용되었는데(모두 합쳐 36자), 암호 해독자들은 이 정도 문자 수는 공개 키 암호화public-key cryptography 같은 복잡한 체계에 충분하지 않다는 것을 알았다(240쪽 참조). 그리고 반복되는 배열이 포함되었기 때문에 자신들이 치환 암호를 보고 있음을 올바르게 추측할 수 있었다.

제한된 문자 수는 1 대 1 치환일 가능성이 낮음을 의미했다(1 대 1 치환이었다면 문자 26개와 숫자 10개를 나타내는 데 필요한 개수 이상의 기호가 필요했을 것이다). 그러나 빈도 분석 결과는 특정 문자와 패턴의 샘플이 항상 2로 나누어 떨어지는 것을 보여주었다. 이는 암호가 1 대 2 치환일 수도 있음을 의미했다.

텍스트를 문자 쌍으로 나눈 암호 해독자들은 이제 암호 텍스트가 68개의 기호로 구성된 문자 집합이 되었음을 발견했다. 소문자, 대문자, 숫자 기호 10개와 몇 개의 추가 문자를 나타내기에 충분한 숫자였다. 그 시점부터 그들은 빈도 분석을 사용하여 가장 빈번한 문자를 식별하고 단어와 전체 암호를 드러내는 추측 과정을 시작할 수 있었다. 이를 통해서 맬웨어가 보안 권한 데이터와 맬웨어 방어 정보(활성화된 기능과 비활성화된 기능에 관한 세부 정보를 포함한다) 같은 사용자가 공유하기를 원하지 않는, 즉 해커들에게는 보물 창고나 다름없는 정보들을 전송하고 있었음을 알아낼 수 있었다.

이 특정한 이야기에서 내가 흥미롭게 여긴 점은 오늘날의 첨단 기술 암호 해독가들조차 자신들이 어떤 유형의 암호를 다루고 있는지 파악하기 위해 가장 오래된 수학적 분석 방법을 시작으로 암호 해독의 열쇠이자 핵심을 찾고자 범위를 좁혀나간다는 부분이었다.

그림 속에는 무엇이 있을까

사람들은 그림이 단어 1,000개만큼의 가치가 있다고 말한다. 그렇다면 이미지를 사용해 수천 개의 단어를 숨길 수도 있을 것이다. 코드나 암호를 사용하는 것보다 더욱 간단하게 정보를 숨기는 가장 오래된 방법 중에는 스테가노그래피steganography로 알려진 단순히 메시지를 숨기는 방식이 있다. 고대 그리스인들은 전달자의 머리를 깎아 (문신이나 비슷한 기법으로) 메시지를 표시하는 방법을 이용했다. 머리카락이 다시 자란 전달자는 메시지의 전달을 위해 수신자에게 보내졌고 수신자는 전달자의 머리를 깎아서 메시지를 읽었다.

초기 스테가노그래피의 다른 유형에는 보이지 않는 잉크, 미세한 점, 우표 아래에 메시지 숨기기, 겉보기에는 평범한 텍스트이지만 그 안에 미리 정해진 패턴을 따라서 단어나 문자를 분산시키는 방법을 의미하는 은폐 암호가 포함되었다. 이 경우 일종의 격자grid가 실제 메시지를 드러내는 열쇠 역할을 한다.

최근 몇 년 동안 상당히 보편화된 디지털 스테가노그래피는 은폐 암호 버전의 스테가노그래피에 가장 가깝다. 공격자는 귀여운 이미지나 겉보기로는 평범한 내용을 재미있는 배너로 만들어 배포하면서 그 속에 맬웨어 코드 덩어리를 숨긴다.

한 가지 방법은 특정 색상의 픽셀(예를 들어 흰색과 거의 구별할 수 없는 회색 음영)을 그림 안에 분산시키는 것이다. 그런 다음에 각 픽셀의 위치에 문자와 숫자로 해독될 수 있는 정보를 포함한다. 고품질의 디지털 스테가노그래피를 탐지하기란 대단히 어렵다. 조작된 이미지를 원본과 거의 구별할 수 없고 숙련된 암호 제작자가 데이터를 매우 깊숙이 삽입할 수 있으므로 이미지가 왜곡되거나 크기가 조정되더라도 살아남을 수 있다.

물론 이러한 상황들로부터 방어하는 방법이 있다. 링크나 파일을 열 때는 항상 조심하는 것이 바람직하다. 가짜 웹사이트가 아니라고 절대적으로 확신할 수 없는 한 링크를 열지 않는 것이 가장 좋다. 또한 보안 소프트웨어는 이미지의 변조 여부를 항상 인식할 수는 없지만 이후에 촉발될 활동을 포착할 가능성이 높으므로 방어벽 역할을 할 수 있다.

여러분 컴퓨터에 애드웨어*adware와 스파이웨어를 몰래 심으려는 시도는 바람직하지도 않고, 새로운 기술도 아니고, 다수가 장려하는 것도 아니지만, 이는 분명 실제적이고 현재 진행 중인 위협이자 고대의 기술이 현대로 이어진 또 하나의 사례다.

암호화 기술

온라인 결제나 보안 메시지를 보내는 과정에서 암호화 기술이 매우 중요하다. 암호화 기술과 암호 분석(암호 설계 및 해독)은 본질적으로 수학적 프로세스다. 암호는 다소 복잡한 수학적 함수에 의존하고 암호 해독은 빈도 분석 같은 방법에 의존한다. 앞에서 살펴본 바와 같이 빈도 분석에는 일반적으로 각 문자가 사용되는 상대적 빈도의 계산을 통한 암호의 역엔지니어링이 포함된다. 간단한 암호에 관한 빈도 분석의 역사적 성공은 다수의 알파벳에 의존하는 16세기 비즈네르 암호 Vigenère chiper나 'e' 같은 (일반 언어에서 가장 흔하게 사용되는) 평문 문자를 그 빈도

---

* 특정 소프트웨어를 설치하거나 실행할 때 자동으로 광고가 표시되는 소프트웨어다.

를 위장하고자 다양한 암호 문자로 바꾸는 19세기 빌 암호Beale chiper를 포함하는 더 복잡한 암호 해독에 영감을 주었다.

앨런 튜링과 암호 해독의 중요 거점지였던 블레츨리 파크Bletchley park의 수학자들이 제2차 세계대전 중에 에니그마Enigma 암호 기계를 사용한 독일군의 암호를 해독한 작업은 현대 컴퓨터의 탄생에 중요한 이정표가 되었을 뿐만 아니라 암호학자와 암호 해독가 모두에게 많은 새로운 문제를 제기했다. 에니그마에는 로터 다섯 개가 있었고, 메시지의 각 문자가 입력되고 나면 그중 세 개가 회전했다. 이는 사용되는 치환 알파벳이 끊임없이 변경됨을 의미했다. 결과적으로 약 159경(1경은 10의 18제곱) 가지의 가능한 설정이 있었기 때문에 독일인들은 에니그마의 암호가 해독될 수 없다고 생각했다.

지난 수십 년 동안 온라인 뱅킹이 안전하게 운용될 수 있도록 사용된 표준적 유형의 암호화 기술은 공개 키 암호화Public-Key Encryption, PKE였다. 메시지나 거래의 수신자는 모든 사람이 볼 수 있는 공개 키와 개인 키를 결합하여 메시지 해독에 사용할 수 있다. 널리 사용된 최초의 공개 키 암호화 방법인 RSA 암호화 알고리즘RSA public key cryptosystem은 두 개의 매우 큰 소수prime number를 약수로 갖는 큰 수인 큰 준소수semiprime의 인수분해를 기반으로 한다.

이 경우에 공개 키는 준소수이고 개인 키는 인수가 되는 두 소수 중 하나다. 하나의 인수가 제공되었다면 메시지를 해독하는 수학이 간단하지만, 그렇지 않을 때는 훨씬 힘들고 계산도 어려워진다.

RSA에서는 적절한 키를 사용해 평문을 암호문으로 변환하기 위해서 모듈러 수학 함수의 반복된 버전이 사용된다. 문제는 컴퓨터가 점점 빨라지고 수학적 방법도 정교해짐에 따라 준소수 기반의 암호화 기법이 계속해서 효과가 있으리라는 보장이 없다는 것이다. 2차 체quadratic sieve나 일반 수체 체general number field sieve 같은 방법은 이미 준소수를 인수분해 하기 위해 컴퓨터를 사용하는 암호 해독자의 작업 속도를 가속화했다. 이에 맞서기 위해 암호 설계자는 키로 사용하는 숫자의 크기를 꾸준히 늘리는 것이 도움이 될 것으로 보인다. 그러나 이런 방식의 인수분해 기법은 인수분해 작업의 난이도가 높아지는 속도보다 더 빠르게 효율성이 높아져 둘 사이의 격차가 좁혀지고 있다.

현대 암호 기술의 또 다른 측면은 타원 곡선 암호화elliptic curve cryptography 기법의 사용이 증가하고 있다는 것이다. 예를 들어 미국 정부, 토르 프로젝트*Tor project, 비트코인에서 이 기법이 사용된다. 타원 곡선은 $y^2 = x^3 + ax + b$ 형태의 곡선이다.

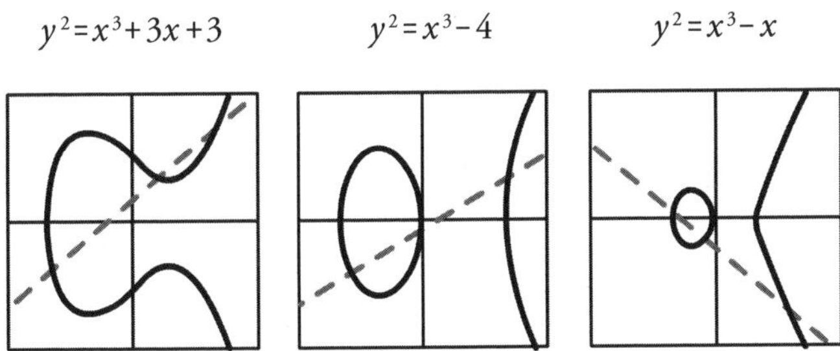

이런 타원 곡선에서 임의의 두 점을 사용하여 세 번째 점을 정의할

---

* 익명성과 개인 정보 보호 기술의 지속성을 보장하고 관리하기 위해 미국의 컴퓨터과학자들이 설립한 연구 및 교육 비영리 조직이다.

수 있다. 이 과정을 몇 번 반복한 결과는 사실상 무작위이지만 계산이 어렵지는 않다. 암호학자에게 중요한 것은 종착점만 주어졌을 경우, 시작점을 계산하는 것이 대단히 어렵다는 점이다. 따라서 이는 암호와 코드 키를 생성하는 데 안전하게 사용할 수 있다. 이 방법의 중요한 핵심은 종착점으로부터 시작점을 찾는 복잡성이 계속해서 증가하여 이론적으로 문제를 계산할 수 있는 속도를 앞지르게 된다는 것이다. 또한 타원 곡선 암호화는 작은 크기의 키로 높은 수준의 보안을 생성하므로 사용 시 관련된 데이터 양을 최소화한다는 점에서 효율적이다.

정신이 혼란스러울 정도로 더욱 복잡한 분야는 양자 암호quantum cryptography 기술이다. 양자 암호 기술은 양자역학의 특성을 활용해 증명 가능한 수준의 안전한 통신을 보장한다(이는 매우 중요한데, 현재 알려진 다른 모든 암호화 기법, 심지어 타원 곡선 암호화 기술까지도 수학적 과정의 복잡성에 일정 부분 기반을 둔 가정에 의존하기 때문이다). 현재 우리가 양자 암호 기술이라 부르는 것은 실제로 두 입자가 자신만 알고 있는 공유 키shared key를 공동으로 생성하여 암호화 및 해독에 사용하는 방법인 양자 키 분배Quantum Key Distribution, QKD다.

양자 키 분배의 기본 단위는 비트bit의 양자 등가물인 큐비트qubit다. 비트는 1이나 0의 값만 취할 수 있지만, 큐비트는 양자역학다운 방식으로 동시에 두 상태의 중첩 상태를 취할 수 있다.

이를 시각화하는 가장 좋은 방법은 큐비트를 빛의 단일 광자로 생각하는 것이다. 이 광자는 선형 편광판linear polarizer을 통과하는데, 편광판의 방향에 따라 광자가 그대로 통과하거나 통과 혹은 차단이라는 두 가지 결과 중 하나에 무작위로 할당될 수 있다. 빛줄기가 프리즘을 통과하면서 휘는 방식을 떠올리면 쉽게 상상할 수 있을 것이다. 프리즘의 방향이 바뀌면 그에 따라 굴절된 빛 중에서 빨간색 부분이 도달하는 위치가 달라지는 것을 알 수 있다.

암호의 발신자와 수신자에게 앨리스와 밥이라는 전통적 이름을 붙여보자.

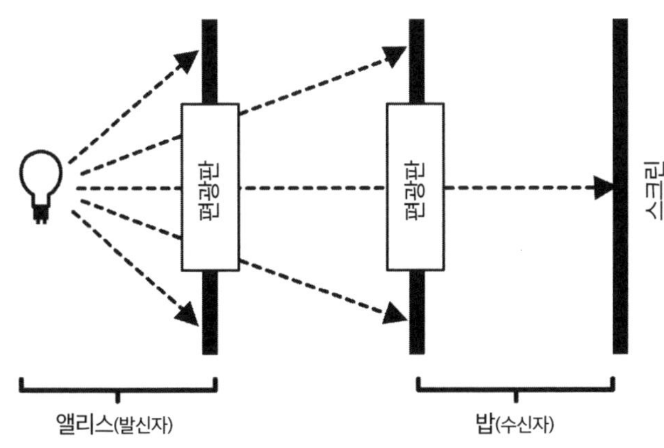

앨리스는 편광판을 통해 광자를 보내고, 편광판은 광자에 수직(1), 오른쪽 위 45도까지(1), 수평(0), 왼쪽 위 45도까지(0)이라는 네 가지 가능한 지정 중 하나를 무작위로 할당한다.

광자를 수신하는 밥에게는 대각선과 수평 및 수직 형태의 빔 분할기beam splitter 두 대가 있고 두 대의 광자 검출기도 있다. 그는 두 빔 분할기 중 하나를 선택하고 검출기에서 무엇이 수신되었는지 확인한다. 이 과정은 밥이 전체 메시지를 수신할 때까지 반복된다. 그는 앨리스에게 자신이 사용한 빔 분할기를 알려주고, 앨리스는 이를 송신 과정에서 사용한 편광판의 순서와 비교하여 송신한 광자의 배열 중에서 올바른 키가 사용된 위치를 밥에게 알려준다. 이러한 작업의 결과를 통해 두 사람 모두가 아는 비트의 배열이 생성되며, 이를 암호 키로 사용하게 된다.

이 모든 것이 매우 이론적이고 복잡하게 들릴 수 있지만, 이 방법의 실제적 구현은 앨리스와 밥 사이의 광섬유를 통해서 이루어진다는 것에 유의하자. 1984년 미국의 화학물리학자 찰스 베넷Charles Bennett과 캐나다의 컴퓨터과학자 질 브라사드Gilles Brassard가 발명한 BB84 프로토콜은 기본적으로 이러한 기반에서 실행된다. 현재 BB84 프로토콜과 관련된 방식들은 일부 국가에서 은행 간 메시지나 선거 결과 전송 같은 고도로 안전한 보안성을 갖춘 통신에 사용되고 있다. 여전히 현실적인 문제가 존재하고, 진정한 양자 암호 기술(키에 의존하지 않는)은 아직 이론적 가능성에 불과하지만, 양자 키 분배는 오늘날 안전하게 메시지를 전송하는 실제적이고 실용적인 방법이다.

일회용 패드

양자 키 분배에서 생성되는 키는 일반적으로 일회용 패드one-time pad다. 일회용 패드 암호화 방식에 관한 이야기는 흥미롭다. 미국의 암호학자 프랭크 밀러Frank Miller가 1882년 처음으로 이 시스템을 설명했지만, 1919년 특허를 받은 사람은 미국의 암호학자 길버트 버넘Gilbert Vernam 이었다. 그가 앞서 개발한 버넘 암호는 반복되는 고리 모양을 이루는 긴 키에 의존했다. 예를 들어 한 페이지 분량의 텍스트에 있는 각 문자에 수학적 함수를 사용하여 평문을 암호문으로 변환하는 방식을 정의했다.

기본적인 카이사르 암호는 문자의 알파벳을 정해진 자릿수만큼 이동시킨다. 이는 간단한 수학적 함수로 빈도 분석을 통해 쉽게 해독 가능하다. 그러나 송신자와 수신자 모두 각 문자의 치환transposition이 키의 다음 문자에 따라 달라지는 긴 키를 가지고 있다면 훨씬 어려운 문제가 된다. 매우 간단한 예로 'leopards'라는 키를 사용하여 'elephant'라는 평문을 암호화해보자. 키의 각 문자에 숫자가 부여된다.

L = 12

E = 5

O = 15

P = 16

A = 1

R = 18

D = 4

S = 19

다음으로 ELEPHANT라는 단어의 각 문자를 암호 키 단어의 대응하는 위치에 할당된 숫자만큼 뒤로 이동시킨다.

E + 12자리 = Q

L + 5자리 = Q

E + 15자리 = T

P + 16자리 = F (16에 10을 더하면 26이 되고, P에서 10자리를 이동하면 알파벳의 끝이 되므로 다시 처음부터 6자리를 이동해 F가 된다.)

H + 1자리 = I

A + 18자리 = S

N + 4자리 = R

T + 19자리 = M

따라서 암호문은 QQTFISRM이 된다.

그렇지만 버넘 암호는 키가 고리 모양을 이룬다는 단순한 이유로 여전히 몇 가지 해독 기법에 취약했고, 키의 길이를 식별할 수 있는 경우에는 전통적 해독 기법의 적용 가능성이 용이해졌다. 일회용 패드의 장점은 처음으로 돌아갈 필요가 없을 만큼 충분히 긴 키를 사용하기 때문에(키는 보내는 메시지보다 길어야 한다) 반복되지 않는다는 것이다.

일회용 패드가 패드라고 불리게 된 이유는 가장 초기에 구현된 시스템에서 키를 각 장마다 서로 다른 텍스트가 적힌 메모 패드 형태로 공유했기 때문이다. 메시지를 보낸 다음에는 위의 시트를 뜯어내고 다음 시트에 적힌 새로운 키를 사용하여 새로운 메시지를 전송할 수 있었다. 소련 시절 정보 기관이었던 국가보안위원회KGB는 소형화된 일회용 패드를 사용했는데, 이는 골프공에 숨길 수 있을 만큼 작은 크기였다.

일회용 패드는 일반적으로 해독할 수 없는 형태의 암호화 방식으로 여겨졌다. 1945년부터 이 문제를 연구한 정보 이론가 클로드 섀넌은 1949년 처음으로 해독 불가성의 증명을 발표했다(그 사이 몇 년 동안은 증명이 비밀로 유지되었다. 당시 그의 경쟁자였던 소련의 블라디미르 코텔니코프Vladimir Kotelnikov도 비슷한 시기에 독립적으로 증명했다는 사실이 나중에 밝혀졌지만, 비밀스러운 소련은 더 오랫동안 이 비밀을 유지했다).

양자 컴퓨팅

앞에서 우리는 P 대 NP 문제와 비결정론적 컴퓨터의 개념을 살펴보았다. 물론 그런 컴퓨터는 아직 존재하지 않는다. 그러나 양자 컴퓨팅 연구는 적어도 이론적으로는 상당히 발전했다. 양자 컴퓨터는 두 가지 이진 상태 중 하나를 취하는 비트라는 고전적 모델에 의존하는 대신, 앞에서 언급한 것처럼 고전적 상태의 중첩으로 데이터를 유지할 수 있다. 미국의 물리학자 폴 베니오프Paul Benioff는 1980년대 초에 이 아이디어를 논의했고, 다른 사람들도 양자 컴퓨터가 고전적 컴퓨터보다 훨씬 빠르게 문제를 해결할 수 있을 것이라고 추측했지만 중요한 혁신은 1994년에 이루어졌다. 미국의 이론컴퓨터과학자 피터 쇼어Peter Shor는 숫자의 인수분해를 위한 다항-시간 양자 알고리즘을 개발했다. 앞에서 보았듯이 RSA 암호화 알고리즘은 여전히 큰 숫자의 인수분해가 계산적으로 복잡하다는 가정에 의존한다. 쇼어 알고리즘의 존재는 (실제로 사용할 방법이 존재하지 않더라도) 이러한 가정을 궁극적으로 신뢰할 수 없다는 것을 증명한다.

필연적으로 과학자들은 실제 양자 컴퓨터를 만드는 방법을 연구해 왔다. 예를 들어 액체 상태 핵자기 공명을 포함하는 실험(간단히 말하자면 강한 자기장에서 핵을 관찰하면서 약한 진동 자기장을 가하는 실험으로, 핵은 특정 주파수의 전자기 신호를 생성하여 응답한다)에서 쇼어 알고리즘의 일부 요소가 작동하는 것으로 나타났다. 양자 컴퓨팅 실험이 수행된 다른 난해한 과학 분야로는 초전도 시스템, 광자와 이온 트랩*ion-trap 시스템이 포함된다. 여기에서 가장 중요한 것은 양자 컴퓨팅이 다양한 물리적 맥락에서 이론적으로 해결될 수 있는 입자물리학 문제라는 것이다. 실질적으로 가장 큰 어려움은 오류로 이어질 수 있는 입자 시스템 내의 잡음을 수정하는 것이다.

수정이 필요한 이유는 큐비트(비트의 양자 버전)가 오류 발생 측면에서 극도로 취약하기 때문이다. 미세한 물리적 변화로 큐비트가 다른 상태로 전환되면 시스템 전체에도 영향을 미칠 수 있다. 따라서 양자 컴퓨팅이 제대로 작동하려면 큐비트가 손상되더라도 정보를 보호하고 보존하는 방법이 필요하다. 이 분야에 대한 피터 쇼어의 또 다른 큰 공헌은 1995년에 양자 오류-수정 코드가 존재할 수 있음을 증명한 것이다. 1년 뒤 이스라엘의 컴퓨터과학자인 도리트 아하로노브Dorit Aharonov와 미하엘 벤오르Michael Ben-Or는 이러한 코드가 이론적으로 오류율을 0에 가깝게 만들 수 있음을 증명했고, 같은 개념에 다른 여러 독립적 설명이 이어졌다. 이런 과정을 통해서 양자 컴퓨팅이 적어도 이론적, 수학적으로는 가능하다는 것이 입증되었다. 즉, 해결이 극도로 어렵기는 하지만 이제는 단지 공학적인 문제에 불과하다는 것을 의미했다.

양자 컴퓨팅 기술을 최초로 실현하면 엄청난 이점을 얻게 될 것이 분명하므로 정부, 기업, 소규모 사업체 모두가 이 분야를 탐구하고 있

---

* 외부 환경과 격리된 시스템에서 하전 입자를 포획하는 데 사용되는 전기·자기장의 조합이다.

다. 그러나 우리는 길고 복잡할 가능성이 다분한 과정의 아주 초기 단계에 있고, 지금까지의 실험 결과는 흥미롭지만 실제로 결함이 없는 양자 컴퓨팅 장치가 실현되기에는 아직 멀었으며, 아마도 앞으로 수십 년 안에 실현될 가능성이 없다고 말할 수밖에 없다.

양자 이후의 암호 기술

그렇지만 양자 컴퓨팅의 실현 가능성만으로도 포스트 양자 암호 기술Post-Quantum Cryptography, POC에 관심이 크게 증가했다. 포스트 양자 암호 기술은 '양자 암호 기술을 넘어서는 유형의 암호 기술'을 의미하기보다는 양자 컴퓨터가 메시지를 해독하는 데 여전히 어려움을 겪을 것이라는 의미의 양자 내성quantum-proof이 가능한 유형의 암호 기술을 탐구함을 의미한다.

현재 공개 키 알고리즘을 만드는 방법은 대부분 세 가지 특별한 수학 문제에 의존한다. 우리는 이미 준소수 인수분해와 타원 곡선을 살펴보았으므로 잠시 시간을 내어 세 번째인 이산로그discrete logarithm 문제를 설명하는 것이 좋겠다. 이산로그 문제의 설명은 약간 골치 아프다. 따라서 이해가 안 되기 시작하면 그런 것이 존재한다는 메시지로 받아들이고 다음으로 넘어가도 무방하다.

이산로그 $\log_b a$는 $b^k = a$가 되는 정수 k다. 또한 우리는 정수론의 용어인 '인덱스index'를 사용하거나(k가 인덱스임을 의미한다) 또는 'b를 k번 거듭제곱하면 a와 같다'라고 말할 수 있다. 특정한 유형의 큰 숫자의 경우는 계산을 위한 효율적인 알고리즘이 알려져 있지 않을 정도로 a 로부터 b와 k의 구체적인 값을 계산하는 것이 특히 어렵다. 따라서 이 문제는 큰 준소수의 인수분해와 동등하다. a와 b에서 시작하기보다 b 와 k에서 시작하면 과정이 훨씬 쉽다.

제곱에 의한 지수화

b와 k에서 시작하는 알고리즘의 기본은 매우 흥미롭다. 기본적으로 컴퓨터를 프로그래밍하여 '제곱에 의한 지수화exponentiation by squaring'를 사용하기는 어렵지 않다. 따라서 k가 짝수이면 b^k를 $(b^2)^{\frac{k}{2}}$으로 바꿀 수 있고 홀수이면 $(b^2)^{2^{\frac{k-1}{2}}}$으로 바꿀 수 있다. 요령은 그런 다음에 재귀적 계산을 수행할 수 있다는 것이다. 예를 들어 $k = 6$이라 하자. 첫 번째 단계에서 $b^6 = (b^2)^3$을 얻는다. 다음 단계를 이해하기 쉽도록 b^2을 c로 정의하면 $b^6 = c^3$이 된다. 위의 규칙에 따라 홀수 인덱스를 $c(c^2)^{\frac{2}{2}}$ 또는 $c(c^2) = (b^2)(b^2)^2$으로 재배열할 수 있다. 이처럼 알고리즘을 이진법으로 표현하는 방법은 단순한 산술적 조작 혹은 요령처럼 보일 수도 있지만, 수많은 단계를 거쳐야 하는 계산을 이진법 버전의 인덱스 수만큼의 단계만 거치면 되는 계산으로 바꿔주는 큰 차이를 만들어낸다.

이는 현재 암호화 기술에 사용하기에 꽤 효과적인 수학적 함수이지만, 포스트 양자 암호 기술은 그런 함수가 미래에는 안전하지 않을 것이라고 가정한다. 앞에서 설명한 쇼어 알고리즘을 사용하는 충분히 강력한 컴퓨터가 이 모든 문제를 해결할 수 있기 때문이다(이는 양자 공격에 저항할 수 있을 만큼 충분히 큰 크기의 키가 여전히 유효하다고 여겨지는 대칭 키[*] 암호화 방식과 대조될 수 있다).

수학자들은 양자 내성이 가능한 다양한 분야를 탐구하고 있다.

현재 그 후보 중 하나로 격자 기반 암호 기술lattice-based cryptography을 예로 들 수 있다. 그렇다면 격자란 무엇일까?

이 부분도 어쩔 수 없이 약간 기술적인 설명이 될 것이니 양해를 구한다.

군 이론group theory은 군group으로 알려진 대수 구조에 관한 연구다. 모호하게 들리는 이 설명을 조금 더 정확하게 말하자면, 군은 두 개의 주어진 요소로부터 세 번째 요소를 형성하는 데 사용할 수 있는 이진 연산binary operation이 포함된 모든 집합이다(집합은 서로 다른 요소의 모음에 관한 이론적 모델이며, 모든 종류의 수학적 객체가 될 수 있는 원소를 포함한다). 두 가지 간단한 예로는 덧셈의 군 연산이 있는 정수의 집합(덧셈을 통해서만 군의 다른 요소를 생성할 수 있다)과 곱셈의 군 연산이 있는 0이 아닌 실수의 집합이 있다. 모든 군은 폐쇄성closure, 결합성associavity, 항등성identity, 가역성invertibility의 조건을 충족해야 한다.

군 조건

폐쇄성은 a와 b가 군의 요소라면 $a \circ b$도 군의 요소임을 의미한다. 여기에서 $\circ$는 연산이다.

결합성은 a, b, c가 군의 요소라면 $(a \circ b) \circ c = a \circ (b \circ c)$임을 의미한다.

항등성은 군의 요소 a에 대해 $a \circ e = e \circ a = a$가 되는 요소 e가 존재함을 의미한다.

가역성은 군의 요소 a에 대해 $a \circ a^{-1} = a^{-1} \circ a = e$가 되는 요소 a^{-1}이 존재함을 의미한다.

여기까지는 막막하기만 할 것이다. 하지만 군은 숫자 이상을 포함할 수 있다. 군에 대한 연구는 지금은 갈루아 군Galois group이라 부르는 다항식 방정식의 근의 대칭군symmetry group을 나타내는 용어로 군(또는 groupe)을 사용한 프랑스 수학자 에바리스트 갈루아Évariste Galois와 함께 1830년대에 시작되었다. 군 이론의 근본적 기반은 추상적 수준에서 모양이나 벡터, 심지어 결정이나 원자 같은 물리적 대상을 연구하는 데 사용할 수 있고, 한 유형의 군에서 얻은 통찰이 다른 유사한 군의 논리를 드러내는 데도 도움이 될 수 있다.

이는 군의 개념이 사실상 집합의 구성원이 서로 관련되는 방식을 분석하고 비슷한 속성을 지닌 서로 다른 집합 간의 유사성을 식별하는 방법에 지나지 않는다는 것을 의미한다.

군의 한 가지 유형인 격자는 지루하고, 이해할 수 없을 정도로 정확하게 말하자면 '임의의 두 원소가 최소 상계least upper bound와 최대 하계greatest lower bound를 갖는 부분적으로 정렬된 집합이다.' 가장 이해하기 쉬운 예는 크기가 아니라 분할성divisibility에 따라 정렬된 자연수다. 두 자연수의 최소 상계는 최소 공배수이고 최대 하계는 최대 공약수다. 부분적으로 정렬된다는 말은 단순히 일부 원소는 서로를 순서대로 정렬할 수 있지만 일부는 그렇지 않다는 것을 의미한다.

암호 기술에 관한 논의는 벡터의 집합에서 생성된 격자에서 시작한다. 여기에서 중요한 점은 다른 벡터 집합에서도 동일한 격자가 생성될 수 있다는 것이다. 이는 타원 곡선 문제에 비해 격자 문제에서 기반을 계산하는 것이 이론적으로 훨씬 어렵다는 것을 의미한다.

이에 관한 수학적 연구는 계속 진행 중이지만 격자 기반 암호 기술은 적어도 한 가지 유형의 포스트 양자 암호 기술의 훌륭한 토대가 될 것으로 보인다. 미래의 사이버 전쟁에서는 양자 컴퓨팅과 양자 내성 암호 기술 모두 귀중한 도구가 될 수 있다.

양자 오류 수정과 블랙홀

양자 컴퓨팅에 관한 논의를 통해 우리는 양자 오류-수정 코드가 가능하다는 것이 어떻게 입증되었는지 살펴보았다. 과학자들은 필연적으로 해당 코드를 만드는 방법을 알아내려고 노력했고, 그 과정에서 훨씬 흥미로운 또 다른 연결 고리가 나타났다.

2014년 세 명의 젊은 중력 연구자인 아랍에미리트의 이론물리학자 아흐마드 알메이리Ahmed Almheiri, 중국의 물리학자 둥시董希, 미국의 물리학자 다니엘 할로Daniel Harlow가 양자 오류 수정과 시공간의 심오한 본질 사이의 연관성을 우연히 발견했다. 그들은 '반더시터르 공간anti-de Sitter space'이라는 이론적 구조(더 나은 설명이 필요하지만 간단히 말하자면, 물리학자들이 추상적인 모래로 가득한 놀이터에서 마음껏 개념을 가지고 놀며 탐구할 수 있도록 한 고차원 우주라는 개념적 구조)를 사용했다.

아인슈타인의 일반 상대성 이론에서 중력은 거대한 물체 주위에서 시공간이 구부러지는 것으로 취급된다. 이는 우주의 대부분 지역을 잘 설명하는 이론이지만 블랙홀 내부는 설명하지 못한다. 그러나 이미 중력에 대해 더욱 심오한 양자 기반의 설명이 가능할 수 있다는 추측이 있었다.

세 명의 연구자는 자신들이 사용하던 특정 모델에서 우주 내부 시공간의 구부러짐과 동일한 현상이 우주 외부 경계의 얽힌entangled 양자 입자로부터 비롯된 것으로 설명 가능하다는 것을 발견했다.

따라서 그들은 적어도 반더시터르 우주에서는 시공간 자체가 코드라고 추측하게 되었다. 그리고 이 아이디어를 탐구한 다른 과학자들이 양자 오류 코드가 우리 우주의 속성과 연결되는 다양한 방법을 찾아내기 시작했다.

우리 우주에 관한 가장 흥미로운 사실 중 하나는 양자 수준에서 놀라울 정도로 불안정해 보인다는 것이다. 그러나 우리는 우리가 두 상태 사이에서 끊임없이 바뀌거나 존재와 비존재 사이를 왕복하지 않는 상당히 견고한 세계에서 살고 있음을 안다. 이는 양자 오류 수정이 어떤 식으로든 우리가 사는 우주에 '연결되어' 있기 때문이라는 아이디어가 제안되었다.

알메이리는 우리의 시공간을 지배하는 코드가 정확히 무엇인지 알아낼 수 있다면 블랙홀에 포함된 명백한 역설을 설명하는 시도도 할 수 있을 것이라고 추측했다. 그리고 이는 끈 이론이라는 복잡한 수학적 개념과도 연결되는데, 끈 이론 자체도 부분적으로는 중력의 양자 이론을 찾아내기 위해 만들어진 이론이다.

그래서 잠재적으로 존재가 불가능한 기계인 양자 컴퓨터를 이해하고자 시작된 순수한 수학적 시도가 우주의 비밀을 밝혀낼 이론을 발전시키는 데까지 일조하게 되었다.

블록체인

비트코인이 등장한 이후에 암호화폐는 엄청난 성장세를 보였고, 금융 산업의 미래가 정부와 은행 그리고 기업이 암호화폐를 확대 적용하는 방향으로 확장되었다. 비트코인의 기반인 블록체인blockchain은 수학적 측면에서도 흥미로운 기술이다.

블록체인을 다루기 위해 설계된 주요 문제는 다음 네 가지였다. 첫째, 대규모 네트워크에서 분산되고 동기화될 수 있는 시스템이 필요하다. 둘째, 거래가 시스템 안에서 당사자 간에 합의되어야 할 뿐만 아니라 공개적으로 사용 가능한 블록체인의 데이터에도 저장되어야 한다. 셋째, 부정확하거나 사기성 거래를 배제하는 메커니즘이 있어야 한다. 넷째, 자산의 출처를 밝혀야 한다. 즉 모든 자산에 관한 전체 거래 이력이 기록되어 있어야 한다.

비트코인에서 블록체인은 이러한 목적을 수행하는 일종의 데이터베이스다. 비트코인을 사용하여 무언가를 사고 팔 때는 거래 내역이 모든 비트코인 사용자와 채굴자로 구성되는 전체 네트워크로 전송된다. 채굴은 컴퓨터나 네트워크를 설정하여 복잡한 수학 문제의 해답을 탐색하는 대가('작업' 또는 메모리 사용에 따른 보상)로 비트코인이 주어지는 과정이다. 그런 다음 거래가 블록체인에 기록될 검증된 거래의 대기열에 들어가고, 수학 문제의 해답도 '작업 증명proof of work'으로 기록된다. 네트워크에서 해답이 검증되면 블록체인에 블록이 추가되어 새로운 비트코인이 작업 증명과 함께 생성되었음을 보여준다.

또한 새로운 블록에는 이전 블록의 데이터에 기반하고 암호화된 해시 데이터*hashed data가 포함된다. 이는 블록체인의 데이터를 손상시키거나 위조하기 어렵도록 하는 정말 영리한 특성 중 하나다. 데이터의 손상이나 위조를 위해서는 사실상 작업 증명까지 이어진 복잡한 수학적 작업을 다시 해야 할 뿐만 아니라 암호화된 해시 데이터를 해독해야 하며, 사슬을 거슬러 올라가면서 이 모든 단계를 수행해야 한다. 이렇게 역공학reverse engineering이 매우 복잡한 작업인 만큼 분산된 블록체인은 안전하다고 믿어도 무방하다.

• 특정한 함수를 통해서 변환된 데이터다.

비트코인 창조의 배후에 있는 수학에는 타원 곡선 암호 기술뿐만 아니라 비잔틴 장군 문제byzantine generals problem라 불리는 오래된 딜레마 문제도 포함되었다.

군대의 여러 사령관을 지휘하는 장군을 상상해보자. 그들은 성을 포위하고 있으며 공격하기를 원한다. 따라서 장군에게는 공격 또는 후퇴라는 명령을 내릴 선택권이 있다. 그러나 그는 일부 사령관과 전령이 반역자가 아님을 신뢰할 수 없고, 모든 사령관이 메시지를 받지 않는 한 공격은 실패할 것이다.

성공을 보장하기 위한 해결책 중 하나는 장군이 메시지를 보내고 나면, 각 사령관도 장군에게서 개별적으로 받은 메시지를 다른 모든 사령관에게 보내는 방법이다. 모든 사령관이 다른 모든 사령관으로부터 메시지를 받았을 때만 안전하게 공격할 수 있다.

장군이 보낸 명령은 블록체인의 소유권 기록 및 거래 목록과 비슷하며, 이는 상당히 훌륭한 해결책이 된다. 디지털 정보의 근본적 문제 중 하나가 복제의 용이성임을 생각해보자. 영화, 전자책, 프로그램, 이미지, 노래 같은 정보를 불법적으로 복제하는 일이 어렵지 않기 때문에 소유권, 개인 정보, 저작권을 보호하는 일이 복잡해졌다.

따라서 비트코인은 훔치거나 복사하여 복제할 수 없는 디지털 자산이 되어야 했다. 비트코인을 생성된 형태로 토렌트 같은 공유 사이트에 올리는 것은 소용없는 일이고, 블록체인을 몇 번이든 복사하더라도 비트코인의 거래 내역과 개별 소유자가 여전히 정확하게 표시될 것이다.

블록체인의 기본 개념이 미래 기술에 어떤 영향을 미칠지는 여전히 많은 논란이 있다. 미래에 블록체인이 활용될 수 있는 몇 가지 용도는 다음과 같다.

미래의 지불이 합의되고 합의된 날짜에 실행되는 '신뢰와 무관한 계약trustless contract'을 체결하는 데 암호화폐가 도움이 될 수 있다는 주장이 종종 제기되었다. 이더Ether는 이더리움*Ethereum에서 개발된 암호화폐 통화로, 특히 초기 기획 단계에 스마트 계약**smart contract이라는 아이디어가 포함되었다. 불행히도 스마트 계약을 뒷받침하는 기술에 문제가 있어서 2016년에 대규모 이더 도난 사건이 발생하고 최근에는 암호화폐의 가치가 폭락했지만, 이 분야는 계속 발전하고 있다.

미래의 부동산과 관련하여 블록체인 기술은 소유권(등기) 열람을 할 때 발생하는 번거로운 문제를 없앨 수 있다. 블록체인 기반의 공공 기록은 사기에 취약하지 않고 현재 및 과거의 소유권을 신뢰할 만한 확실한 기록으로 제공할 것이다.

엔터테인먼트 기업들이 비즈니스 모델을 보호하는 방법을 계속해서 찾으면서 앞으로는 엔터테인먼트 콘텐츠를 복사하고 '훔치는' 일이 어려워질 것이다. 이론적으로는 노래의 복제본을 단일 사용자에게 판매하고 등록시킴으로써 해당 복사본이 급속도로 확산되는 일을 어렵게 만들 수 있다.

보다 긍정적인 측면에서 블록체인 기술은 개인 정보 도용 방지에도 도움이 될 수 있다. 개인에게 블록체인에 기록된 형태의 디지털 개인 정보가 있다면 사기꾼이 세무 기관, 소매 업체 등 정보 제공 기관을 상

대로 개인 정보를 탈취하는 것이 더욱 어려워질 것이다. 디지털 개인 정보로 보호되는 온라인 투표를 허용함으로써 투표 시스템을 최신 상태로 유지하는 데도 동일한 기술을 사용할 수 있다(특히 미국에서 투표기로 인해 발생하는 문제를 피할 수 있을 것이다).

이 분야의 작업과 연구는 계속 진행 중이므로 다음 10년은 블록체인이 점점 더 많은 새로운 응용 분야를 찾는 기간이 될 것으로 예상된다.

봇의 탐지

인터넷은 훌륭한 정보의 원천이지만 가짜 인터넷 사용자의 메시지나 정보를 널리 사용하는 아스트로터핑astroturfing 같은 방법을 통해 잘못된 정보와 '가짜 뉴스'를 퍼뜨리는 시도가 진실을 확립하려는 사람들에게 심각한 장애물이 된다. 이는 정치적 사실이나 공정한 선거의 보존에 관심이 있는 사람, 시장의 분위기를 파악하려는 투자자, 특정 주제를 속임수에 속지 않으면서 조사하려는 사람들이 그 대상이 될 수 있다.

이에 맞서는 한 가지 방법은 봇***bot을 식별할 수 있는 도구를 찾는 것이다. 봇은 소셜 미디어 계정에서 소수에 불과하지만, 트래픽의 20~30퍼센트, 링크를 포함한 전체 트래픽의 최대 3분의 2를 차지할 수 있다는 것이 사실로 밝혀졌다. 봇이 한 시간에 수천 개의 메시지를

••• 특정한 작업을 반복 수행하는 프로그램을 말한다.

보낼 수 있기 때문이다.

인디애나대학교 소셜미디어관측소 연구원들은 해결책을 제공하려는 시도의 최전선에 있다. 그들은 소셜 미디어 게시물을 수학적으로 분석하여 게시자가 봇일 가능성이 얼마나 되는지 식별하도록 설계된 다양한 온라인 미디어 도구를 제공한다.

첫 번째 도구는 '트루시Truthy'로, 미국의 유명 방송인 스티븐 콜베어Stephen Colbert가 진실을 오해의 소지가 있도록 묘사하는 방식인 '트루니시스truthiness'라는 용어에서 영감을 받았다. 이후 보토미터Botometer로 명칭이 바뀌었는데, 이는 봇과 인간이 게시한 라벨링된 수만 개의 게시물 사례를 분석한 기계 학습(머신러닝) 알고리즘이다. 보토미터에 X 계정이 입력되면 이전 게시물에서 1,000개가 넘는 특성이 추출되고, 사용자의 소셜네트워크 구조, 사용된 언어, 게시물이 작성된 시간 등 여러 가지 상세한 데이터가 분석되어 해당 계정이 봇일 가능성을 백분율 추정치로 출력한다.

두 번째 유용한 도구인 혹시Hoaxy는 동일한 유형의 정보를 사용하지만 게시물 구조의 수학적 네트워크 다이어그램*을 표시하기 전에 특정 주제에 관한 모든 게시물의 패턴을 분석한다. 구글이 검색 알고리즘을 만들 때 검색 과정에서 웹페이지를 수학적 네트워크의 노드로 분석하는 방법이 중요한 혁신이었음을 기억하자. 이러한 분석을 통해 가장 유용한 검색 결과는 다른 사이트에서 특정 페이지로 연결되는 링크에 따라 식별되었다.

---

* 네트워트의 노드 사이 연결을 묘사하는 개략도다.

　　　　　　　　　　　　　　　　　　　　　　　양자 도약

비슷한 방식으로 혹시의 시각적 네트워크는 사용자를 노드로 표시하며, 각 노드와 연결된 수가 전체 패턴을 나타낸다. 특정 메시지를 확산하는 데 사용된 프로필은 매우 중요한 노드로 나타나고, 봇일 가능성이 높은 경우에는 색상 코딩을 통해 표시된다.

정보 기관은 정치적 사건을 조작하는 데 잘못된 정보가 사용되는 상황을 파악하고 온라인, 특히 다크 웹[**]에서 테러리즘과 급진화의 확산을 추적하기 위해 비슷한 수학적 노력을 기울이고 있다.

물론 가짜 뉴스 세계의 여러 측면과 마찬가지로 여기에도 반전이 있다. 트루시는 2014년에 언론 매체와 두 정치적 극단에 속한 논객들의 공격을 받았다. 그들은 프로젝트에 공적 자금이 지원된 이유에 공개적으로 의문을 제기하고 트루시를 오웰식[***] Owellian 대중 감시 도구로 묘사했다. 그에 따라 개발자들은 소프트웨어가 실제로 작동하는 방식을 명확하게 설명하고 트루시가 순수한 안내 도구일 뿐이라는 것을 천명했다.

봇을 탐지하려는 시도에 결함이 전혀 없을 수는 없다. 트루시 알고리즘은 그렇게 광범위한 측정에서 불가피한 위양성과 위음성의 균형을 맞추려는 시도로 베이즈 정리 Bayes' theorem(280쪽 참조)를 사용한다. 이처럼 긍정적인 의도로 만들어진 도구가 소셜 미디어를 통해 잘못된 정보를 퍼뜨림으로써 이득을 얻으려는 사람들에 의해 악마화되었다는 것이 아이러니하고 안타깝다.

[**] 　특정 소프트웨어를 사용해 접속해야 하는 네트워크인 다크 넷에 존재하는 월드와이드웹이다.

[***] 　조지 오웰의 소설 《1984》에 나오는 것과 같은 의미로 자유가 철저히 통제된다는 뜻이다.

거짓에서 진실을 걸러내는 작업의 두 번째 문제는 케임브리지대학교 컴퓨터 연구실의 연구를 통해서 강조되었다. 다수의 소셜 미디어 팔로워를 보유한 유명인과 선의의 게시자는 본질적으로 봇과 비슷하게 행동한다. 그들은 대화에 참여할 가능성이 낮고 리트윗이나 불규칙한 시간 패턴으로 대량의 트래픽을 보일 가능성이 높기 때문이다. 따라서 수학적으로 말하자면 봇에 가장 가까운 것은 관심을 끌고 싶어 하는 유명인이라는 사실을 명심할 필요가 있다!

제10장

삶의 조각들

3D 프린팅과 의료 노트

> "여기 시애틀에는 컴퓨터과학과 수학 분야의 사람들이 모여 있는
> 질병모델링연구소 Institute for Disease Modeling가 있다.
> 우리가 소아마비나 말라리아에 관한 계획에서 이룬 진전은
> 그들의 깊은 통찰력으로 주도되었다."
>
> _빌 게이츠

카발리에리의 방법과 그 너머

향후 수십 년 안에 아마도 최초의 식민지 개척자들이 화성에 도착할 것이다. 그들은 그곳에서 예상치 못한 의료 및 유지 관리 문제를 포함한 여러 어려움에 직면하여 특별한 도구나 부품을 필요로 할 것이다. 그리고 지구에서 교체 부품이나 새로운 제품을 보내는 데는 몇 주에서 몇 달이 걸리므로 (그리고 엄청나게 비싸다) 스스로 만드는 방법도 알아야 할 것이다. 다행히도 그들에게는 인공 팔다리, 산소 공장을 수리하기 위한 도구와 4륜 버기카의 새 부품을 만들 수 있는 3D 프린팅 기술이 있을 것이다. 예기치 못하게 필요해진 모든 항목의 디자인은 디지털 파일 형태로 지구로부터 도착하는 데 10분도 걸리지 않아 전송될 것이다. 물론 3D 프린팅

은 지구에서도 과학, 의학, 상업 등 다양한 분야에서 응용되고 있지만, 초기의 화성 거주자에게는 유일한 실용적인 제조 방법이 될 것이다.

3D 프린팅 기술은 이미 우주에서 성공적으로 사용되었다. 2014년 북부 캘리포니아에 위치한 항공 우주 회사 메이드인스페이스Made in Space의 엔지니어 노아 폴진Noah Paul-Gin이 래칫 렌치ratchet wrench를 설계했고, 미국항공우주국이 이 설계를 국제우주정거장의 배리 윌모어Barry Wilmore 사령관이 이끄는 팀에 이메일로 보냈다. 래칫 렌치는 플라스틱 104겹으로 프린트된 다음에 테스트를 위해 다시 지구로 보내졌다. 미래의 화성 식민지 개척자들이 이 업적을 재현할 때 그들은 3D 프린팅의 기반이 되는 수학이 수세기 전 미적분보다 앞선 방법, 특히 17세기 이탈리아의 수학자 보나벤투라 카발리에리Bonaventura Cavalieri가 말한 카발리에리 원리로 이미 예상되었다는 사실을 모를지도 모른다.

고전 수학의 주요 과제 중 하나는 모양과 물체의 정확한 측정이었다. 정사각형이나 삼각형 같은 단순한 물체의 면적과 치수 또는 직육면체의 부피와 표면적은 계산이 비교적 쉽다. 그러나 단순한 원의 면적이나 둘레는 정확한 측정조차 파이가 무리수라는 사실을 이해하기까지는 상당히 어려운 문제였으며 구체, 원뿔, 원통 및 기타 불규칙한 모양의 물체가 모든 수학자에게 중요한 과제를 제시했다.

이 문제의 초기 접근 방식 중 하나는 그리스의 사상가 안티폰Antiphon과 에우독소스Eudoxus가 각각 기원전 5세기와 4세기에 개발하고 아르키메데스가 가장 훌륭하게 사용한 '실진법method of exhaustion'이었다. 아르키메데스는 실진법을 사용하여 구의 부피가 밑면의 반지름이 같고 높이가 그 반지름과 같은 원뿔 부피의 네 배이고, 지름과 높이가 같은 원기둥의 부피는 지름이 같은 구의 부피의 1.5배라는 것을 증명했다.

실진법은 기본적으로 도형이나 입체 형태의 면적 및 부피를 규칙적이고 측정 가능한 도형이나 입체물로 채워나가는 방식이다. 면적이나 부피가 채워지는 정도가 증가할수록 채우는 도형이나 입체 형태가 점점 작아지고, 작아진 도형의 면적이나 부피의 합이 점차 큰 도형의 면적이나 부피에 근접한다. 예를 들어 원의 면적을 측정하려면 모서리가 원주에 닿는 정사각형을 원 안에 그린 다음에 정사각형의 한 변을 밑변으로 하는 삼각형으로 나머지 공간을 부분적으로 채울 수 있다. 남아 있는 공간을 점진적으로 '채움'에 따라, 아래 그림처럼 합이 원의 면적의 참값에 근접하는 수렴 급수가 생성된다.

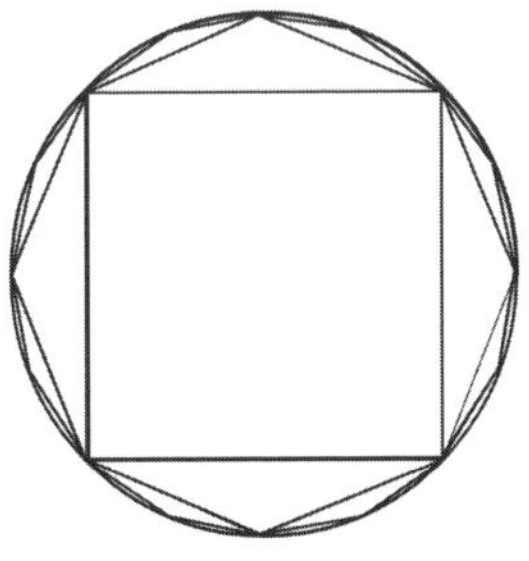

실진법은 미적분으로 향하는 작은 발걸음이었지만 당시의 수학자들에게는 미적분에서 필수인 극한의 개념이 없었다. 극한을 설명하기 위해 방의 절반을 가로지른 다음, 반복해서 나머지 거리의 절반씩 이동한다고 상상해보자. 이는 이론적으로 한계, 즉 벽에 점점 더 가까이 다가가기는 하지만 결코 도달하지 못한다는 것을 의미한다. 이런 아이디어가 없었던 수학자들은 모순에 의한 증명reductio ad absurdum, 즉 귀류법歸

謬法이라는 개념을 사용하여 엄밀한 증명을 할 수밖에 없었다. 아르키메데스는 종종 자신이 측정하는 면적이나 부피가 특정한 값보다 클 수도 없고 작을 수도 없다는 것을 증명해 보임으로써 그 값이 올바른 해임을 보여주었다.

실진법의 단순한 예

점진적으로 작아지는 조각들을 사용하여 사면체(3면 피라미드, 즉 삼각뿔)의 부피를 추정할 수 있는 두 가지 방법은 다음과 같다.

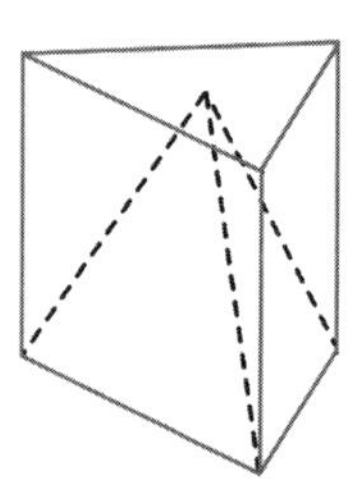

먼저 사면체의 한 면과 동일한 단면을 가지고 있고, 높이도 같은 입체 도형 안에 자리한 사면체를 상상해보자(사면체는 입체 도형 내부에 점선으로 표시된다).

바깥쪽 입체 도형의 부피는 $A \times H$이며, A는 밑면 삼각형의 면적이고 H는 높이이다.

다음으로 각각의 밑면이 사면체와 일치하는 두 개의 도형을 상상해보자.

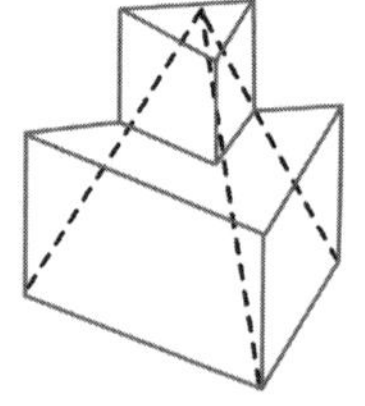

맨 아래 도형의 부피는 $\frac{1}{2} \times A \times H$다. 높이가 $\frac{1}{2}H$이기 때문이다. 위 도형의 단면적은 $\frac{1}{4} \times A$(너비와 높이 모두 A의 절반이고 $\frac{1}{2} \times \frac{1}{2} = \frac{1}{4}$ 이므로)이고 부피는 $\frac{1}{8} \times A \times H$다.

따라서 전체 부피는 $\frac{5}{8} \times A \times H$다.

4개의 도형에 동일한 방법을 사용하면 각각의 부피는 (아래에서 위쪽으로) 다음과 같다.

$$\frac{1}{4} \times A \times H$$

$$\frac{9}{16} \times \frac{1}{4} \times A \times H$$

$$\frac{1}{4} \times \frac{1}{4} \times A \times H$$

$$\frac{1}{16} \times \frac{1}{4} \times A \times H$$

모두 합하면 $\frac{15}{32} \times A \times H$가 된다. 이어지는 버전에는 2^{n-1}개의 층이 있다.

이 과정이 계속되면 도형이 점점 얇아지고 부피가 $\frac{1}{3} \times A \times H$를 향하여 **점점 작아지면서**(계속 가까워지며) 수렴한다(그리고 부피가 결코 이 값보다 작아지지 않는다는 것을 증명할 수 있다).

이제 동일한 과정을 되풀이하지만 이번에는 각 도형이 사면체의 윤곽선 **내부에** 꼭 맞아야 한다고 상상해보자. 앞의 예처럼 높이가 사면체와 같은 도형으로는 시작할 수 없다. 사면체의 윤곽선 안에 맞지 않기 때문이다. 따라서 처음에는 빈 윤곽선으로 시작한다.

다음으로 사면체의 절반 높이인 단일 조각을 상상해보자. 이 조각의 부피는 $\frac{1}{8} \times A \times H$다.

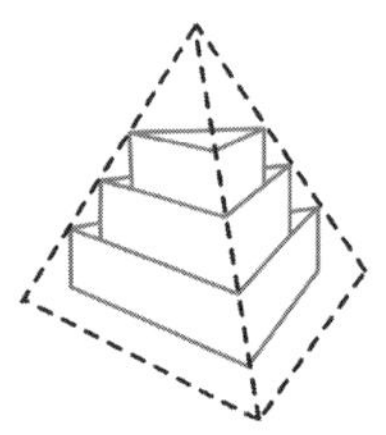

높이가 각각 사면체 높이의 4분의 1이고 윗면의 세 모서리가 외부 사면체에 딱 맞는 도형 세 개를 그려보자. 각 조각의 부피는 (아래에서 위쪽으로) 다음과 같다.

$$\frac{9}{16} \times \frac{1}{4} \times A \times H$$

$$\frac{1}{4} \times \frac{1}{4} \times A \times H$$

$$\frac{1}{16} \times \frac{1}{4} \times A \times H$$

이제 총 부피는 $\frac{7}{32} \times A \times H$다.

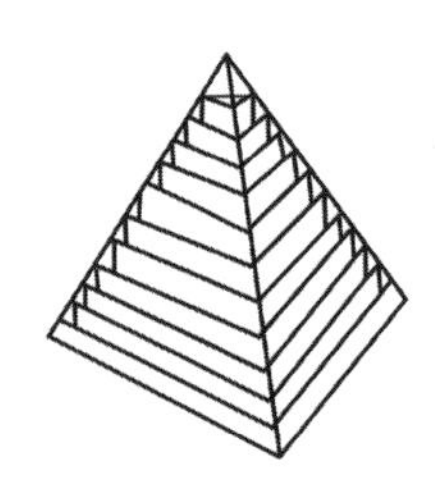

다음 버전은 7, 15, 31 ⋯ 그리고 $2^{n-1}-1$ 도형이 이어진다. 이 방법을 사용하면, 도형이 점점 얇아짐에 따라 부피가 $\frac{1}{3} \times A \times H$를 향하여 **점점 커지면서** 수렴한다(그리고 부피가 결코 이 값보다 커지지 않는다는 것을 증명할 수 있다).

따라서 사면체의 부피가 $\frac{1}{3} \times A \times H$보다 크지도 작지도 않다는 것을 고려하면, 이 값이 정확한 부피라는 결론을 내려야 한다.

17세기의 뛰어난 이탈리아 수학자 보나벤투라 카발리에리는 모든 평면이 무한한 수의 평행선으로 구성되고 모든 입체가 무한한 수의 평면으로 구성된다는 이론을 제시하면서 진정한 미적분학을 향한 엄청나게 중요한 발걸음을 내디뎠다. 예를 들어 원뿔의 부피를 측정하려면 무한한 수의 점점 작아지는 무한히 얇은 원통을 쌓아 올리는 무더기를 상상할 수 있다. 원통을 점점 더 가늘게 만들면 부피의 합이 원뿔의 부피에 점점 더 가까워진다. 이는 실진법과 유사한 방법이지만, 입체 도형이 실제로 무한한 수의 평면으로 구성된다는 개념이 추가된다.

카발리에리의 정리라고도 알려진 '불가분량법method of indivisibles'은 나중에 아이작 뉴턴과 고트프리트 빌헬름 폰 라이프니츠가 미적분을 독립적으로 개발했을 때와 마찬가지로 엄청난 논란을 불러일으켰다. 그럼에도 불구하고 불가분량법과 미적분의 사용을 통해서 수학자들은 정지한 상태나 운동하는 물체를 점점 더 정확하게 측정하고 기술할 수 있었다. 카발리에리의 정리는 불가분량법의 특별한 응용으로써 두 물체를 구성하는 불가분의 면 혹은 선의 부피나 면적이 동일하다면 두 물체의 부피나 면적도 동일하다는 것을 보일 수 있었다.

다음 두 모양을 살펴보자. 첫 번째 모양에 그려진 모든 수직선이 두 번째 모양에 그려진 선과 일치한다면 모양은 상당히 다르더라도 두 모양이 동일한 면적을 갖게 된다.

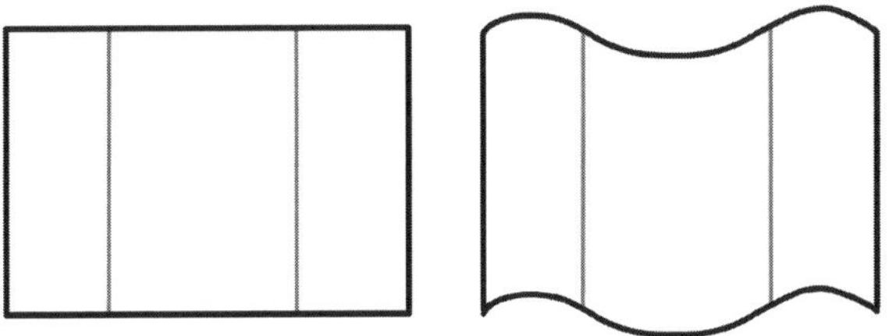

(카발리에리의 방법을 약간 섬뜩하게 적용한 사례는 의학에서 찾아볼 수 있는데, 동물의 뇌나 폐의 부피를 추정하기 위해 장기의 표본을 물리적으로 얇게 자른 다음에 각 이차원(2D) 조각의 면적을 추정하고 이 면적들을 합산하는 방법이 사용되었다.)

1980년대에는 동일한 개념을 활용해 3D 프린팅 프로세스를 개발하려는 여러 가지 시도가 병행되었다. 이는 기본적으로 카발리에리 정리에 기반한 개념으로, 3차원 물체는 xyz (일반적으로 컴퓨터 기반 설계 프로그램인 CAD에서 생성되는) 좌표의 집합을 사용하여 설계된다. 3D 객체가 여러 레이어로 '슬라이스된sliced' 다음, 물리적 레이어들은 개별적으로 생성 및 융합되어 3D 객체로 만들어진다.

이러한 개념을 현실로 바꾸기 위한 초기 단계는 1981년 시립나고야 산업연구소의 고다마 히데오児玉英雄가 광경화성photo-hardening · 열경화성thermoset 고분자 레이어를 사용하여 3D 물체를 만든 것에서 시작되었다. 1984년에는 프랑스의 공학자 알랭 르메오테Alain Le Méhauté, 장클로드 앙드레Jean Claude André, 올리비에 드비트Olivier de Witte가 광경화수지조형방식*stereolithography에 관한 특허를 받았지만 그들의 작업은 중단되고, 3D시스템즈3D Systems Corporation의 공동 창업자이자 발명가인 미국의 척 헐Chuck Hull이 자신의 버전으로 특허를 받게 된다. 그의 시스템에서는 자외선 빔이 액체 광경화성 폴리머photopolymer 통의 표면에 집중된다. 빛이 닿는 곳마다 광경화성 폴리머는 고체로 융합된다. 고체 레이어가 형성되면 그 아래의 플랫폼이 약간 낮아지고 같은 방식으로 두 번째 층이 바로 그 위에 형성된다. 이러한 과정은 물체가 완성될 때까지 계속된다.

이 프로세스는 점차 개선되어 오늘날 널리 사용되고 있다. 그러나 더 널리 사용할 수 있게 된 소규모 모델은 1988년 스콧 크럼프S. Scott Crump가 자신의 회사 스트라타시스Stratasys를 위해 개발한 융합 적층 모델링fused deposition modeling, FDM이다. 각 2D 평면의 패턴을 따르는 노즐

• 정밀한 레이저를 사용하여 상세한 3D 물체를 만드는 데 사용되는 공정이다.

이 뜨거운 액체 플라스틱을 압출하는 이 프로세스는 플라스틱의 녹는 점 바로 아래의 온도가 주의 깊게 유지되는 환경에서 이루어진다. 따라서 액체 플라스틱이 빠르게 응고되어 노즐이 다음 층으로 이동할 수 있게 하며, 새롭게 응고되어 형성된 층은 그 아래층과 융합된다.

이러한 프로세스에 관한 폭넓은 명칭은 물체가 제작되는 동안 재료가 추가됨을 의미하는 적층 제조additive manufacturing다. 적층 제조는 예컨대 큰 플라스틱, 나무 또는 금속 조각에서 일부분을 제거하여 작은 인공물을 만드는 절삭 제조subtractive manufacturing와 대조된다. 앞서 언급된 사면체를 구성하는 첫 번째 방법은 이론적으로 나무 블록에서 물체를 조각하는 데 사용할 수 있는 절삭 방식이다. 두 번째 방법은 적층 제조로 이론적으로 3D 프린터에서 사용 가능하다(물론 프린터에서 실제로 사용되는 방식보다 복잡하기는 하겠지만 말이다).

적층 제조에도 때로는 어느 정도의 절삭이 포함된다. 더 매끄러운 표면을 원할 경우에는 마지막에 연마 작업을 거치거나, 더 완벽하게 융합된 표면을 만들고 싶다면 아세톤 같은 용매의 사용이 필요할 것이다. 또한 기본 아이디어를 복잡하게 응용하여 다양한 각도에서 레이어를 추가하거나 플라스틱을 부착해 더욱 복잡한 모양을 만드는 적층 제조의 범위도 점점 넓어지고 있다.

3D 프린팅이 이미 활용된 용도로는 산업용 프로토타입prototype, 건축의 축소 모형, 의족이나 의수 및 영화 소품의 신속한 개발이 포함된다. 제12장에서 살펴보겠지만 우리는 지금 4D 프린팅(시간이 지남에 따라 변경되는 3D 물체의 프린팅으로 315~317쪽을 참조하길 바란다)의 초기 단계에 있다. 그리고 미래에 기술이 더욱 발전하고 화성의 미래 식민지 개척자

들의 건강이 이러한 프로세스에 의존하게 된다면, 3D 물체를 2D 평면의 집합으로 분해할 수 있다는 카발리에리의 통찰을 기억해야 할 이유가 점점 더 많아질 것이다.

가상 이미징

수학적 역문제는 관찰 결과를 취하고 그러한 결과로 이어지게 했을 인과 요인을 추론하는 문제다. 예를 들어 그림자가 있는 사진을 보고 어떤 모양의 물체가 그런 그림자를 만들었는지 알아내고 싶을 수 있다.

우리는 앞서 의과학자들이 동물의 뇌나 폐를 얇게 썰어 부피를 계산하는 방법을 이해했다. 단층 촬영으로 알려진 이 기술은 일련의 단면을 통해서 고체 물체를 표현하는 방법이다. 다행히도 단층 촬영은 가상 이미징 virtual imaging이라는 보다 긍정적인 용도로 활용되는데, 가장 잘 알려진 예가 바로 CT(컴퓨터 단층 촬영) 스캔이다.

전통적 CT 스캔에서는 환자가 누워 있는 침대가 터널 내부를 통과한다. 그동안에 X선 방출기가 몸 주위를 도는 과정을 통해서 얻은 정보를 사용하여 일련의 횡단면이 구성되고 이들은 3차원 이미지로 통합된다.

여기에서 무슨 일이 일어나고 있는지를 이해하고자 한다면 X선이 원형 물체를 통과하는 모습인 다음 그림을 살펴보자. 물체는 X선이 감지 장치에 수신되는 방식에 영향을 미치고, 그 정도를 통해 X선이 고체 물체를 통과하기 위해 얼마나 멀리 이동해야 했는지 알 수 있게 된다.

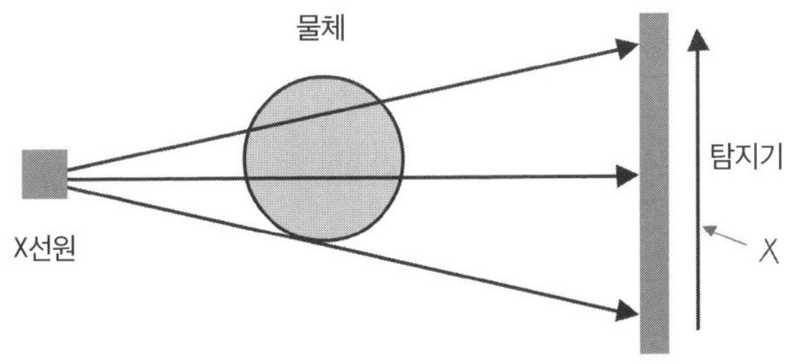

나중에 살펴보겠지만 여기에는 스넬의 법칙Snell's law으로 표현되는 굴절의 수학이 포함된다.

분명히 CT 스캔은 신체의 서로 다른 부분을 구별해야 하지만, 관련되는 수학의 유형은 기본적으로 동일하다. 즉, 스캔된 물체의 모양을 구성하려면 수신된 정보의 역해inverse solution를 구해야 한다.

비슷한 수학적 모델이 사용되는 MRI 스캔에서는 X선 대신에 강력한 자기장이나 전파를 이용하여 스캔이 이루어진다.

전 세계의 다양한 실험실에서 더 빠르고 가볍고 휴대성이 뛰어난 의료용 스캐너가 개발되고 있다. 그리고 계산과 수학 분야에서도 발전이 있었다. 예를 들어 최근 스탠퍼드대학교의 성인 선천성 심장프로그램Adult Congenital Heart Program에서 치료를 받은 한 심장병 환자는 자신의 담당의가 새로 개발된 컴퓨터 프로그램(True 3D)을 사용하고 있음을 알게 되었다. 비디오 게임 제작에 사용되는 것과 같은 방식으로 xyz 좌표를 사용하여 스캔한 이미지를 3D 안경을 통해서 볼 수 있는 3차원 이미지로 변환하는 프로그램이었다. 이는 의사가 어떤 치료가 가장 안전할지 판단하면서 환자의 심장, 폐, 흉강을 모든 각도로 회전시켜 검사할 수 있음을 의미했다.

미래에는 의사가 치료 방법을 논의하는 동안에 여러분의 신체 내부를 홀로그램hologram으로 보여줄 수도 있다(마치 의사들이 바쁜 근무를 마치고 퇴근하기 위해 제트팩을 메기 직전의 상황처럼 말이다).

패턴 인식의 실제

우리는 제3장에서 패턴 인식을 살펴보았다. 통계에서의 패턴 인식은 질병 발발의 진짜 원인을 식별하기 위해 종종 사용되었으며, 다음의 두 가지 대표적 사례가 있다. HIV 레트로바이러스는 미국(특히 남부 캘리포니아)의 여러 의사가 이전에는 건강해 보였던 젊은 게이 남성에게서 카포시 육종* 같은 희귀한 질병이 설명되지 않는 높은 비율로 발생한다는 것을 독립적으로 관찰함에 따라 1986년 확인 및 분리되었다. 이러한 질병의 집중 조사는 진짜 원인을 밝히는 데 결정적인 역할을 했다. 그리고 1854년 런던에서는 존 스노John Snow라는 의사가 소호 지구에서 발발한 콜레라에 감염된 사람들의 주소를 지도에 표시했다. 그의 지도는 모든 주소가 접근 용이한 특정 물 펌프 주변에 집중되어 있음을 보여주었다. 그때까지 콜레라는 '미아즈마 이론** miasma theory'으로 잘못 설명되고 있었다. 질병이 발발한 원인이 밝혀지면서 콜레라가 수인성 전염병이라는 사실이 받아들여졌

---

* 피부, 림프절, 입 등의 기관이나 장기에 발생할 수 있는 암의 일종이다.
** 콜레라, 흑사병 등 질병의 발병 원인이 미아즈마라는 나쁜 공기에 있다는 이론이다.

다. 이는 미아즈마 이론이 점차 현대 의학을 뒷받침하는 세균 이론
으로 대체되도록 한 주요 증거가 되었다. 따라서 디지털 패턴 인식
의 사용이 증가함에 따라 향후 수십 년 안에도 유사한 발전이 이루
어질 것으로 기대된다.

위양성과 위음성

확률을 잘 이해하는 것이 패턴 인식 알고리즘의 결과를 이해하는 데
유용한 것은 당연하다. 다만 한 가지 문제는 인간이 본능적으로 확률을
잘 이해하지 못한다는 것이다. 그 예로 위양성false positive과 위음성false
negative의 문제를 생각해보자.

형사 재판을 떠올려 보면 우리는 재판을 받는 사람이 실제로 유죄일
때는 유죄에 긍정적 결과(유죄 판결)가 나오고 무죄일 때는 부정적 결과
가 나오기를 원한다. 위양성은 무고한 사람이 유죄 판결을 받게 되는
상황이고, 위음성은 유죄인 사람이 석방되는 상황이다. 무죄 추정의 원
칙은 우리가 위양성을 위음성보다 더 나쁜 악(심각한 오류)으로 간주함
으로써 의도적으로 무고한 사람의 유죄 입증의 책임을 높게 설정하는
법률적 전통을 확립했다는 것을 의미한다.

의료 테스트나 패턴 인식 알고리즘에서는 기준을 조금 더 낮게 설정
할 만한 이유가 있을 수 있다. 예를 들어 임계치에 가까운 위음성과 위
양성이 발생하는 검사를 사용한다고 가정해보자. 잠재적인 경고 신호를

놓치고 싶지 않다면 보다 세부적인 검사를 채택하여 위양성을 허용하면서 더 낮은 임계치를 설정해야 한다. 공항의 보안 검색대는 더 많은 위양성을 선호할 수 있는 상황의 좋은 예다. 무기가 보안망을 통과하는 것을 방지하기 위해서는 열쇠와 동전에 대해서도 양성 신호를 받는 것이 좋다. 임곗값이 낮을수록 위음성은 줄어들지만 위양성이 늘어나게 된다.

물론 암 같은 질병의 위양성 판정을 받고 추가 검사를 앞둔 환자를 안심시키려는 의사는 이로 인해 어려운 상황에 처하게 된다. 검사 결과가 양성이라는 말을 들은 사람이라면 누구라도 최악의 결과를 두려워하지 않기가 어려울 것이다. 그리고 생물정보학bioinformatics은 질환이 발병할 조건의 존재 여부를 검사하거나 심지어 치매 같은 질병이 나중에 발병할 가능성을 예측하는 방법을 점점 더 많이 제공한다. 따라서 어떤 검사를 진행해야 하는지(환자의 경우는 어떤 검사를 받아야 하는지) 상당한 도덕적 딜레마가 생길 것이다. 필요하지 않을 수도 있는 검사의 비용이 비싸다면? 환자에게 얼마나 많은 추가적 스트레스를 주고 건강에 피해를 줄 가능성을 유발할까? 등의 문제 말이다.

그러므로 위양성의 확률적 상황을 자세히 살펴보자.

애비Abby가 딸기 알레르기(이 예에서는 인구의 1퍼센트에 딸기 알레르기가 있다고 가정한다) 검사를 하여 양성의 결과를 얻었다고 하자.

실제로 알레르기가 있는 사람의 80퍼센트가 양성 반응을 보이지만, 알레르기가 없는 사람의 10퍼센트도 양성 반응을 보인다고 가정한다. 계속 읽지 않고도 애비에게 정말 알레르기가 있을 가능성을 알아낼 수 있을지 생각해보자.

좋다. 이제 몇 가지 계산 방법을 살펴보자. 먼저 다음 표를 작성한다.

	양성	음성
알레르기가 있는 사람	80퍼센트	20퍼센트
알레르기가 없는 사람	10퍼센트	90퍼센트

문제에 접근하는 데는 몇 가지 전통적인 방법이 있다. 한 가지 직관적인 방식은 1,000명으로 이루어진 집단을 생각하는 것으로, 1,000명 중 10명은 실제로 알레르기가 있을 것이다. 이 중 80퍼센트 정확도로 올바른 결과가 나오는 검사는 8명을 정확하게 양성으로 판정하고 2명은 놓칠 것이다. 알레르기가 없는 990명에 대한 검사에서도 10퍼센트인 99명이 양성으로 판정될 것이다. 따라서 1,000명 중 107명이 양성 판정을 받게 된다.

이 결과를 표로 나타낼 수도 있다.

	알레르기가 있는 1퍼센트	양성	음성
알레르기가 있는 사람	10명	8명	2명
알레르기가 없는 사람	990명	99명	891명
	1,000명	107명	893명

따라서 107개의 양성 결과 중에 실제로 알레르기가 있는 사람이 8명인데, 이는 애비에게 알레르기가 있을 가능성이 약 7퍼센트라는 것을 의미한다. 답을 맞혔다면 축하한다. 대부분 사람이 훨씬 더 높은 가능성을 추측하는 경향이 있다는 것이 위양성의 함정 중 하나다.

두 번째 방법은 동일한 정보의 수형도^{tree diagram}를 그리는 것이다.

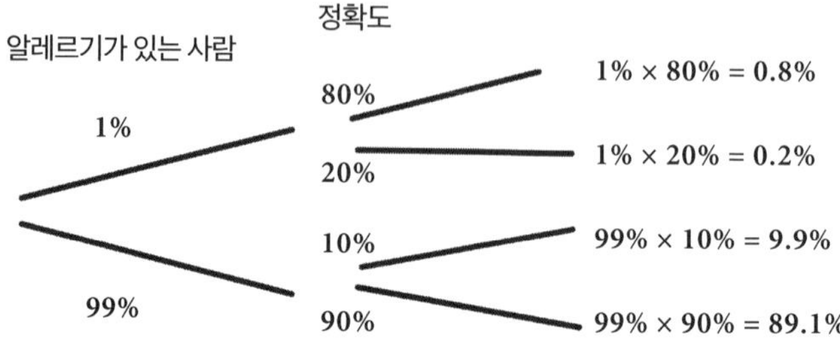

여기에서 백분율의 합이 100퍼센트가 되는지 확인하는 것이 좋다.

0.8% + 0.2% + 9.9% + 89.1% = 100%

마지막으로, 이 문제를 좀 더 공식처럼 표현하고 싶다면 베이즈 정리(베이즈 확률의 핵심)를 사용할 수 있다.

$$P(A|B) = \frac{P(A|B)P(B|A)}{P(A)P(B|A) + P(\text{not } A)P(\text{not } B)}$$

A는 알레르기가 있는 사람들의 범주이고 B는 양성 판정을 받는 사람들의 범주다. 기호 |는 '주어질 때'를 의미하고 P는 '확률'을 의미한다.

따라서 $P(A|B)$는 '검사 결과가 양성일 때 애비에게 실제로 알레르기가 있을 확률'을 나타내고 $P(B|A)$는 '애비에게 실제로 알레르기가 있을 때 검사 결과가 양성일 확률'을 나타낸다.

숫자를 입력하면 다음의 계산 결과를 얻을 수 있다.

$$P(A|B) = \frac{0.01 \times 0.8}{0.01 \times 0.8 + 0.99 \times 0.1} = 0.075$$

따라서 의사는 애비에게 알레르기가 있을 가능성이 (추가 검사가 필요하지만) 여전히 매우 낮다고 자신 있게 말할 수 있다. 그러나 의사의 말을 듣고 애비가 안심할 수 있을지는 학교에서 이처럼 실제 확률을 계산하는 방법 중 하나를 배웠는지에 따라 달라질 수 있다.

생물정보학의 성장

예전에 생물학자들이 가설을 검증할 수 있는 방법에는 두 가지가 있었다. 하나는 비보 안에서in vivo(라틴어로 '생체 안에서'를 의미한다), 즉 유기체 내부에서 실험하는 것이었고, 다른 하나는 비트로 안에서in vitro(라틴어로 '유리 안'에서를 의미한다), 즉 인공적 환경에서 실험하는 것이었다. 그러나 디지털 시대에는 세 번째 옵션이 생겼는데, 때로는 농담조로 '컴퓨터를 사용하여'라는 의미의 '실리코 안에서in silico'라고 불린다.

20세기 과학 혁신 중 하나는 단백질이 아미노산 서열로 정의된다는 발견이었다. 아미노산 서열은 단백질 내에서 아미노산이 연결되는 순서다. 1958년 영국 생화학자 프레더릭 생어Frederick Sanger는 1950년대 초반 연구를 통해 인슐린 서열을 발견한 공로로 노벨화학상을 수상했다. 최초로 발견된 아미노산 서열 이후에는 점진적으로 더 많은 발견이 이어졌다. 그리고 1958년 영국의 분자생물학자 존 켄드루John Kendrew

와 오스트리아의 화학자 맥스 퍼루츠Max Perutz가 X선 결정학(내가 이해하는 척도 하고 싶지 않은 프로세스)을 사용하여 단백질의 3차원 구조를 처음으로 매핑했다.

생물학자들은 일반적으로 컴퓨터를 사용하는 데 익숙하지 않았지만, 기술을 더 쉽게 이용하는 것이 가능해지고 컴퓨터가 빨라지면서 컴퓨터의 잠재력을 더욱 깨닫게 되었다. 생물정보학은 기본적으로 컴퓨터를 이용하여 생물학적 현상, 특히 단백질, 약물, 유전자 등의 구조와 서열 같은 것을 연구하는 학문이다.

현재 생물정보학은 엄청나게 성장하는 분야로 제약, 바이오테크, 소프트웨어 관련 기업의 모든 과학적 기회 목록에는 역량을 갖춘 사람들을 필요로 하는 수많은 일자리를 포함한다. 이런 측면에서 엄청난 도움이 되는 것은 온라인으로 접속할 수 있는 데이터베이스인 데이터 클라우드의 성장이다. 과거에는 생물학 데이터, 질병, 약물 등의 기록이 제한적이고 분산되어 있어 신뢰할 수 있는 결과를 얻는 데 필요한 방대한 양의 데이터에 접근할 수 없었다.

어떤 면에서 생물정보학은 '빅 데이터'의 응용이다. 이는 인과관계에 가설을 제시한 다음에 상관관계를 사용하여 가설을 입증하거나 반증하는 증거를 찾으려는 전통적인 과학적 방법의 역전으로 볼 수 있다. 기존의 표준적인 통계적 방법은 오류를 배제할 만큼 충분히 큰 샘플을 찾으려고 했다.

이제 막대한 양의 데이터를 사용할 수 있게 된 우리는 때로 반대 방향으로의 도약도 가능해졌다. 심지어 인과관계를 이해하기 전에도 추세나 현상이 실제임을 증명할 수 있고, 그러한 근거에 따라 행동도 가능하다.

예를 들어 개별 환자의 정확한 표적 치료에 사용되는 정밀 의학 분야에서는 특정 치료 및 약물 선택의 결과에 관한 철저한 분석을 통해 환자의 사례가 특정 인구 통계학과 얼마나 유사한지를 바탕으로 환자를 위한 정확한 치료 프로그램을 맞춤 설정할 수 있다. 그리고 생물정보학의 사용은 희귀 암을 이해하는 데 특히 유용했다. 이는 주로 연구자들이 데이터에 접근할 수 있는 능력이 향상되었기 때문이다.

미국의 암게놈아틀라스The Cancer Genome Atlas, TCGA는 미국국립암연구소National Cancer Institute와 국립인간게놈연구소National Human Genome Research Institute의 지원을 받은 연구 프로그램이었다. 이 프로그램은 종양과 건강한 조직의 샘플 분석을 통해서 1만 명이 넘는 환자에 관한 상세한 분자 분석 데이터를 제공한다. 이러한 데이터를 기반으로 1,000건이 넘는 연구가 진행되었다. 대부분 연구의 목표는 암의 분자적 기반을 더 명확하게 이해하고 암을 유발하는 유전적 변이를 이해하는 것이다.

생물정보학에 포함되는 수학적 작업의 유형은 다양하다. 수학은 주어진 단백질 서열에서 3D 구조를 예측하고 시각화하거나, 유사한 구조를 가진 단백질을 식별하거나, 구조를 사용하여 단백질의 '계보'를 구축하여 어떻게 진화할지 예측하는 데 사용될 수 있다. DNA 서열의 식별 및 분석 또한 생물정보학에서 빠르게 성장하는 분야다.

따라서 여러분이 통계, 프로그래밍 및 3D 이미징에 재능이 있고 앞으로 오랜 경력을 쌓을 만큼 충분히 젊다면 생물정보학은 분명히 여러분의 미래를 만들어나갈 과학 분야 중 하나임에 틀림없다.

물론 상관관계에서 인과관계를 추론하는 데 따르는 문제점은 온갖 종류의 무작위적인 현상에서도 상관관계를 발견할 수 있다는 것이다. 여러 통계학자가 재미 삼아 그런 터무니없는 연관성을 밝히는 프로그램을 만들었다. 특정 기간 동안 메인주의 이혼율이 1인당 마가린 소비량과 상관관계가 있었고, 켄터키주의 결혼율이 보트에서 떨어져 익사한 사람의 수와 상관관계가 있었다. 더욱 우스꽝스러운 것은 2000년대 미국의 1인당 치즈 소비량이 침대 시트에 엉켜서 죽은 사람의 수와 상관관계가 있었고, 수영장에 빠져 익사한 사람의 수가 그 해에 니콜라스 케이지가 출연한 (우스꽝스러울 정도로 많은) 영화의 수와 상관관계가 있었다는 것이다. 이런 종류의 상관관계를 너무 심각하게 받아들이면 '양배추를 먹으면 배꼽이 움푹해진다' '커피를 마시면 고양이를 키우게 된다' (모두 최근 조사에서 진짜 상관관계가 발견되었다) 같은 공포심을 조장하는 신문 기사를 쓰게 될 수도 있다. 따라서 빅 데이터가 연관 가능성을 고려할 가치가 있는 영역을 드러내는 것은 확실하지만, 약간의 상식과 어떤 유형의 인과관계가 실제로 작용하고 있는지를 확인할 수 있는 방법이 결합되지 않는다면 심하게 오도되거나 무가치한 결과를 얻을 수도 있다.

나노 기술

나노 기술nanotechnology 역시 앞으로 수십 년 동안 엄청나게 성장하는 분야가 될 가능성이 크다. 사실 모든 종류의 소형화는 이미 기술 발전의 핵심이었다. 칩의 소형화에 힘입어 휴대용 컴퓨팅 장치의 개발이 가능했고, 나노 기술이 그런 방향의 발전을 더욱 가속할 수 있었다.

'나노 기술'이라는 용어는 극히 작은 구조, 일반적으로 1마이크로미터(100만분의 1미터) 보다 작은 경우에 적용된다. 나노 기술은 응용물리학, 재료과학, 분자화학 및 전기공학 같은 분야와 깊은 관련이 있다. 나노 기술에서 수학적 부분은 종종 규모의 효과를 계산하는 것과 관련된다. 즉 소형화가 구조에 작용하는 힘에 어떤 영향을 미치는지 파악하는 것이다.

현재 우리의 나노 기술은 가장 초기 단계에 있고 두 번째 단계에 접어들고 있으며, 미래에 적어도 두 단계가 기다리고 있을 것으로 예상된다. 우리는 나노 물질의 물리적 활용의 첫 단계를 재료를 코팅하고, 탄소 나노 튜브로 플라스틱을 강화하고, 전자스핀 전력 실험electron spin power experiment에 그래핀graphene을 사용하는 것으로 본다. 이러한 활용 사례는 나노 특성을 이해하는 데 도움이 되지만 미래에는 의료나 실험 분야에서 주 용도로 사용될 것이다.

두 번째 단계는 나노 물질을 인체 내에서 안전하게 사용할 수 있을 정도로 제어가 가능할 때 마주할 것이다. 우리는 특정 단백질에 나노 입자를 코딩하여 세포에 흡수되도록 함으로써 특정 세포와 상호 작용하는 약물을 만드는 기술로 활용할 수 있을 것이다. 특정 표적 분자와 결합하는 분자인 압타머aptamer(올리고뉴클레오타이드oligonucleotide 또는 펩타이드peptide 분자다)에 금 나노 입자를 부착하여 독감 바이러스를 감지하는 방법의 실험도 진행되고 있다. 나노 다이아몬드도 새로운 형태의 현미경 검사에 사용되어 연구자들이 암세포를 식별하는 데 도움을 주고 있다.

나노 기술의 후기 단계에 이르면 우리는 나노 로봇을 개발하고 마침내 인공 장기를 보다 통제된 방식으로 성장시킬 수 있는 단일 분자 나노 시스템으로 나아갈 수 있을 것이다.

그렇다면 미래에는 핀 머리 크기의 슈퍼 컴퓨터를 볼 수 있을까? 기술이 이미 얼마나 발전했는지를 생각하면, 이에 반대하는 베팅을 하고 싶지는 않다.

제11장

빨간약 먹기

컴퓨터 이미지
그리고 게임과 영화

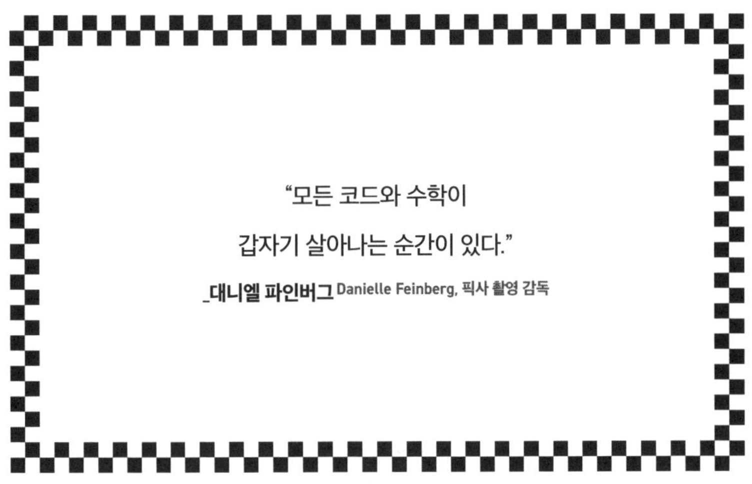

컴퓨터 화면에 이미지를 생성하는 문제에 직면한 컴퓨터 프로그래머들은 자연스럽게 데카르트 좌표로 눈을 돌렸다(제1장 참조). 픽셀을 사용하여 이미지를 만들려면 이산 수학(구별되고 분리된 객체의 수학) 문제를 다뤄야 한다. 모든 곡선이나 연속적인 모양은 일련의 분리된 점들이 부드러운 곡선을 대신하도록 하는 일종의 손재주를 통해서 만들어질 수 있다.

2D 이미지는 이미지를 구성하는 각 픽셀의 색상을 정의해 만들 수 있다. 비트맵bitmap은 이러한 정보를 직접 (행렬에) 저장하므로 용량이 큰 정보 파일이다. 그에 반해서 벡터 그래픽vector graphic은 각 모양의 속성 집합을 저장한다(프로그램이 속성을 해석하여 이미지를 생성하고 이를 확대 혹은 축소할 수 있어서 계산의 부담이 적고 훨씬 효율적임을 의미한다). 래스터화rasterization는 벡터 그래픽을 비트맵으로 변환하는 과정이다.

컴퓨터가 점점 빠르고 정교해지면서 만들 수 있게 된 3D 애니메이션에는 약간의 영리한 사고방식이 필요하다. 먼저 프로그래머는 3D 영역을 나타내는 xyz 공간에서 시작한다. 둘째, 환경 내부의 객체가 생성된다. 처음에는 일종의 메시 와이어mesh wire 윤곽선으로 생성되며, 표면의 각 부분이 표현되는 방식의 속성을 지닌다. 마지막으로 관찰자(또는 조명)의 시점을 정의하는 것이 가능하며, 각 객체가 시점에 따라 어떻게 보일지 프로그램이 빠르게 계산한다.

이것이 비디오 게임 〈그랜드 테프트 오토Grand Theft Auto〉에서 영화 〈월-E〉에 이르기까지 엄청나게 복잡한 게임과 할리우드 블록버스터에 들어가는 놀라운 컴퓨터 그래픽 효과의 핵심인 기본 방법론이다. xyz 좌표를 사용하여 공간을 정의할 수 있으면 주어진 순간의 공간 내 모든 점이 어떻게 보일지 지정할 수 있다. 앞으로 3D 애니메이션을 볼 기회가 있다면 잠시 시간을 내어 데카르트의 훌륭한 발명에 감사한 마음을 가져보는 건 어떨까.

이미지 압축의 마법

일회용 패드가 해독할 수 없는 암호를 제공할 수 있음을 증명한 미국의 뛰어난 수학자이자 이론가인 클로드 섀넌은 또한 매우 실제적인 의미에서 데이터 압축의 아버지였다. 그의 논문 〈통신의 수학적 이론The Mathematical Theory of Communication〉은 오늘날에도 여전히 중요한 아이디어로 가득했다. 섀넌은 수학을 사용하여 메시지에 포함된 정보의 양과 그 정보를 압축할 수 있는 정도를 의미하는 엔트로피 비율entropy rate을 분석했다. 정보를 전송하는 방법에 따라 어느 정도의 손실이나 왜곡 없이 압축하는 데는 불가능한 한계가 존재한다. 섀넌은 영어의 경우 최대 50퍼센트까지 정보가 중복된다고 생각했다. 앞 문장의 전반부를 'Fr instns, wn it cms tth Iglsh lnguj'로 다시 쓰더라도 여전히 해독할 수는 있겠지만, 더 나아가면 해석에 오류가 생길 여지가 너무 커질 것이다.

제6장에서 우리는 엔트로피 코딩을 손실 없는 압축에 사용할 수 있는 전략의 한 가지로 간략히 살펴보았다. 그러나 섀넌은 또한 정보의 일부 손실이나 왜곡이 허용되는 상황(손실 압축으로 알려진)도 고려했다. 이 경우 우리의 전략은 왜곡을 최소화하는 방법에 초점을 맞출 필요가 있다.

이미지를 압축할 때 우리는 기본적으로 큰 행렬(또는 전체 RGB 색상 채널 정보를 담고 있는 세 행렬의 집합)을 작은 행렬로 변환하는 방법을 살펴본다. 예를 들어 정사각형을 이루는 네 개 값의 산술 평균을 취함으로써 행과 열 모두 절반 크기인 행렬을 생성할 수 있다.

3	4	6	6	6	4	3	3
5	4	5	6	6	6	3	2
4	6	5	7	6	4	3	2
4	6	6	7	6	3	2	2
4	5	4	7	8	4	2	1
4	4	3	7	7	2	1	1
4	5	3	8	9	7	1	1
3	3	3	9	9	6	1	1

4	6	6	3
5	6	5	2
4	5	5	1
4	6	8	1

이 과정에서 명확한 손실이 발생했음에 유의하자. 평균화된 행렬에는 원래 행렬에서 가장 큰 숫자인 9가 없으므로 출력이 대비contrast 측면에서 원래 이미지보다 약할 것이다. 이렇게 단순한 방법조차 조정이 가능하다. 예를 들어 산술 평균 대신 기하 평균을 사용하면 출력에 차이가 생긴다.

(일련의 숫자에 관한 기하 평균을 계산하려면 숫자들의 곱을 구하고 1을 수열의 길이로 나눈 수만큼 거듭제곱한다. 산술 평균은 모든 숫자를 더한 다음에 평균을 구하는 숫자의 개수로 나누어 계산한다.)

물론 실제 이미지 압축에는 이보다 훨씬 더 정교한 방법이 사용된다. JPEG 압축에 사용된 원래 방법은 신호를 받아 다른 신호로 변환하는 고속 푸리에 변환fast Fourier transform 등의 연산과 유사한 이산 코사인 변환discrete cosine transform, DCT이었다. 현재 사용되는 수학은 웨이블릿wavelet을 기반으로 한다. 원본 이미지가 픽셀의 색상과 밝기를 분리하는 모델로 변환된 다음, 이는 다른 색상으로 인코딩된다. 우리가 이미지를 볼 때 밝기 변화보다 색상 변화에 덜 민감하다는 점에 유의하자. 따라서 초기 목표는 단순히 이미지를 더 적은 픽셀로 압축하는 것보다 우리가 감지하는 핵심 요소에 초점을 맞추는 것이다.

이미지는 정사각형 덩어리로 나뉘고 주파수 영역으로 변환된다. 이는 수학적 함수나 신호를 시간이 아닌 주파수를 기준으로 분석하는 것을 의미한다. 분석의 목표는 이미지의 작고 선명한 요소를 고주파 정보로 처리하고, 일반적인 색상과 흐릿한 영역은 저주파 정보로 처리하는 것이다.

이 정보는 다시 '웨이블릿'을 사용하여 변환된다. 웨이블릿은 기본적으로 파동의 개별적 덩어리다. 파동이 0에서 시작하여 한 번 상승한 다음에 다시 0으로 돌아가는 구간은 하나의 웨이블릿이 된다. 웨이블릿 분석은 날카로운 모서리 같은 불연속성과 작고 밝은 세부 사항 같은 스파이크spike가 포함된 이미지를 처리할 때 푸리에 방법을 사용하는 표준적 파동 분석보다 효과적이다.

이렇게 변환된 숫자 행렬은 허프먼 코딩Huffman coding을 사용하여 압축된다. 허프먼 코딩은 엔트로피 코딩의 일종으로 집합의 가장 일반적인 요소에 가장 적은 데이터를 사용하는 기호를 할당한다. 최종 출력은 원래 이미지에 타당한 근사치이지만 최대 열 배 더 작은 데이터 집합이 된다.

Mpeg 같은 영상 압축에서도 개별 프레임에 인트라프레임intraframe 압축으로 알려진 유사한 방법이 사용되며, 연속적인 프레임 복제를 통해 프레임 수를 줄이는 인터프레임interframe 압축 옵션이 추가된다.

Zip 같은 무손실 압축 포맷에는 다양한 방법이 사용된다. 가장 일반적인 알고리즘 중 하나는 1989년에 처음 공개된 DEFLATE다. 여기에는 두 가지 주요 전략이 사용된다. 하나는 허프먼 코딩으로, 다시 한번 가장 일반적인 정보에 가장 적은 데이터를 소비하는 기호가 할당된다. 다른 하나는 사전dictionary 코딩 기술인 무손실 압축 알고리즘 Lempel‒Ziv‒Storer‒Szymanski(LZSS)다. 무손실 압축 알고리즘은 공통적인 정보의 문자열을 사전 참조dictionary reference로 표현하는 깔끔한 기술로, 전체 문자열은 한 번만 제공하고 다른 인스턴스•instance는 초기 항목의 위치에 관한 참조로 제공된다.

이 기법은 반복이 많은 파일에 가장 효과적이다. 예를 들어 '순순히 어두운 밤을 받아들이지 말라Do Not Go Gentle Into That Good Night'라는 시의 처음 몇 연이나《모자 속의 고양이The Cat in the Hat》같은 책을 떠올려 보자. 각각의 경우에 상당한 양의 단어뿐만 아니라 전체 문구의 반복이 있다. 따라서 가장 반복이 심한 정보를 한 번만 기록한 다음에 해당 위치에 대한 참조를 사용하면 상당한 양의 데이터를 절약할 수 있다.

예를 들어 동요 〈Baa Baa Black Sheep〉의 가사를 떠올려보자.

0: Baa, baa, black sheep, have you any wool

41: Yes sir, yes sir, three bags full

74: One for the master

92: And one for the dame

112: One for the little boy

134: Who lives down the lane

157: Baa, baa, black sheep, have you any wool

197: Yes sir, yes sir, three bags full

• 앞서 이미 등장한 정보가 또 등장하는 것을 말한다.

이것을 (적어도 다음과 같이) 빠르게 줄일 수 있다.

0: Baa, (1,4) black sheep, have you any wool

41: Yes sir, (41,8) three bags full

74: One for the master

92: And (74,11) dame

112: (74,11) little boy

134: Who lives down the lane

157: (0,40)

197: (41,73)

줄 번호는 각 줄에서 첫 번째 문자의 위치를 나타내고, 괄호 안의 두 숫자는 반복해야 할 구간의 시작점과 길이를 나타낸다. 이 예시에서는 225개 문자가 163개로 줄었다. 파일을 압축할 수 있는 정도와 알고리즘의 효율성은 길이와 반복 정도에 따라 달라지는 것이 분명하다. DEFLATE 같은 알고리즘의 장점은 다양한 전략을 결합함으로써 무손실 압축의 효과를 극대화한다는 것이다.

이미지 편집의 함정

포토샵Photoshop 같은 프로그램을 사용하면 이미지를 압축할 뿐만 아니라 편집도 할 수 있다. 이미지의 모든 부분에 색상 균형, 색조나

채도 또는 대비를 개별 픽셀까지 조정할 수 있고 가우시안 블러Gaussian blur 같은 수학적 도구를 사용하여 효과를 추가할 수 있다. 물론, 다른 모든 분야와 마찬가지로 소프트웨어는 지난 수십 년 동안에 크게 발전했다. 한때는 이미지를 편집하려면 비싼 소프트웨어 제품군이 필요했지만 이제는 종종 사전에 설정된 알고리즘에 따라 이미지를 빠르게 편집할 수 있는 애플리케이션을 스마트폰에서도 사용할 수 있다.

예를 들어 얼굴을 매끈하게 만들어 다소 전형적이고 약간은 어딘가 불편해 보이는 '셀카' 룩을 연출하려면, 소프트웨어가 얼굴의 피부 부위를 식별하여 매끈하게 다듬고 약간 흐릿하게 하거나 유사한 효과를 더하여 눈과 입을 선명하게 강조하도록 할 수 있다. 또한 얼굴이 갸름하게 보이기를 원한다면 얼굴을 늘일 수도 있다.

물론 기괴한 결과를 불러올 수도 있다. 내 친구는 최근 시작한 페이스북에서 여동생을 찾아보고자 했다. 40대에 자신이 생각했던 검색 조건에 들어맞는 유일한 한 사람이 검색되었지만 알아볼 수 없었다. 그 이유는 사진 속 여성의 얼굴은 나이에 비해 훨씬 젊어 보였고 바비 인형처럼 약간 부자연스러웠다. 결국 친구는 이 여성의 사진이 애플리케이션 필터에 지나치게 의존한 친동생의 알아볼 수 없을 정도로 변한 얼굴이라는 결론에 도달했다.

픽사의 수학

1995년 개봉한 애니메이션 〈토이 스토리〉가 놀라운 작품으로 평가받는 것은 당연한 일이었다. 그 이후로 데이터의 효율성이 어떻게 바뀌었는지 생각해보자. 그해쯤 내가 구입한 첫 번째 데스크톱 컴퓨터는 10메가바이트도 안 되는 하드 디스크가 달린 커다랗고 엉성한 제품이었다. 오늘날 주머니 속에 있는 스마트폰의 저장 용량은 30기가바이트가 넘는다. 물론 당시에도 전문적인 용도로 사용할 수 있는 대형 컴퓨터가 있었지만, 오늘날에는 모든 수준의 컴퓨터가 효율성과 소형화 등의 발전에 힘입어 처리 능력이 훨씬 향상되었다.

애니메이션 영화 스튜디오 픽사Pixar는 이전에 장편 디지털 영화를 만든 적이 없었다. 〈토이 스토리〉는 11만 4,000개 이상의 프레임과 1,500개의 샷shot으로 구성된 77분 분량의 장편 애니메이션으로 제작되었다. 렌더링rendering(애니메이션 프로그램에 포함된 3D 정보로 실제 영화를 출력하는 프로세스다)을 위해서 컴퓨터 117대가 하루 종일, 밤새도록 돌아갔다. 단일 프레임을 렌더링하는 데는 1시간에서 30시간까지도 걸렸고, 최종 제품을 완성하는 데는 1년이 넘는 시간이 필요했다.

〈토이 스토리〉가 인상적인 업적이기는 했지만, 디지털 애니메이션은 여전히 갈 길이 멀었다. 첫 번째 영화부터 장난감을 소재로 선택한 이유에는 표면을 애니메이션화하기 편하다는 용이성 때문임이 분명했다. 개와 인간은 같은 이유로 덜 성공적이었다. 그러나 픽사는 마침내 〈몬스터 주식회사〉에서 털의 문제를 해결했다(아직 영화를 보지 않았다면 주인공인 파란 괴물 설리Sully의 사진을 구글에서 검색해보는 것도 좋다).

픽사는 이 문제의 해결에 심혈을 기울여 시뮬레이션Simulation이라는 완전히 새로운 프로그램을 만들었다. 털처럼 사소한 요소를 수작업으로 애니메이션화하는 대신에 이 프로그램은 모션 시뮬레이션motion-simulation을 사용하는데, 여기에서 수학적 계산이 훨씬 더 복잡해진다. 가닥가닥의 털이 별도의 객체로 취급되고, 캐릭터의 움직임, 바람, 중력 등 해당 객체의 움직임에 영향을 미칠 수 있는 모든 힘이 프로그램에 입력되어야 한다. 따라서 사실상 프로그램은 주어진 순간에 뉴턴의 법칙이 가닥의 움직임에 어떤 영향을 미치는지 계산한다. 그것도 수천 개의 털 가닥을 동시에 말이다.

픽사 팀은 〈니모를 찾아서〉를 제작하면서 수중 장면을 사실적으로 보이게 하는 방법을 이해해야 하는 또 다른 문제에 직면했다. 움직이는 물속에서 빛이 굴절되는 방식을 이해해야 했으므로, 프로그램은 순간마다 다시 한번 복잡한 물리 방정식을 고려해야 한다.

물론 이 모든 것에는 계산 능력인 컴퓨팅 파워의 엄청난 향상을 필요로 했다. 2006년까지 픽사는 〈토이 스토리〉를 만들 때보다 1,000배 이상의 컴퓨팅 파워를 보유하게 되었다. (불행히도 그들은 이 능력을 사용하여 〈카〉를 제작했지만 이는 또 다른 이야기다.)

오늘날 보유하고 있는 컴퓨팅 파워를 기준으로 한다면 픽사는 오리지널 〈토이 스토리〉를 러닝 타임보다 짧은 시간 안에 렌더링할 수 있었다. 〈토이 스토리 4〉를 렌더링하는 데는 오랜 시간이 걸렸지만, 이는 활용할 수 있게 된 정보의 엄청난 깊이와 크기 때문이었다.

이미지의 크기를 계산하려면 이미지의 치수, DPI 그리고 비트 심도bit depth 세 가지가 필요하다.

DPI는 인치당 도트 수를 나타내는 약어다. 실제로는 인치당 프린터 도트 수를 나타내는 인쇄 용어이지만 인치당 픽셀을 의미하는 PPI와 종종 혼용되므로 여기에서는 까다롭게 구별하지 않으려 한다.

비트 심도는 픽셀당 비트 수의 척도로서 가용한 색상의 수를 정의한다. 픽셀당 8비트의 비트 심도는 2^8가지 또는 256가지 색상을 제공하고, 픽셀당 16비트는 더욱 풍부한 $65,536(2^{16})$가지 색상을 제공하는 반면에, 픽셀당 24비트는 트루 컬러true color로 알려지고 꽤 오랫동안 표준이 되어온 $16,777,216(2^{24})$가지 색상을 제공한다.

3×4인치 크기 이미지에 픽셀당 24비트를 사용한다고 가정해보자. 흔히 사용되는 이미지 형식인 TIFF 이미지의 크기(비트 수)를 구하는 기본 방정식은 다음과 같다.

세로 × 가로 × DPI × DPI × 비트 심도

따라서 다양한 수준의 크기를 구할 수 있다.

3 × 4 × 300 × 300 × 24 = 25,920,000비트

25,920,000 ÷ 8 = 3,240,000바이트

3,240,000 ÷ 1,024 = 3164.0625킬로바이트

3,164.0625 ÷ 1,024 = 3.09메가바이트

크기를 줄이기 위한 알고리즘을 사용하는 JPEG의 경우는 이야기가 약간 더 복잡해진다. 그리고 미안하지만 여기에서 한 가지 더 현학적인 설명이 필요하다. 1킬로바이트는 기술적으로 1,000바이트이지만 이진수의 등가물은 2^{10}(또는 1,024)인 키비바이트kibibyte(KiB)다. 그러나 킬로바이트와 키비바이트는 일반적으로 혼용된다.

메가바이트와 메비바이트mebibyte(MiB)도 마찬가지다!

물고기의 눈으로 보기

우리는 가상 이미징과 가상 현실virtual reality, VR이 외과 의사와 다른 의료 전문가를 훈련하는 데 얼마나 중요한지 살펴보았다. 그들이 실제이든 시뮬레이션이든 몸에 칼을 대지 않고도 '신체 내부'를 더 많이 볼 수 있게 된다면 실무를 위해 더 많은 경험을 쌓고 더욱 풍부한 정보를 얻을 수 있다. 더욱이 가상 현실은 건축, 제조, 유전자 치료 같은 생물의학, 교육, 수술 훈련, 신체 훈련 등 다양한 맥락에서 사용된다. 특히 마지막 측면은 단순히 상황을 시각화하는 것만으로도 신체가 실제 상황에 대처하는 데 도움이 될 수 있기 때문에 매우 흥미롭다. 본질적으로 우리의 뇌는 가소성plastic이 있어서 우리가 평생 적응하고 학습할 수

있도록 하며, 경주나 운동 경기 같은 신체적 행위를 명확하게 시각화할 수 있는 것만으로도 나중에 동일한 상황과 마주쳤을 때 성공하는 데 도움이 될 수 있도록 한다.

그렇다면 고글을 통해 3D 이미지의 가상 현실을 보는 경우에 사용되는 기본적인 수학 원리에는 무엇이 있을까? 뒤에 이을 설명과 약간 다른 다양한 방법이 있겠지만, 어떤 경우에도 동일하게 적용되는 수학적 원리를 설명하는 간단한 방법은 다음과 같다.

먼저 180도 시야를 포착할 수 있는 어안魚眼 카메라를 사용해야 한다. 뒤를 돌아볼 수 있는 인터랙티브interactive 가상 현실을 만들려면 서로 반대쪽을 향하는 두 대의 카메라가 필요하다(이 작업은 각 방향을 가리키거나 원통형으로 배열된 여섯 대의 표준 카메라를 사용하여 수행할 수도 있다. 이미지를 결합하는 어려움은 비슷하면서도 약간 다르다).

이제 우리는 가우스의 놀라운 정리(24~27쪽 참조)로부터 곡면에서 평면 이미지를 만드는 데(어안 렌즈의 시야를 시각화하는 가장 쉬운 방법) 문제나 왜곡이 발생할 가능성이 크다는 것을 안다. 따라서 이미지를 만드는 데는 두 단계가 있다. 먼저 이미지 내의 모든 점의 실제 위치를 계산해 이를 VR 기기의 화면에 매핑하는 함수가 필요하다(그런 다음에 시야의 심도 문제, 다시 말해서 카메라로부터 각 객체까지의 거리를 처리해야 하지만 이 문제는 나중에 설명할 것이다).

점의 위치는 빛(또는 다른 파동)이 굴절되는 방식을 측정하는 스넬의 법칙Snell's law을 사용해 방정식 $\dfrac{\sin(x)}{\sin(y)} = \dfrac{v_1}{v_2} = \dfrac{n_1}{n_2}$으로 계산할 수 있다. 여기에서 x는 카메라 렌즈 유리 표면에 수직인 선인 '법선法線'을 기준으로 빛이 입사되는 각도이고, y는 빛이 유리를 통과하는 각도다. v_1과

v_2는 매질(공기와 유리)에서 빛의 위상 속도phase velocity이고, n_1과 n_2는 두 매질의 굴절률이다. 따라서 스넬의 법칙은 각도와 사인 값의 비율이 위상 속도의 비율 및 굴절률의 비율과 동일하다고 말한다. 주어진 렌즈의 적절한 정보가 있으면 스넬의 법칙을 이용해 빛줄기의 시작점에 관한 정확한 위치를 제공하는 함수를 생성할 수 있다.

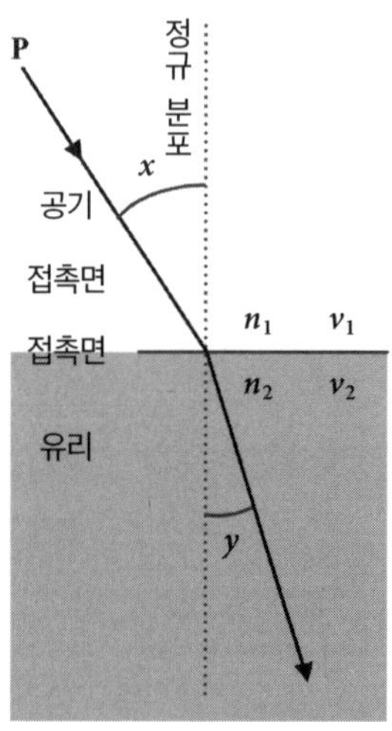

다음은 매핑이다. 속이 빈 큰 지구본을 반으로 갈라 반쪽의 내부를 본다고 상상해보자. 갈라낸 곳에 원형 바닥이 있다고 상상하면 내부 곡면상의 모든 점이 원의 중심에서 같은 거리에 있다. 이제 이를 평평한 표면에 표시할 수 있도록 변환하는 방법을 찾아야 한다.

다양한 형태의 카메라에서 이러한 목적으로 사용되는 다양한 유형의 매핑 함수가 있다. 직선rectilinear 함수(심사gnomonic 또는 원근perspective 함수라고도 불린다)는 중앙에서 수평 및 수직 방향으로 직선을 유지하고 이미지의 가장자리로 이동함에 따라 선이 바깥쪽으로 구부러진다. 입체stereographic 또는 파노라마 함수는 더 넓은 면적을 취하고 점 사이의 각도를 유지한다. 각거리角距離, angular distance를 유지하는 등거리equidistance 함수는 밤하늘의 묘사 같은 것에 적합하다. 정사영orthographic 함수는 원형으로 보이며 이미지 가장자리에서 가까운 물체를 압축하는 반면, 등입체equisolid 이미지는 크리스마스 장식용 오너먼트 구슬의 표면처럼 반사되어 보인다.

이 단계에서는 평면 이미지를 볼 수 있지만, 실제를 보는 것처럼 눈을 속일 수 있는 3D 이미지를 얻을 수는 없다. 너무 빨리 혼란스러워할 것을 걱정해 앞에서 생략한 설명을 언급하자면, 전방을 향하는 어안렌즈 하나(그리고 인터랙티브 가상 현실에서는 후방을 향하는 렌즈 하나)를 사용하는 대신에 같은 방향을 향하는 렌즈 두 개(인터랙티브 여부에 따라서 두 개나 네 개)가 필요하다는 것이다. 두 개의 렌즈는 사람의 두 눈이 보는 것과 약간 다른 이미지를 생성한다.

여러분은 이미 이 현상을 잘 알고 있다. 가까이 있는 물체를 바라보면서 손으로 양쪽 눈을 번갈아 가며 가려보자. 한쪽 눈에서 작은 도약jump이 일어나는 것을 알 수 있다. 어느 쪽이든 시력이 더 좋은 눈은 이미지가 움직이지 않지만, 그렇지 않은 다른 쪽 눈에서는 이미지가 움직이게 된다. 이는 여러분이 물체를 바라보는 동안 뇌가 약간 다른 이미지 두 개를 시력이 좋은 눈을 기준점placemarker으로 사용하여 효과적으로 결합하기 때문이다.

뇌는 기묘한 수학적 도구다. 여러분의 두 눈으로부터 물체를 향해 그어진 선을 상상해보자. 두 눈이 같은 방향을 바라보는 동안에 눈과 물체의 중심점 사이에 삼각형이 형성된다. 얼굴과 가까이 위치한 물체인 경우는 짧은 삼각형, 멀리 위치한 물체의 경우는 길고 가는 삼각형이 형성된다. 물체의 시야상 위치의 차이인 시차는 이 삼각형의 각도를 사용하여 측정한다. 여러분은 삼각법을 사용하여 자신과 물체 사이의 거리를 계산할 수도 있지만, 다행히도 대단히 빠른 컴퓨터인 뇌가 이미 여러분을 위해 작업을 완료했다.

3D 애니메이션을 제작할 때는 시차가 매우 중요하다. 시차 효과는 곧 원근감을 통해 깊이를 인식하도록 뇌를 속이는 방법이기 때문이다. 3D 영화에서 관객을 향해 돌멩이(또는 무엇이든)를 발사해 깜짝 놀라게 하는 다소 식상한 장면이 나올 때, 여러분이 실제로 보고 있는 이미지는 두 개의 이미지로 구성되어 있으며, 묘사된 물체의 위치는 두 원래 이미지에서 빠르게 멀어진다.

따라서 각 광선의 위치를 식별하고, 사용할 투영 방식을 선택하고, 함수를 사용해 이미지를 매핑하고, 시차 문제를 처리한 우리는 이제 VR 고글을 머리에 착용한다. 현재의 기술로는 비교적 투박한 제품이지만 시간이 지남에 따라 더 가볍고 저렴해질 것으로 예상된다. 우리의 뇌는 양쪽 눈이 보는 약간 다른 이미지를 짜맞추어 현실감 가득한 환상을 만든다. 물론 때때로 뇌가 카메라에 너무 가까이 위치한 물체(피하는 것이 가장 좋다)로 인해 혼란을 겪기도 하고, 사용된 투영 방식에 따라 다양한 왜곡도 발생하지만 그럼에도 불구하고 그 효과는 상당히 인상적이다. 이는 모두 정교한 수학과 더불어 우리 두개골 안에 자리한 컴퓨터 덕분이다.

제12장

무한한 미래

하이테크 수학은
어떤 미래를
건설할까

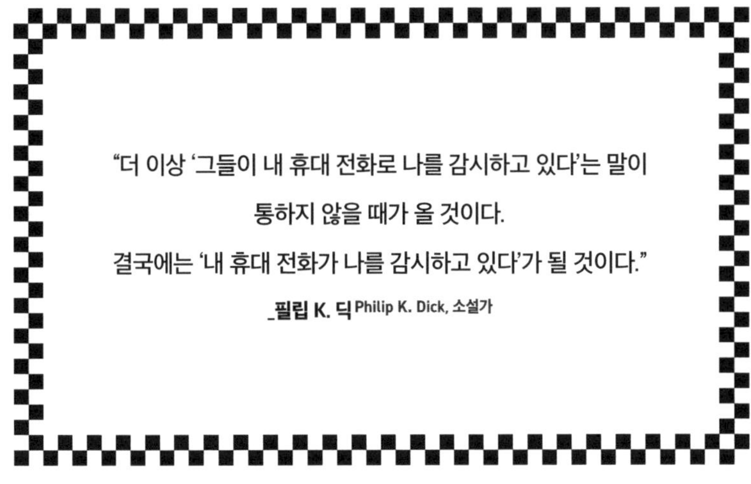

이 책에서 입증된 사실이 하나 있다면 오래된 수학과 새로운 수학이 예상치 못한 방식으로 끊임없이 재결합하여 새로운 기술에 영감을 주고 뒷받침한다는 것이다. 그리고 영국의 소설가 아서 클라크Arthur Clarke가 말했듯이 '충분히 진보된 기술은 마법과 구별할 수 없다.' 그러므로 수학과 하이테크의 미래 경로를 예측하는 일은 바보 같은 게임이 될 수밖에 없다. 그리고 우리는 궁극적으로 미래의 기술을 탄생시킬 수학의 본질을 정확히 설명할 수도 없다. 그러나 현재 연구가 진행 중이거나 추측에 근거한 아이디어가 있는 몇몇 분야를 살펴보는 것은 흥미로운 일이다. 따라서 책을 마무리하며 수학이 미래의 하이테크를 창조하는 데 도움이 될 만한 몇 가지 분야를 소개해보고자 한다.

그래핀의 수학

탄소가 그토록 매혹적인 화학 원소인 이유 중 하나는 탄소의 동소체allotrope들이 엄청나게 다른 특성을 갖기 때문이다. 동소체는 동일한 원소가 취할 수 있는 서로 다른 형태로 원자가 구성되고 쌓이는 방식에 따라 달라진다. 다이아몬드와 흑연(연필 '심'으로 사용되는 훨씬 부드러운 물질)이 탄소의 가장 잘 알려진 두 가지 동소체이고, 석탄은 사실상 동일한 원소의 분해된 형태일 뿐이다. 그럼에도 불구하고 수 세기 동안 과학자들은 이들이 완전히 다른 물질이라고 믿었다.

최근 과학자들은 기이한 특성을 지닌 새롭고 기묘한 탄소 동소체를 만드는 방법을 발견했다. 1985년에 발견된 풀러렌fullerene은 탄소 원자로 구성된 속이 빈 케이지 모양이다. '버키볼buckyball'은 탄소 원자 60개로 이루어진 속이 빈 공 모양이고, 1991년 발견된 탄소 나노 튜브carbon nanotube는 직경이 1나노미터(0.000001밀리미터)에 불과한 원통형 형태의 탄소 원자 시트다. 하지만 가장 놀라운 물질은 평평한 탄소 원자 시트로 두께가 원자 하나 크기에 불과한 그래핀이다.

그래핀에는 몇 가지 놀라운 특성이 있다. 극도로 강하면서도 매우 유연하고, 가장 잘 알려진 열전도체이며, 투명에 가깝고, 초전도성을 띨 수 있다. 그래핀의 특성은 일찍이 1947년에 예측되었지만, 2004년 맨체스터대학교 교수이자 러시아의 물리학자인 안드레 가임Andre Geim과 콘스탄틴 노보셀로프Konstantin Novoselov가 그래핀을 분리하기까지는 순전히 이론적인 가능성으로만 여겨졌다(두 사람은 그래핀을 발견한 공로로 2010년 노벨물리학상을 받았다). 그들은 기본적으로 단일한 층에 이를 때까지 흑연 층을 벗겨내는 방법으로 그래핀을 만들었고, 그 이후로 제조 비용이 비교적 저렴하다는 것이 입증되었다. 그래핀의 기본 구조는 개별 탄소 원자의 벌집honeycomb 구조다.

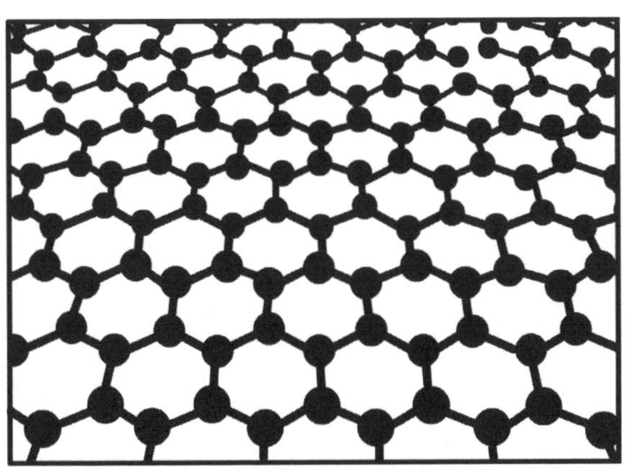

그래핀의 원자 구조

그래핀의 용도는 극도로 강한 항공기와 인공위성의 제작부터 웨이퍼처럼 얇은 컴퓨터 모니터와 칩의 제조까지 다양하게 제안되었다(그래핀 트랜지스터는 이미 개발되었다). 그래핀을 사용하여 자동차를 제조하는 방법이 발견된다면 앞에서 논의했던 문제, 즉 중량 대 전력 비율 때문에 기존의 자동차 제조 기술로 태양광 자동차를 만드는 것이 불가능하다는 문제의 해결책이 될 수 있다. 그리고 아주 작은 장치를 만드는 데 사용될 수 있기 때문에 나노 기술에서 매우 중요한 역할을 할 수도 있다.

그렇다면 이 모든 것이 수학과 무슨 연관이 있을까? 알고 보면 놀라울 정도로 많다.

유클리드 기하학의 기본 공리가 이상적인 점, 선, 곡선 및 평면을 기본 요소로 하는 2차원 공간에 기반을 두고 있음을 유의하자. 그리고 지난 500년 동안의 가장 중요한 수학적 발전 중 하나인 미적분의 발명으로 우리는 연속적인 운동과 곡선을 분석할 수 있게 되었다.

그러나 이산 수학은 불연속적인 경로만을 다루는 수학 분야다. 기본적으로 셀 수 있는 숫자에 관한 주제를 고수하고 미적분을 포함한 '연속 수학'의 주제를 배제한다. 한편 이산 기하학은 점, 선, 평면, 원과 다각형같이 이산 수학을 사용하여 완벽하게 설명할 수 있는 형태를 다룬다. 이산 기하학에서 종종 다루는 문제는 다각형을 사용하여 표면을 테셀레이션*tessellation하는 방법, 삼각형이나 사각형 같은 도형의 강성(사각형은 마름모 모양으로 변형될 수 있기 때문에 삼각형의 강성이 더 크다), 노드와 네트워크, 조합 문제**combinatorial problem 같은 유형이다.

테셀레이션

잘 알려진 테셀레이션에는 바닥이나 욕실 벽에 사용할 수 있는 형태의 정사각형 타일, 맞물리는 삼각형의 열, 45도 기울어진 정사각형들로 연결된 팔각형으로 이루어진 유명한 무어***양식Moorish pattern 패턴이 포함된다. 그중에서 처음 두 가지는 단일한 기하학적 모양의

---

* 틈이나 포개짐이 없어 평면이나 공간을 도형으로 완벽하게 채우는 것을 말한다.
** 특정한 제약 조건을 충족하기 위해 유한한 객체 집합의 선택, 배열, 할당을 계산하는 문제다.
*** 아프리카 북서부에 살았던 이슬람 종족이다.

반복으로 완성할 수 있는 단일 면 타일링monohedral tiling이다. 이산 기하학의 몇 가지 재미있는 업적에는 2015년 볼록 오각형을 사용하는 15번째 유형의 단일 면 타일링을 발견한 것이 포함된다. 이전까지는 이런 유형의 테셀레이션이 14개만 알려졌는데, 워싱턴보셀대학교의 수학자 케이시 만Casey Mann, 제니퍼 맥라우드만Jennifer McLoud-Mann, 데이비드 폰데라우David von Derau가 컴퓨터 알고리즘을 사용하여 15번째 유형을 찾아냈다(아래 이미지 참조). 그리고 2023년에는 '모자****hat'와 '유령*****spectre'이라는 단일 타일monotile 형태로 더 큰 진전이 있었다. 이러한 수학에 관한 최신 뉴스 속보를 접하기에 좋은 곳은 Aperiodical이란 블로그다.

여러분이 수학 괴짜라면 아마도 이런 것이 '재미'로 여겨질 것이다.

2015년에 발견된 볼록 오각형의 테셀레이션이다.

•••• 타일의 모양이 펠트 모자나 야구 모자를 옆에서 본 모양과 비슷하게 생겨서 붙은 이름으로, 최초의 비주기적 모노타일이다.

••••• 유령, 환영이라는 뜻처럼 모자 타일이 발견된 이후에 그림자처럼 빠르게 나타난 두 번째 비주기적 모노타일이라는 의미로 지어진 이름이다.

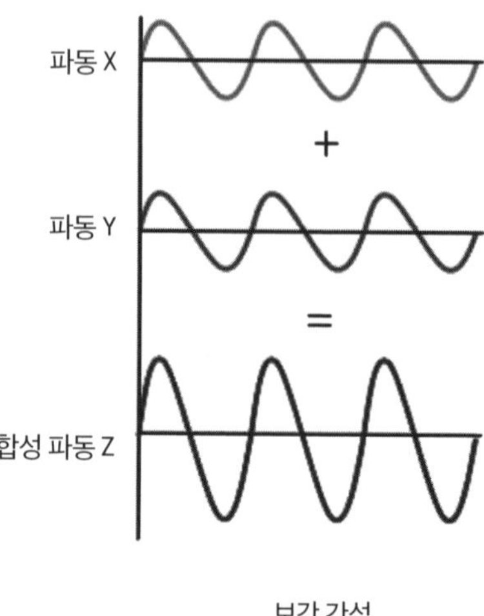

보강 간섭

그래핀은 독특한 물질이다. 3차원 공간에 존재함에도 불구하고 물리학자들은 그래핀을 2차원 물질로 여긴다. 그래핀은 휘어지고 변형 가능하며 미시 수준에서 자기장을 생성한다. 3차원이기는 하지만 매우 얇은 구조의 물질이다. 수학자들은 이러한 변형과 휘어짐의 결과를 그래핀이 순전히 평면의 점으로만 구성되어 두께가 없는 표면인 것처럼 이산 기하학을 사용하면 가장 잘 분석할 수 있다는 것을 깨달았다.

이처럼 수학이 그래핀의 가장 흥미롭고 기이한 몇몇 잠재적 응용 분야를 뒷받침한다. 먼저 한 장의 그래핀 위에 1.1도 각도로 회전시킨 또 다른 그래핀 한 장을 펼쳐놓는다고 상상해보자(복잡한 수학적 이유로 이것이 최상의 결과를 만들어내는 '골디락스' 각도다). 이렇게 만들어진 이중층은 저온에서 초전도체(저항 없이 전자를 전도할 수 있음을 의미한다)가 된다. 하지만 이 현상에 관한 추가 연구는 결국 이론적으로 실온에서도 동일한

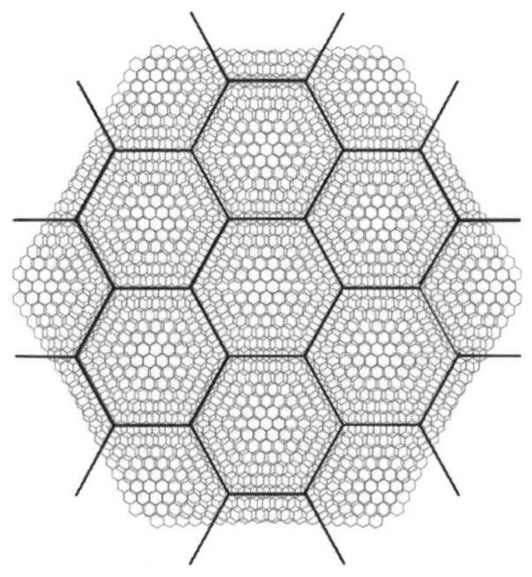

작은 각도를 이루며 겹쳐진 두 그래핀 층의 원자 패턴 사이의 간섭이 더 큰 육각형의 초격자를 생성한다.

일을 할 수 있는 물질을 만들 수 있다는 기대를 심어주었다.

이는 놀라운 특성이 될 것이다. 대부분 '고온' 초전도체는 실제로는 여전히 낮은 온도이지만 섭씨 영하 140도 정도보다 높은 온도에서 초전도 특성을 보이기 때문에 그렇게 불린다. 따라서 실온 초전도체는 과학자들이 수행하기 불가능했거나 매우 어려웠을 실험을 수행하도록 해줄 것이다.

그리고 그 이면에는 수학적 설명이 있다. 이미지를 인쇄할 때 그래픽 디자이너에게 골칫거리가 될 수 있는 무아레 패턴moiré pattern은 두 개의 매우 유사한 패턴이 서로 간섭하는 결과다. 이는 파동들이 서로 '간섭'하여 새로운 파동이 형성되는 방식인 보강 간섭constructive interference과 비슷하다.

그래핀에서도 이 특정한 각도에서 두 패턴 사이의 간섭으로 유사한

메타패턴*metapattern이 생성된다. 형성된 무아레 패턴으로 인해 탄소 양성자 여섯 개로 구성된 개별 육각형의 패턴이 더 큰 규모로 재현된다. 이는 초격자super lattice로 알려진 더 큰 육각형 모양으로 이어진다. 초격자의 수학은 물리학자들이 두 시트의 전도성conductive property을 설명하는 방식을 뒷받침한다(이에 관한 완전한 설명을 제공하는 것은 이 책의 범위를 벗어나지만, 전자가 원자핵 주위를 회전하는 방식과 관련이 있다).

클레인 역설

그래핀이 새로운 가능성을 여는 또 다른 방법은 입자 물리학에서 본질적으로 난해한 문제인 양자 터널링quantum tunnelling에서 비롯된다. 지나치게 자세한 설명은 피하겠지만, 특정한 상황에서 물리적 입자는 높고 넓은 퍼텐셜 장벽potential barrier을 관통할 수 있는 것처럼 보인다. 클레인 역설Klein paradox은 관련된 방정식이 충분히 큰 (거의 무한한) 장벽이라도 입자가 항상 방해받지 않고 장벽을 통과할 수 있다는 것을 시사한 관찰이다.

이는 양자 전기 역학quantum electrodynamics을 연구하는 물리학자들 사이에서 많은 논란(혼란은 말할 것도 없고)을 초래하는 놀라운 아이디어다. 물론 현실에서 이론을 검증할 수 있다면 이상적이겠지만, 블랙홀을 만들어야만 검증이 가능할 정도로 인간의 과학으로는 불가능해 보이는

• 패턴의 패턴을 말한다.

아이디어였다.

여기에서 그래핀이 등장한다. 그래핀의 전자는 마치 질량이 없는 것처럼 행동한다(빛을 구성하는 광자나 상대론적 입자처럼 행동한다고 말하는 물리학자들도 있다). 이는 그래핀을 이용하여 이론적으로 클레인 역설을 검증할 수 있다는 것을 의미하며, 그렇게 된다면 양자역학의 기본 이론에 문제가 있는지 여부를 밝혀줄 것이다.

누구나 쉽게 이해할 수 있는 아이디어는 아니지만, 여기에는 더 광범위하고 이해하기 쉬운 아름다움이 있다. 그래핀은 원래 현실에서는 존재할 수 없는 완전히 추상적인 개념으로 구상되었다. 그렇지만 과학자들은 추상적인 개념을 현실에 존재하는 물질로 바꾸는 데 성공했다. 그리고 이제는 상황의 극성polarity 전체가 역전되었다. 물리적 물질인 그래핀이 결국 (실현이 불가능해 보였던) 추상적인 개념의 실험적 검증을 가능하게 할지도 모른다.

기본적으로 수학의 경이로움은 결코 멈추지 않는다.

4D 프린팅의 탄생

3D 프린팅으로 놀라기에는 충분하지 않다는 듯이 현재 우리는 4D 프린팅 혁명의 초기 단계에 있다. 이 의미는 정확히 무슨 뜻일까?

기본적으로 4D 프린팅은 시간의 차원이 추가된 3D 프린팅, 즉 시간이 지남에 따라 재구성되는 물체를 만드는 것이다. 이를 실현하려면 빛, 열, 물 또는 전류와 같은 방아쇠trigger나 자극이 필요하다. 재구성의 양상은 사용하는 재료의 특별한 속성에 따라 달라지고, 레이어의 미세 구조에 변형을 원하는 모양을 효과적으로 프로그래밍하여 인위적으로 생성할 수도 있다. 현재는 주로 3D 프린터에 특별히 조정된 기술을 사용하여 수행되고 있지만, 결국에는 전용 4D 프린터를 구매하게 될 것이다.

현재 대부분의 프로세스는 스테레오리소그래피stereolithography에 의존하며, 트리거를 생성하기 위해 자외선에 노출되면 변형되는 고분자인 광중합체photopolymer나 재료의 이방성anisotropy을 이용한다. 이방성이란 힘이 가해지는 방향에 따라 재료의 거동이 영향을 받는 특성이다. 예를 들어 나무판자는 결에 따라 부러뜨리기가 결에 반하기보다 쉽다. 고분자 수지가 적용되는 방식에 의존하는 재료에서도 비슷한 특성이 생성될 수 있다. 이방성 재료의 하나인 하이드로젤hydrogel은 물과 접촉하면 부풀어 오르는 3차원 고분자 네트워크 구조로 습도, 온도 및 기타 환경적 자극에 의해 활성화될 수 있다.

그렇다면 4D 프린팅이 특별한 이유는 무엇일까? 물론 스스로 변형되는 물체를 만드는 것이 상당히 멋진 일임은 분명하고, 인터넷에서 4D 관련 영상을 검색하면 평평한 형태에서 다양한 모양으로 접히는 단순한 모양의 모델들을 꽤 많이 찾아볼 수 있다. 하지만 이런 모델의 실용적 용도는 무엇일까?

스스로 접히는 특성만 보더라도, 누군가가 손으로 접고 테이프를 붙이지 않아도 평평한 형태에서 알아서 상자로 변신할 수 있는 상자가 있다면 얼마나 효율적일지 쉽게 알 수 있다. 그리고 미래에는 더 많은 제품이 선적의 편의를 위해 평평한 포장 상태로 판매되고, 배달될 때 원하는 모양으로 재구성될 것이라는 예견도 있다(화성에 가는 우주인이 이런 도구를 사용한다고 생각해보자. 우주선에서 절약되는 공간은 우주선의 크기를 최소화하는 데 매우 중요한 요인일 수 있다).

호주의 한 연구팀은 (하이드로젤 잉크를 사용해) 뜨거운 물과 접촉하면 스스로 닫히고 온도가 떨어지면 다시 열리는 물 밸브를 최초로 만들었다. 비슷한 기술이 기상 조건에 따라 스스로 열리고 닫히는 지붕을 만드는 데 사용될 수 있다. 그리고 4D 프린팅은 의료 분야에도 다양한 응용이 가능하다. 형상 기억 고분자shape memory polymer로 구성된 소형 장치를 상상해보자. 치료 목적으로 신체에 삽입되든 진단을 위해 사용되든 이 장치는 부드럽고 유연한 상태로 삽입된 후에 필요한 형태로 팽창하여 키홀 접근법keyhole approach이 가능하게 하므로 수술 과정의 고통을 줄일 수 있다.

다시 한번 말하지만, 이 모든 것은 3D 모양이 2D 시트에서 생성될 수 있다는 미적분의 근본적 아이디어로 돌아간다. 4D 프린터는 3D 프린터와 동일한 기술에 의존하기 때문이다. 단지 특정한 조건에서 변하는 재료를 만든다는 네 번째 차원을 추가하는 것뿐이다.

진화 컴퓨팅

제8장에서 우리는 진화 현상을 연구하는 수학의 한 분야인 생물지리학 기반 최적화를 간략히 논의했다. 일반적으로 진화 컴퓨팅은 자연스러운 진화 과정을 모방하는 알고리즘의 반복적이고 확률적인 필터링을 통해서 문제의 해답이 점진적으로 최적화되는 과정이다. (스포일러에 주

의! 스즈키 코지鈴木光司의 호러 3부작 중에서 영화화된 1부인《링》만 읽었다거나 영화 〈링〉만 본 게 아니라 시리즈 전체를 읽었다면, 이 말이 스토리 전개에서 클라이막스 부분을 설명하고 있음을 알 것이다.)

우리는 또한 심층 학습이 신경망의 강력한 행동을 뒷받침하는 방식을 살펴보았다. 현재 인공 지능 연구의 핵심 분야 중 하나는 진화 컴퓨팅과 심층 학습의 결합을 활용하여 점점 더 창의적인 형태의 인공 지능을 만들려는 시도다. 심층 학습은 네트워크가 지정된 문제를 해결하도록 훈련하는 데 있어 이미 데이터 집합이 있는 상황의 모델링에 중점을 두는 반면에, 이 새로운 연구는 잠재적인 미래 데이터 집합을 탐색하고 그 안에서 패턴을 찾는 작업을 포함한다.

진화 컴퓨팅 방법의 도입은 덜 정의되고 더 창의적인 접근 방식을 향하는 중요한 단계가 될 수 있다. 재생산, 재조합, 돌연변이 그리고 선택을 사용하는 진화 컴퓨팅은 단일한 '최상의 해답'으로 검색 범위를 좁히는 대신에 해답과 그 가능성의 전체 범위를 동시에 탐색하도록 한다. 그 결과는 종종 다양한 문제를 해결하는 광범위한 해결책이 될 것이다.

다이아몬드 배터리

우리는 이미 기후 위기와 화석 연료의 고갈로 인해 에너지 효율성이 얼마나 중요해졌는지 살펴보았다. 제안하는 한 가지 특별한 해결책은 핵폐기물을 안전하게 처리하는 매우 다른 문제를 해결하는 데도 도움이 될 것이다.

2016년 브리스틀대학교의 과학자들은 움직이는 부품 없이 전류를 생성할 수 있는 인공 다이아몬드를 만들었다고 발표했다. 이 다이아몬드의 내부에는 방사성 물질이 포집된다. 시제품에는 니켈-63이 사용되었지만, 분자 구조를 고려하면 탄소-14가 더 효율적이었다(탄소-14는 원자력 발전소에서 반응을 차폐하는 데 사용되는 흑연 블록에서 쉽게 공급받을 수 있다). 이렇듯 탄소-14가 캡슐화된 다이아몬드 배터리는 방사능이 감소하여 안전하게 사용할 수 있게 된다.

실제로 생성되는 전력은 하루 기준 15줄 정도로 AA 배터리보다 상당히 낮을 것이다. 한 가지 가능성은 이러한 저에너지 배터리 뱅크battery bank(우리가 흔히 쓰는 보조 배터리를 말한다)를 충전식 배터리 기술과 함께 사용하면 충전 과정에서 사용되는 전력을 줄일 수 있다는 점이다. 하지만 가장 인상적인 점은 배터리의 수명이다. 방사성 물질의 반감기는 입자의 절반이 붕괴되는 데 걸리는 시간이다. 탄소-14의 반감기는 5,730년으로 계산되는데, 배터리를 고대 이집트 시대의 과거로 보냈다가 현재로 다시 돌아오도록 했을 때 전력의 절반이 여전히 남아 있을 시간이다(그리고 다이아몬드의 내구성을 고려해봐도 그만큼 오랜 시간을 견뎌낼 것이다).

전자스핀 동력

비슷한 맥락에서 텍사스대학교는 최소한의 전력으로 작동할 수 있는 그래핀 기반 논리 장치를 만들기 위해 양자 과학을 활용했다. 스핀트로닉스spintronics에 의존하는 이 기술은 전자스핀의 양자적 속성에 기반을 둔다. 전자는 아주 작지만 크기에 비해서 대단히 강력한 자석이다. '전자의electronic'의 '전자electron'는 전자의 전하가 전력을 생성하는 방식에서 유래한다. 반면에 스핀 동력은 순전히 전자의 고유한 스핀에 의존한다. 앞에서 우리는 나노 소재 그래핀에 전자의 스핀 방식과 관련된 몇 가지 특성이 있다는 것을 살펴보았다. 스핀 동력을 포획하는 데 있어 가장 중요한 문제는 그 과정이 극도로 비효율적이라는 점이다. 하지만 그래핀을 사용하면 에너지 포획의 효율성을 훨씬 더 정밀하게 제어할 수 있다.

무동력 탄소 상호 연결 장치의 발전이 계속된다면 컴퓨터 칩의 논리 회로에 통합되어 수명이 매우 긴 전원을 제공할 수 있을 것이다. 이러한 장치가 양자 컴퓨터와 클라우드 컴퓨팅 산업에 전력을 제공할 수 있다는 제안도 있었다. 현재 클라우드 컴퓨팅 플랫폼은 막대한 양의 에너지를 사용하고 있는데, 미국에서만 공급되는 에너지의 2퍼센트 이상이 이런 방식으로 소비되는 것으로 추산된다. 따라서 이러한 전력 수요를 줄일 수 있는 방법이라면 무엇이든 대단히 귀중할 수 있다.

미래의 숲

수소 에너지는 지속 가능한 미래를 만드는 한 가지 방법이다. 그러나 연료 전지용 수소를 만드는 데 기존의 전력원이 사용되는 한, 여전히 대기 중에는 이산화탄소 농도가 증가할 수 밖에 없다. 따라서 수소를 만들기 위해 재생 가능 에너지를 활용하는 가장 좋은 방법을 찾는 경쟁도 진행 중이다. 현재 수소는 생산된 양의 5퍼센트 미만으로 재생 가능하거나 지속 가능하다. 햇빛은 일반적으로 (수소 원자 두 개와 산소 원자 한 개로 구성되어 화학적 명칭이 H_2O인) 물을 구성 원자로 분리할 만큼 강력하지 않다. 그리고 태양광 패널은 덥고 햇볕이 잘 드는 기후에서 가장 효율적이고 다른 환경에서는 그렇지 않다. 이상적인 기후 지역에서 수소를 다른 지역으로 운송하는 것이 한 가지 해결책이지만, 더욱 효율적인 방법은 에너지를 현지에서 생산하는 것이다.

미래의 잠재적인 대규모 전력원 중 하나는 인공 광합성artificial photosynthesis이다. 인공 광합성의 기본 개념은 이탈리아의 화학자 자코모 치아미치안Giacomo Ciamician이 화석 연료 생산이 지속 가능하지 않다는 아이디어의 초기 옹호자가 된 20세기 초반부터 존재했다. 그는 광합성을 하는 식물이 이미 햇빛의 힘을 사용하여 에너지를 생산하는 놀랍고도 지속 가능한 에너지 생성 방식을 작동시키고 있는 데 주목했다. 식물의 잎에 닿는 햇빛은 식물에 영양을 공급하는 화학 물질(기본적으로 당과 산소)을 생성하는 반응을 촉발한다. 반응에 필요한 성분은 이산화탄소와 물뿐이다. 그는 식물의 광합성 과정을 인공적으로 모방할 수 있다는 이론을 세웠지만, 과학자들이 그가 제시한 과제에서 성공을 거둔 것은 금세기가 되어서였다.

오늘날의 물 분해 장치에서 필수적인 과정은 빛(아주 낮은 수준의 자외선까지도)을 흡수하여 물을 수소와 산소로 분해하는 데 충분할 정도로 전자가 여기勵起, excitement되어 에너지를 방출하는 (망간이나 코발트 산화물 같은) 광전지 물질을 사용하여 수소 연료를 만드는 것이다. 산업적으로 실용적인 방법은 아직 정립되지 않았지만, 가장 유망한 공정은 강철판에 산화티타늄titanium oxide(가루 세제와 테니스 코트에 선을 그리는 페인트에 사용되는 물질)을 얇게 코팅하고 물에 담가서 필요한 전자여기電子勵起를 유발하기에 충분한 에너지를 생성하는 것이다.

그러나 이 프로세스의 효율성은 연료를 생산하는 지속 가능한 방법이 되기에는 여전히 불충분하므로 과학자들은 더욱 효율적이고 지속 가능한 방법을 찾고 있다. 한 가지 장애물은 공정의 에너지 효율성이다. 식물은 입사되는 태양 복사선의 50퍼센트까지 이용할 수 있지만, 인공 광합성의 프로토타입에서 보고된 가장 높은 효율성은 22퍼센트이며 대부분은 이보다 훨씬 낮은 수준에서 실행된다. 이 문제를 해결하고자 유니버시티칼리지런던의 과학연구원 수자타 쿤두Sujata Kundu는 수학적 방법을 사용하여 효율성을 높이는 데 필요한 나노 기술을 개발했다.

'도핑doping'이라는 공정을 통해 금과 은의 미세 입자를 산화티타늄의 표면에 추가할 수 있다. 이 작업에서 수학의 역할은 공정에 미치는 효과를 그래프로 도식화하기 위한 비율을 실험하는 데서 비롯되었다. 물을 분리하는 데 필요한 에너지는 '밴드갭bandgap'이라고 한다. 처음에 추가되는 도핑 입자 몇 개의 효과는 충분히 크지 않지만, 그렇다고 너무 많이 추가되면 시트의 전기적 특성이 영향을 받아서 물을 분해하는 효과가 떨어진다. 효율성이 최대가 되는 점을 찾기 위해 도핑을 점진적으로 증가시켰을 때의 효과를 그래프로 표시했다.

또한 이산화티타늄titanium dioxide 층의 최적 두께를 주의 깊게 계산해야 했다. 강철을 용액에 담갔다가 꺼내는 공정의 속도가 잔류하는 층의 두께를 정의한다. 이상적 두께는 120나노미터로 판명되었다.

마지막으로 물에 담근 필름 위로 지나가는 물의 파동의 패턴을 분석하여 이상적인 두께가 달성되었는지 확인하는 데도 다시 한번 수학이 적용되었다.

수학은 복잡하지 않지만, 미래에 인공 광합성을 통해서 대규모의 에너지를 생산하려면 이런 종류의 기본적 계산과 실험이 계속해서 중요한 역할을 담당하게 될 것이다. 이론적으로 우리는 에너지를 공급할 뿐만 아니라 그 과정에서 이산화탄소를 포집하여 더 안전하고 푸른 미래를 건설하는 데 또 다른 역할을 수행할 인공 숲을 갖게 될지도 모른다.

외계인 탐색

드라마 〈X 파일〉에나 나오는 이야기처럼 들리지만 사실이다. 캘리포니아주 샌프란시스코 북동쪽의 숲에는 외계 지성 탐사만을 위한 전파 망원경 42대가 끊임없이 하늘을 스캔하면서 천문 관측 결과를 기록하고 있다. 이론에 따르면 수신되는 모든 정보 중 어딘가에 적어도 하나의 외계 문명이 존재한다는 증거가 있을 수 있다. 웨스트버지니아에 있는 그린 뱅크 망원경 green bank telescope을 포함하여 다른 곳의 전파 망원경들도 비슷한 데이터를 기록하고 저장한다.

한 가지 문제는 안테나가 매일 밤 50테라바이트라는 엄청난 양의 데이터를 생성한다는 것이다. 그리고 대부분의 데이터가 소음 공해, 즉 인간의 기술에서 비롯된 직접 신호나 반향이다. 따라서 정교한 탐색을 위해 과학자들은 패턴의 존재를 알 수 있는 일련의 기준을 발전시켰으며, (캘리포니아의 앨런 망원경의 경우) 나머지 정보는 폐기했다.

현재 외계 지성 탐사 SETI Search for Extraterrestrial Intelligence 소프트웨어는 데이터를 다양한 무선 주파수로 분리해 별도로 분석한다. 탐색에 사용되는 기준 중 하나는 시간에 따른 주파수의 변화다. 이는 데이터의 근원이 (지구 기반 모바일의 원거리 반향이 아니라) 지구에 상대 운동하는 행성임을 시사한다. 또 다른 기준은 신호의 강도가 낮아야 하는데, 이는 근원이 멀리 있음을 시사한다. 그리고 신호는 일관되고 특정한 대역폭에 집중되어야 한다. 가장 유망한 신호는 일관성이 있거나 켜짐-꺼짐 패턴이 있는 신호다. 여기에서 심층 학습 인공 지능이 도움이 될 수 있다.

잠재적 외계 지능을 탐색하는 데 신경망을 사용하면 두 가지 이점이 있다. 첫째, 검색 속도가 크게 빨라져서 더 많은 데이터를 처리할 수 있다. 둘째, 기존에 사용하던 기준을 토대로 데이터를 걸러내는 작업을 시작할 수 있지만, 시간이 지남에 따라 신경망이 기준을 수정할 수 있다. 한 가지 분명한 문제는 네트워크를 훈련시킬 수 있는 긍정적 식별 사례가 없다는 것이다. 따라서 가능한 한 일관되게 위양성을 걸러내도록 네트워크를 훈련시키는 것부터 출발점이 되어야 한다.

장퉁제 張同杰는 베이징사범대학교, 중국과학원 국립천문대, 캘리포니아대학교 버클리가 공동으로 설립한 외계 탐사팀의 수석 과학자다. 그가 SETI에 처음 관여한 것은 버클리에서 천문학 박사 과정을 마무리하며 2017년도 '해커톤hackathon'에 참여했을 때였다. 이 해커톤은 모든 분야의 과학자를 초청하여 스펙트로그램*spectrogram에서 탐지된 위양성 신호의 수를 줄이는 패턴 인식 알고리즘을 개발하는 작업과 엄밀한

기준에는 벗어나지만 그래도 흥미로운 신호 배열을 생성하는 작업에 기여하도록 했다.

장퉁제와 연구팀은 95퍼센트라는 정확도를 보여주는 기계 학습 알고리즘으로 대회에서 우승했다(SETI가 의도적으로 데이터 집합을 단순화하여 제공했기 때문에 본격적인 작업은 더욱 까다로울 것이었다). 그는 계속해서 SETI가 자금을 지원하는 외계통신탐지Breakthrough Listen라는 천문학 프로그램에 참여해 협력했다. 그들은 최근에 그린 뱅크 망원경Gree Bank Telescope의 데이터를 성공적으로 걸러내는 데 사용된 자기 지도self-supervised 심층 학습 알고리즘에 관한 논문을 발표했다. 이는 시작에 불과하지만 이와 비슷한 방법이 계속해서 더 큰 규모로 적용되어 외계인이 우주의 모든 전파 소음 속에 어떤 유형이든 신호를 보내고 있다면, 결국 그 신호를 추적하여 들을 수 있으리라는 것이 우리의 희망 사항이다.

기계 학습은 이미 우주 탐사에서도 성과를 내고 있다. 텍사스대학교 천문학자팀은 최근에 인공 신경망을 사용하여 우리 태양계로부터 1,200광년 떨어진 새로운 외계 행성 두 개를 찾아냈다.

이 기계 학습을 통해 우리는 마침내 우리가 우주에서 홀로 존재하는 존재인지 아닌지를 알아내는 데 도움을 얻게 될지도 모른다.

드레이크 방정식

1961년 미국 천문학자 프랭크 드레이크Frank Drake의 이름을 따서 명명된 드레이크 방정식은 은하계에 존재하는 활동적이고 의사소통이

가능한 외계 문명의 수를 확률론적으로 정량화하려는 시도였다. 드레이크 방정식은 다음과 같다.

$$N = R_* \times f_p \times n_e \times f_l \times f_i \times f_c \times L$$

여기에서 N은 우리 은하계에서 우리와 통신할 수 있는 문명의 수, R_*은 은하수에서 별이 형성되는 평균 속도, f_p는 행성이 있는 별의 비율, n_e는 이론적으로 생명체를 지원할 수 있는 행성의 평균적인 수(행성이 있는 별 하나당), f_l은 생명체가 실제로 발생했을 때 생명체를 지원할 수 있는 행성의 비율, f_i는 생명이 지적 문명으로 이어지는 비율, f_c는 통신 기술을 개발하는 문명의 비율, L은 그런 문명이 우리가 수신할 수 있는 신호를 송출하는 기간이다.

물론 이들 입력 중 몇 가지는 계산이 거의 불가능하다. 드레이크의 의도는 정확한 계산이 아니라 외계 문명에 관한 토론을 자극하는 것이었다. 그와 동료들은 논쟁을 위해 다음과 같이 대략적인 추정을 했다.

R_*: 1년에 별 한 개

f_p: 별의 5분의 1에서 2분의 1 사이에 행성이 있다.

n_e: 행성이 있는 별에는 생명을 지원할 수 있는 행성이 1~5개 있다.

f_l: 이들 행성의 100퍼센트에서 생명체가 발생한다.

f_i: 이들의 100퍼센트에서 지적 문명이 발전한다.

f_c: 이들의 10~20퍼센트가 통신 기술을 개발한다.

> *L*: 이 통신하는 문명은 1,000~100,000,000년 동안 존속한다.
>
> 이들 값을 방정식에 입력하면 최소 20, 최대 50,000,000이라는 결과가 나온다. 이는 온갖 이유로 엄청나게 틀린 숫자일 수도 있지만, 적어도 우리가 은하계에서 혼자가 아닐 가능성을 생각해보는 흥미로운 방법이다.

우주를 설명하기

수학은 우리가 살아가는 행성과 우주를 이해하려는 시도에서 항상 핵심적인 역할을 해왔지만, 우리는 여전히 이해하지 못하는 것들이 존재한다는 사실과 그러한 이상 현상이 미래의 발견을 이끌 것임을 인정해야 한다. 1,500년이 넘는 세월 동안 가장 널리 수용된 우주 모델은 고대 그리스의 천문학자 클라우디오스 프톨레마이오스^{Claudios Ptolemaeos}가 개발한 모델이었다. 그는 상당히 정확한 천문 기록을 보유하고 있었지만, 천체가 원운동만 가능하다는 가정(지구가 우주의 중심이어야 한다는 가정은 말할 것도 없고) 때문에 어려움을 겪었고, 행성이 빨라지거나 느려지고 때로는 역행 운동을 보인다는 사실을 설명하기 위해 몇 가지 독창적인 수학적 임시방편을 생각해냈다. 프톨레마이오스는 지구가 '편심(중심에서 벗어난)' 위치에 있고, 마찬가지로 행성들이 중심에서 벗어난 지점인 '동시심^{equant}' 주위로 일정한 각속도로 회전하면서, 원 안의 원인 주전원周轉圓, epicycle으로 움직이는 우주를 묘사했다.

상당한 효과를 발휘한 프톨레마이오스 모델은 수학적으로도 탁월하다고 할 수 있다. 객관적으로는 틀렸지만 놀라울 정도로 효과적인 모델이었기 때문이다. 그러나 시간이 지나면서 수학적 이상 현상이 나타나자 종교적 반대에도 불구하고 여러 과학자가 모델을 의심하기 시작했다(일찍이 고대 그리스에도 프톨레마이오스 이론을 반박한 이론이 있었다). 제2천년기 초반에는 이슬람 학자들이 논쟁의 최전선에 섰다. 결국 우리에게는 니콜라우스 코페르니쿠스라는 이름으로 잘 알려진 폴란드의 천문학자 미코와이 코페르니크Mikołaj Kopernik가 프톨레마이오스의 체계에 이상 현상이 너무 많고 장기간 예측이 틀릴 가능성이 높음을 지적했다. 그는 알폰소 천문표(185쪽 참조)의 관찰 결과와 이슬람 세계에서 개발된 수학적 도구를 결합하여 태양 중심 이론을 개발함으로써 커다란 진전을 이루었다. 그러나 코페르니쿠스는 원운동의 개념을 유지했다. 이는 프톨레마이오스가 임시방편으로 설명했던 것과 같은 문제를 설명하고자 일부 주전원과 중심에서 벗어난 태양을 유지해야 했음을 의미한다.

우리가 사는 우주의 실상에 더 가까이 다가가기 위해서는 (브라헤와 케플러가 개발한) 행성의 타원 운동 아이디어와 뉴턴의 중력 이론이 필요했다. 그럼에도 여전히 측정 결과에 남아 있었던 이상 현상은 나중에 아인슈타인의 상대성 이론으로 설명되었다. 그리고 앞에서 살펴보았듯이 블랙홀의 수학적 설명 역시 끈 이론과 양자 중력 이론의 조합을 통해 머지않아 대체될지도 모른다.

요점은 우주를 이해하기 위한 모델을 구축하는 모든 단계에서 수학이 핵심적 역할을 담당했다는 것이다. 기존 시스템에서 발생하는 수학적 이상 현상은 종종 더 나은 모델을 탐색하도록 자극했다. 이제 우주에 대해 점점 더 많은 데이터를 확보한 우리에게는 외계 문명 탐사에서 생명의 발달에 이르기까지, 행성의 생명 주기에서 빅뱅에 이르기까지 우주론을 이해하는 점점 더 많은 방법이 있다. 우리가 우주를 정확하게 설명하지 못하거나 우주의 구석구석을 모두 탐사하지 않는 한 새로운 발견은 계속 이루어질 것이고, 우리 연구의 출발점은 종종 기존 모델과 이론의 예측에서 발생한 이상 현상들일 것이다.

지능형 건물과 사물 인터넷

'지능형 건물intelligent building'은 사람과 사람 또는 사람과 컴퓨터 간 상호 작용이 반드시 필요하지 않고 컴퓨터화된 프로세스에 의존하는 건물이다. 지능형 건물의 기본 목표는 소유자, 관리자, 거주자의 비용을 절감하고 에너지 사용량을 줄이면서 편의성, 건강 및 복지를 극대화하도록 돕는 것이다.

건축 회사 리처드로저스파트너십Richard Rogers Partnership의 창립자이자 건축가인 마이클 데이비스Michael Davies는 건축에 관한 자신의 꿈을 실현하는 데 필요한 오늘날의 기술 대부분이 가용하지 않았던 1987년에 '정보 시대를 위한 디자인Design for the Information Age'이라는 강연에서 지능형 건물의 잠재력을 다음과 같이 요약했다.

"공기에서 에너지를 훔치고, 구름이 태양을 가로지를 때 광격자 photogrid를 조정한다. 밤공기가 차가워지면 깃털이 부풀어 오르면서 북쪽 면은 하얗게, 남쪽 면은 파랗게 변한다. 그리고 눈을 감을 때는 야간 경비원에게 약간의 불빛을 흘려보내고, 22층 남쪽에 있는 연인들을 위해 전망을 확보해주는 것을 잊지 않고, 새벽이 오기 전에 12퍼센트의 은빛으로 변하는 것도 잊지 않는다. 이처럼 즉각적인 성능을 보여주는 벽의 다채로운 표면을 바라보라."

그의 미래 비전이 아직 완전히 실현되지 않은 것은 분명하지만 몇 가지 주목할 만한 일들은 이미 이루어지고 있다. 예를 들어 에너지 효율 시스템으로 건축된 싱가포르의 캐피털 타워에는 차가운 공기를 모아서 냉각 시스템의 효율을 높이는 에너지 회수 휠 시스템이 냉방 시스템에 포함되어 있다. 화장실과 로비에는 에너지를 절약하기 위한 동작 감지 조명 스위치가 설치되어 있고 시스템에서 생겨나는 응축수는 수도 시스템에서 재활용된다. 또한 건물 전체에 공기의 질을 지속적으로 점검하는 장치도 있다.

한편 필요한 전력의 약 20퍼센트를 태양광 패널에서 생산하며, 그 밖에 다양한 에너지 절약 메커니즘을 갖춘 런던의 크리스털 빌딩은 탄소 배출량이 비슷한 규모의 다른 건물의 30퍼센트에 불과하다.

이러한 시스템을 만드는 데는 엄청난 양의 응용 수학이 필요하다. 따라서 아직 깃털을 부풀리는 건물은 없지만, 적어도 작은 방식으로는 세상을 더 나은 곳으로 만드는 데 일조하는 크고 작은 건물들이 있다.

지능형 건물은 사물 인터넷Internet of Things, IoT이라는 광범위한 현상의 한 가지 예다. 사물 인터넷은 스마트홈, 스마트카 등의 모든 측면을 포함하며 원격으로 제어되거나 서로 통신할 수 있는 소비자 제품과 함께 가장 많이 사용된다. 인터넷에 연결되면 원격지에서도 휴대 전화를 통해 방문자를 확인할 수 있는 스마트 도어벨이 한 가지 예다. 인터넷에 다운로드할 수 있거나 지속적으로 업데이트 가능한 피트니스 모니터fitniss monitor도 마찬가지다. 스마트 기기는 일찍이 1982년 카네기멜론대학교의 자동판매기가 재고량를 보고하고 새로 채워진 음료의 온도를 인식하도록 프로그래밍된 이후로 존재해왔다. 사물 인터넷이 본격적으로 작동을 시작한 것은 2009년경으로 추정되는데, 사람의 수보다 더 많은 물체가 인터넷에 연결되어 있었다.

장치들이 서로 통신한다는 아이디어는 상당히 기이하고 디스토피아적으로 들릴 수 있지만, 서로 다른 시스템 간의 상호 작용 가능성이 중요한 데는 정말로 간단한 이유 몇 가지가 있다. 연기의 징후를 포착하도록 하는 방화 시스템이 설치된 건물을 상상해보자. 방화 시스템은 이런 상황에서 화재 진압 전술을 실시하도록 프로그램되었다. 그러나 온도를 일정하게 유지하도록 프로그램된 냉방 시스템은 증가한 열에 대응하여 더 많은 공기를 펌핑하고 화염에 지속적으로 산소를 공급함으로써 화재의 진압을 방해할 수도 있다.

사물 인터넷의 긍정적인 응용 분야 중 하나는 노인이나 아픈 사람을 돌보는 데 점점 더 많이 사용되고 있다는 것이다. 장애인을 위한 기기의 음성 제어, 청각 장애가 있는 사람을 위한 인공 와우cochlear implantation에 연결된 화재경보기, 발작이나 심장마비 징후를 포착할 수 있는 의료 모니터는 모두 사람들을 돌보는 데 대단히 유용하다.

사물 인터넷의 미래는 불확실하다. 인터넷을 창조하고 우리의 위치를 파악할 수 있도록 해준 근본적인 수학과 기술은 여전히 유효하지만, 도덕적 과제 역시 지속적으로 대두될 것이다. 우화적인 수준에서 여러분은 정말로 냉장고가 의사보다 여러분을 더 많이 알기를 원하는가? 집에 스마트 잠금장치와 자동화된 화재 제어 시스템, 음성으로 활성화되는 금고가 있다면 누군가가 해킹을 해 제어 장치를 무효화하기를 바라지는 않을 것이다.

수학과 기술은 중요하지만 앞으로 이들의 사용은 종종 순수한 논리 이상으로 실용성과 도덕성이 조화를 이루어야 하는 경우가 많아질 것이다.

미래의 로켓

우주로 발사되는 로켓의 문제 중 하나는 기본적으로 가연성 높은 물질로 구성된 튜브인 로켓에 문제가 발생하면 쉽게 불타버릴 수 있다는 점이다. 현재로서는 이 문제를 해결할 실현 가능한 대안이 없다. 그러나 미래에는 자이로트론 마이크로파 배열gyrotron microwave arrays이라는 해결책을 기대해볼 수 있다.

자이로트론은 액체나 고체 연료 대신에 가압 수소에 의존하며, 가장 중요한 특성은 에너지원과 운동량의 발생원이 분리된다는 것이다. 이는 우주선 외부에서 동력이 공급될 수 있음을 의미한다(따라서 '외부 추진' 방법이라고 부른다). 마이크로파 배열에 의해 섭씨 1,700도 이상으로 빠르게 가열된 용기의 노즐에서 수소가 방출되어 우주선이 궤도에 도달하기에 충분한 추력을 제공한다. 일반적으로 인공위성 같은 발사체를 지구 저궤도에 올리려면 가속 단계에서 탑재물 1킬로그램당 약 1메가와트(MW)의 동력이 투사되어야 한다. 마이크로파 대신 레이저 빔을 사용하는 유사한 방법의 실험도 있었다. 물론 안전하게 지상으로 복귀해야 하는 우주선의 경우는 상황이 더 복잡하다.

현재로서는 이러한 실험이 경제적으로 실행 가능한 모델로 이어질지 불분명하다. 기본 기술은 효과가 입증되었지만, 실용적으로 응용에 착수한 기업들이 아이디어를 발전시키는 실제적 작업을 계속하는 데 필요한 자금을 모으는 일이 항상 쉽지는 않았다.

타키온 원격 이동: 미래의 시간 여행

원격 이동 장치는 어떨까? 공상 과학으로 시작된 많은 것이 이제는 현실이 되었다. 우리도 언젠가는 〈스타트렉〉에서처럼 순간 이동을 할 수 있을까? 이론적으로 가능성이 있는 방법 중 하나는 타키온 순간 이동tachyon teleportation이다. 여기에는 몇 가지 주의 사항이 있다. 타키온은 이론물리학자들이 예측한 입자이지만 실제로 존재하지 않을 수도 있다(일부 물리학자들은 이론적 특성상 타키온 질량의 제곱이 음수가 되어야 한다고 말했다). 그러나 타키온이 실제로 존재한다면 빛의 속도보다 빠르게 움직이는 입자일 것이고, 이는 이론적으로 시간을 거슬러 올라가는 것이 가능하다는 의미일 수 있다.

질량의 제곱이 음수이므로 타키온의 질량이 허수가 되어야 하는데,

이는 수학적으로 흥미로운 개념 중 하나다.

타키온 수송 이론tachyon transportation은 모든 가능한 방법으로 여러분의 신체를 스캔해 얻은 정보를 타키온 빔을 통해 전송하는 것을 포함한다. 이러한 정보는 과거로 돌아가서 복제기replicator에 설계도를 바탕으로 여러분의 신체를 만들어내도록 지시한다. 물론 이 개체는 실제 당신이 아닌 복제품이라서 과거로 돌아가는 것은 물론이고 동일한 방법을 통해 현재로도 돌아올 수 없다. 따라서 타키온 수송은 상당히 터무니없는 이론적 가능성일 뿐만 아니라 철학적 논쟁의 대상이기도 하다. 그러나 가능성을 배제하지는 말자. 이 책에서 언급된 수많은 첨단 기술도 불과 수십 년 전에는 상상조차 할 수 없는 기술이었다. 열린 마음을 가지고 유지하는 것이 최선이다!

대형충돌기

빅뱅을 다루는 과학의 주요 관심사 중 일부는 우주가 팽창하면서 빠르게 변화한 초기 단계에 존재했을 입자의 유형에 맞춰져 있다. 입자가속기는 전자기장을 활용하여 입자 빔을 빛에 가까운 고속으로 가속하는 장치다. 최초로 작동한 입자가속기는 1920년대 후반에 캘리포니아대학교 버클리 캠퍼스의 미국인 물리학자 어니스트 로런스Ernest Lawrence가 발명한 사이클로트론cyclotron이었다. 근래에는 입자의 고유한 특성을 탐구하고 빅뱅 직후에 존재했을 조건을 재현해 우리 우주의 본질에 관한 통찰을 제공하는 데 도움을 주는 대형충돌기supercollider들이 개발되었다. 충돌기에서는 자석을 사용해 입자들을 가속시키고, 이 충돌로 만들어지는 작은 불덩어리를 상세하게 관찰할 수 있도록 한다.

현존하는 가장 강력한 충돌기는 제네바 인근에 있는 대형강입자충돌기Large Hadron Collider, LHC다. 대형강입자충돌기에서는 최대 14테라전자볼트(TeV)의 충돌에너지가 생성된다. 이에 추가 설명을 덧붙이자면, 1954년 이탈리아계 미국인 물리학자 엔리코 페르미Enrico Fermi는 3테라전자볼트 가속기를 만들려면 직경이 16,000킬로미터인 링이 필요하고 최소 1700억 달러라는 비용이 들 것이라고 추정했다. 실제로 대형강입자충돌기의 직경은 8킬로미터가 조금 넘는다. 대형강입자충돌기는 초기 우주에 존재했던 일종의 입자 수프인 쿼크-글루온 플라스마quark-gluon plasma를 생성하고 힉스 보손*Higgs boson의 존재를 입증하는 데 사용되었다.

대형강입자충돌기는 더 큰 충돌에너지를 달성하도록 업그레이드될 예정이므로 앞으로 더욱 놀라운 미래를 펼쳐 보일 것이다. 최대 100테라전자볼트의 에너지를 생성할 수 있는 '미래원형충돌기Future Circular Collider, FCC'를 건설하는 계획도 있다. 문제는 초전도 자석을 비롯해 오늘날 청사진과 상상 속에만 존재하는 기술들을 필요로 한다는 것이다. 그러나 우리가 살아 있는 동안에 건설될 가능성이 있는 미래원형충돌기는 양자 중력의 비밀을 마침내 풀어줄 열쇠가 될 것이다. 앞에서 살펴보았듯이 끈 이론이 이미 그러한 시도를 위한 이론적 기반을 제공하고 있다. 따라서 우리는 다시 한번 복잡한 수학과 독창적인 엔지니어링

---

* 입자물리학의 표준 모형이 제시하는 기본 입자 중 하나다.

의 조합이 우리 주변의 미래를 창조하는 것을 목도하고 있다.

미래의 수학

나의 세대는 젊은 세대가 (수학 포함한) 전통적인 과목을 공부하는 대신 게임과 휴대 전화 사용에 너무 많은 시간을 보낸다며 고개를 저으며 혀를 차는 경향이 있다. 그러나 세상이 변화하는 방식을 생각하면 미래에는 수학적 요구 사항이 과거와는 약간 다를 것이라는 주장도 있다. 학교에서 우리는 계산과 문제 풀이에 상당히 엄격한 일련의 규칙을 배웠다. 그러나 수학은 점점 더, 전통적으로는 수학적 접근법에 영향을 받지 않는다고 여겼던 모든 종류의 물리적, 사회적, 경제적 과정을 모델링하는 데 사용되고 있다. 따라서 세계를 모델의 측면에서 바라보는 시각과 게임을 창조하고 플레이하는 데 필요한 문제 해결 접근법을 사용하는 것은 우리가 생각하는 것보다 수학적으로 더욱 적합할 수 있다.

나의 아내가 학교에서 멀리 있는 행성에 로켓을 착륙시키는 임무를 부여하는 아주 간단한 비디오 게임을 받아왔다. 게임과 관련된 계산에는 로켓에 탑재된 연료의 무게, 중력과 감속도가 포함되었다. 물론 가상 현실, 쌍방향 게임 또는 클라우드 게임을 포함하는 오늘날의 놀라운 게임에 비하면 대단히 원시적인 수준이다. 하지만 최근 나는 학교에서 이런 간단한 게임을 했던 사람들의 일부가 지금은 태양계를 탐사하고 우주선의 경로를 설계하는 혁신적 솔루션을 연구하는 수학자가 되었을지도 모른다는 생각이 들었다.

컴퓨팅과 인공 지능만이 빠른 속도로 진화하는 것은 아니다. 우리의 마음이 작동하고 환경과 상호 작용하는 방식 역시 같은 과정을 통해서 형성된다. 물론 기본적인 수학 능력은 점점 더 중요해질 것이다. 우리 세계에서 점점 더 많은 부분이 컴퓨팅과 실세계 모델링 같은 본질적으로 수학적인 프로세스로 정의되기 때문이다. 그러나 동시에 수학자들이 창의성과 상상력을 발휘하여 매우 다른 상황 사이의 연관성resonance을 발견하고, 우리가 아직 식별조차 하지 못한 문제들에서 예상치 못한 해결책을 찾는 일은 계속해서 중요할 것이다.

이는 미래에 나타날 새로운 기술이 무엇인가라는 의문으로 이어진다. 기본적으로 미래의 기술은 상상할 수 있는 모든 것에서 영감을 받을 수 있다. 그리고 창의적인 수학자들은 앞으로도 줄기세포의 혁신적 활용, 새로운 유형의 공기 배터리, 전파의 재활용(실제로 존재하는 연구 분야다), 농업 로봇, 새로운 유형의 소셜 네트워크, 포스트휴먼 임플란트post-human implant, 전자기 무기electromagnetic weapon 등 새로운 산업에 계속해서 기여할 것이다.

새로운 기술을 향한 첫걸음은 종종 누군가가 말하는 가능한 미래에 관한 이야기나 두 가지 매우 다른 분야를 연결하기 위한 수학자의 예상치 못한 논리적 도약에서 비롯되었다.

그렇다면 미래의 하이테크 수학high-tech math은 어떤 모습일까? 그게 무엇이든 우리가 만들어나갈 수학이지 않겠는가.

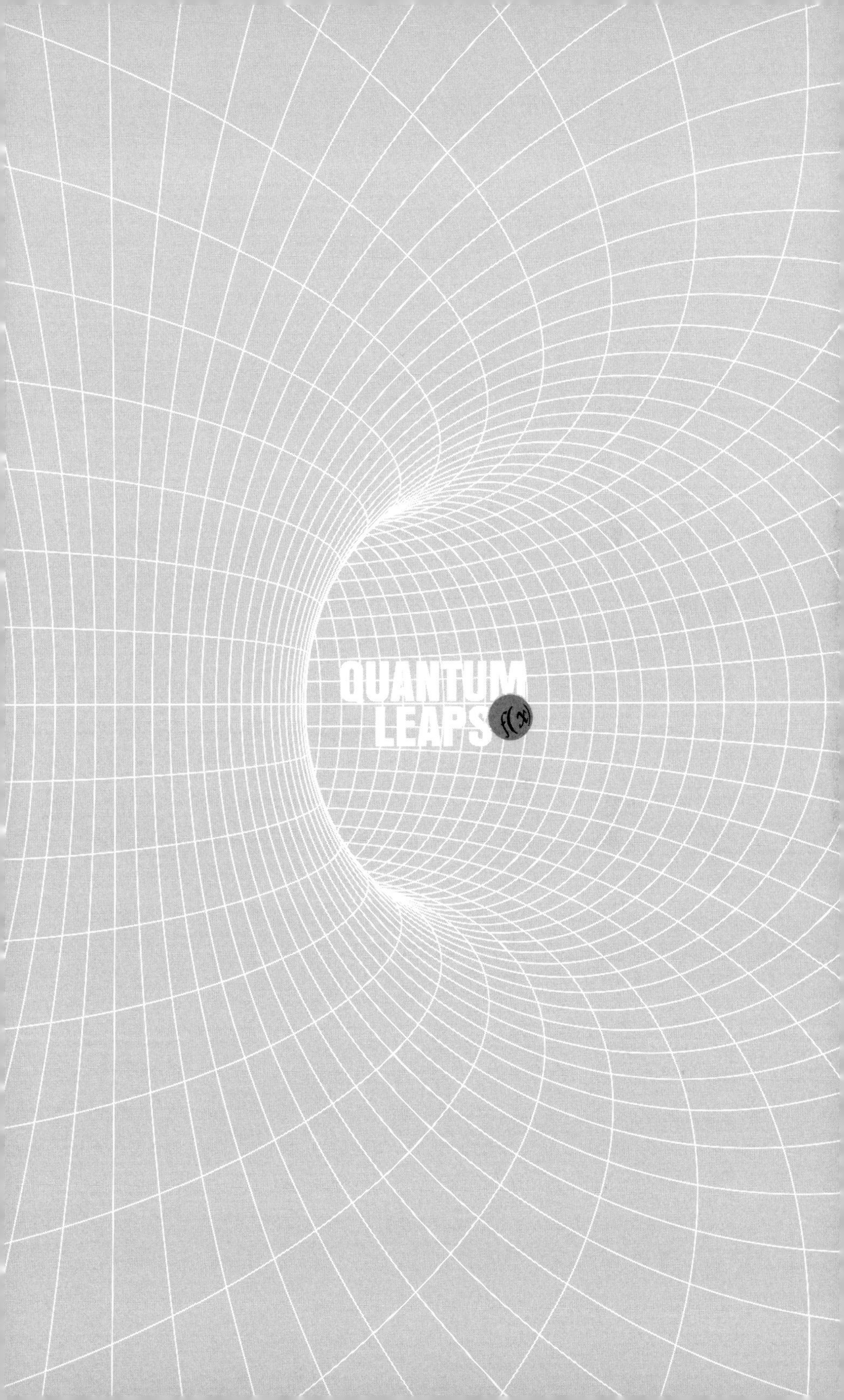

QUANTUM
LEAPS
f(x)

양자 도약

수학은 어떻게 세상을 변화시켰는가

초판 1쇄 발행 2026년 3월 26일

지은이 휴 바커
옮긴이 장영재

발행인 정동훈, 여영아
편집국장 최유성
책임편집 김지용
편집 양정희
디자인 스튜디오 글리

발행처 (주)학산문화사
등록 1995년 7월 1일
등록번호 제3-632호
주소 서울특별시 동작구 상도로 282
전화 편집 02-828-8833   마케팅 02-828-8801
인스타그램 @allez_pub

ISBN 979-11-411-8327-1 (03410)

값은 뒤표지에 있습니다.
알레는 (주)학산문화사의 단행본 임프린트 브랜드입니다.